成功养蟹十大诀窍

占家智　羊　茜　编著

中国农业大学出版社
·北京·

内 容 简 介

以蟹农中遇到的最常见最需要解决的问题为抓手,分别从蟹池建设、苗种供应、清塘除患、涵养水源、养护底质、种草养螺、科学混养、科学投饵、蜕壳保护、病害防治等十个决定养蟹成功的诀窍进行详细讲述。

图书在版编目(CIP)数据

成功养蟹十大诀窍/占家智,羊茜编著. —北京:中国农业大学出版社,2014.7

ISBN 978-7-5655-1081-6

Ⅰ.①成… Ⅱ.①占…②羊… Ⅲ.①养蟹-淡水养殖
Ⅳ.①S966.16

中国版本图书馆 CIP 数据核字(2014)第 218746 号

书　　名	成功养蟹十大诀窍	
作　　者	占家智　羊　茜　编著	

策划编辑	冯雪梅	责任编辑	冯雪梅
封面设计	郑　川	责任校对	王晓凤　陈　莹
出版发行	中国农业大学出版社		
社　　址	北京市海淀区圆明园西路 2 号	邮政编码	100193
电　　话	发行部 010-62818525,8625	读者服务部	010-62732336
	编辑部 010-62732617,2618	出 版 部	010-62733440
网　　址	http://www.cau.edu.cn/caup	e-mail	cbsszs@cau.edu.cn
经　　销	新华书店		
印　　刷	涿州市星河印刷有限公司		
版　　次	2014 年 10 月第 1 版　　2014 年 10 月第 1 次印刷		
规　　格	850×1 168　32 开本　10.625 印张　266 千字　彩插 8		
定　　价	31.00 元		

图书如有质量问题本社发行部负责调换

前　　言

河蟹是我国的特产，也是人们特别喜爱的水产品，目前已经成为全国重要的水产养殖品种。它的肉鲜味美，历来为人所称赞，以丰富的营养、独特的风味而享誉海内外。

随着人们生活水平的提高，对河蟹需求的日益增长，而河蟹自然资源却日益减少，因此河蟹的人工养殖也日趋走向高潮。笔者作为一名水产高级工程师，常年受邀奔波在全国各主要河蟹养殖区，尤其是近两年几乎走遍了安徽、江苏、湖南等地的河蟹主养区。在为渔农们进行技术服务的同时，深感他们对养蟹关键技术的渴求，为了帮助广大农民朋友掌握最新的河蟹养殖关键技术，我们将工作中遇到的一些问题进行归纳、总结、提炼、升华后，形成了这本《成功养蟹十大诀窍》，本书是以服务河蟹养殖为己任，以蟹农中遇到的最常见最需要解决的问题为抓手，分别从蟹池建设、苗种供应、清塘除患、涵养水源、养护底质、种草养螺、科学混养、科学投饵、蜕壳保护、病害防治等十个决定养蟹成功的诀窍进行详细讲述。

本书的一个重要特点就是对成功养蟹的诀窍进行针对性的解说，内容比较新颖，养殖方案实用有效，对近年来新引进的河蟹养殖模式、养殖理念都进行了详细的介绍，可操作性非常强，适合全国各地河蟹养殖区的养殖户参考，对水产技术人员也有一定的参考价值。由于时间紧迫，本书中难免会有些失误，恳请读者朋友指正为感。

占家智
2014 年 3 月

目　录

诀窍序:了解河蟹

　　河蟹(图1),是我国特产,学名中华绒螯蟹(*Eriocheir Sinensis*),俗称毛蟹、螃蟹、大闸蟹、胜芳蟹。又根据其行为特征与身体结构而被称为"横行将军"或"无肠公子"。河蟹隶属于节肢动物门、甲壳纲、软甲亚纲、十足目、爬行亚目、短尾部、方蟹科、绒螯蟹属。

图1　河蟹

一、河蟹在我国的分布区域

　　河蟹在我国的分布较广,从北方辽宁省的辽河口到南方福建省的闽江口,各省通海河流中均有其踪迹,加上现在人工放流、池塘养蟹、大水面围拦网养蟹技术的发展与成熟,河蟹已遍布全国。但是许多地方只能靠人工提供苗种而形成产蟹地区,却由于其不能自然繁殖,故又不能形成新的分布区。

总的来说,目前我国的河蟹分布区域主要有三处:第一处是以长江水系为主干,包括崇明、启东、海门、太仓、常熟等地,在长江中下游地区分布的河蟹,通常称为长江蟹,它是我国目前生长速度最快、个头最大、最受市场欢迎、养殖经济效益最好的河蟹种群,每年的4～6月份在上海崇明岛一带形成苗汛;第二处在辽河水系通常称为辽蟹,包括盘山、大洼、营口、海城等地,由于辽蟹的适应能力比较强,生长速度仅亚于长江蟹,而且"北蟹南移"业已成功,因此在长江河蟹资源日益枯竭的今天,用辽蟹取代长江蟹进行人工增养殖是一个重要的研究课题;第三处是在浙江省温州与瓯江一带,包括苍南、瑞安、平阳、乐清等地,通常称为瓯江蟹或温州蟹。目前这种蟹"南蟹北移"后的生长速度、规格、经济效益都不如在本地区养殖的效果,因而它只能瓯江水系一带发展,而不适于其他水域的增养殖。

二、河蟹的外部形态特征

河蟹的体形,俯视近六边形,背面一般呈墨绿色,腹面灰白色。由于长期进化演变的缘故,河蟹的头部与胸部已愈合在一起,合称为头胸部,所以整个身体分为头胸部、腹部和附肢三部分。

1. 头胸部

河蟹的头胸部是身体的主要部分,是由头部与胸部愈合在一起而形成的,被两块硬壳所包围着,上面为头胸甲,下面为腹甲。

河蟹背面覆盖着一层坚硬的背甲,俗称蟹斗或蟹兜,也称头胸甲。头胸甲是河蟹的外骨骼,具有支撑身体、保护内脏器官、防御敌害等作用。背甲一般呈墨绿色,但有时也呈赭黄色,这是河蟹对生活环境颜色的一种适应性调节,也是一种自我保护手段。背甲的表面起伏不平,形成许多区,并与内脏位置相一致,分为胃区、肝区、心区及鳃区等;背甲边缘可分为前缘、眼缘、前侧缘、后侧缘和后缘五个部分。前缘正中为额部,有4枚齿突,称为额齿。额齿间的凹陷以中央的一个最深，其底部与后缘中点间的连线最长，可以表示体长。头胸甲额部两侧有一对复眼（图2）。

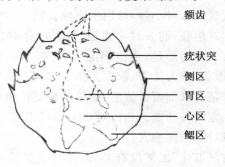

　　　　　　　　　　　　　　　　　　　　　——额齿

　　　　　　　　　　　　　　　　　　　　　——疣状突
　　　　　　　　　　　　　　　　　　　　　——侧区
　　　　　　　　　　　　　　　　　　　　　——胃区
　　　　　　　　　　　　　　　　　　　　　——心区
　　　　　　　　　　　　　　　　　　　　　——鳃区

图2　头胸甲的背面示意图

　　头胸甲的腹面为腹甲所包围，腹甲通常呈灰白色，腹甲也称胸板，四周长出绒毛，中央有一凹陷的腹甲沟。雌雄河蟹的生殖孔就开口在腹甲上。

　　2.腹部

　　河蟹的腹部俗称蟹脐，共分7节，弯向前方，紧贴在头胸部腹面，看腹部的形状是鉴别雌雄成蟹最直观、最显著、最简便的方法。在仔蟹时期，不论雌雄，腹部都为狭长形，但随着个体的生长，雄蟹的腹部仍保持三角形，雌蟹的腹部逐渐变圆，因而人们习惯上把雄蟹称为尖脐或长脐，雌蟹称为圆脐或团脐。成熟的雌蟹腹部大而圆，周围长满较长的绒毛，覆盖头胸甲的整个腹面，而雄蟹腹部狭长呈三角形，贴附在头胸部腹面的中央。

　　3.附肢

　　河蟹属于高等甲壳动物，其身体原为21节，其中头部6节，胸部8节，腹部7节。除头部第一节原无附肢外，每节都有一对附肢。由于河蟹头胸部已愈合，节数难以分清，但附肢仍有13对。腹部附肢已大大退化，雌蟹腹部尚有附肢4对，而雄蟹只有两对附肢了。

头部 5 对附肢,前两对演变成触角,可感受化学刺激,后 3 对特化成 1 对大颚和 2 对小颚,可用于磨碎食物。

胸部有 8 对附肢,前 3 对称为颚足,为口器的组成部分,可抱持食物。其余 5 对为步足,俗称胸足,最前面 1 对步足强大有力,称为螯足,呈钳状,分为 7 节,依次为指节、掌节、腕节、长节、座节、基节和底节。螯足掌部密生绒毛,雄性的螯足比雌性的大,螯足具有捕食、防御、掘穴等功能。后 4 对步足形状相近,也分为 7 节,主要用于爬行、游泳、协助掘穴。

腹部附肢已退化,雄蟹仅有 2 对,特化成交接器,以利抱雌和交配;雌蟹 4 对,附着在腹部的第 2～5 节上,各节均生有刚毛,内肢可附着卵粒。

4. 复眼

当我们走到池塘边时,远远地就能看到河蟹快速地往池塘里或草丛里爬,可见河蟹对外部刺激很敏感,这是由于它具有高级的视觉器官—复眼。复眼位于额部两侧的一对眼柄的顶端,它并不是简单的两只眼睛,而是由数百个甚至上千个以上的单眼组成,故名复眼。复眼有三个特点:一是构成它的基本单位—单眼较多,可以互相补充视角所不能及的角度,因而它们的视力范围较开阔;二是它由眼柄举起,突出于头胸甲前端,因而转动自如,灵活方便,可视范围广;三是它是由两节组成的,眼柄活动范围较大,既可直立,又可横卧,直立时将眼举起,翘视四方,横卧时可借眼眶外侧的绒毛除去眼表面的污物。复眼不仅能感受光线的强弱,还能感觉物体的形象,因此当人们走近河蟹还有一段距离时,河蟹会立即隐藏于水草中或潜入水底。另外,河蟹依靠一对复眼可以在夜晚借微弱的光线寻找食物和躲避敌害,与其昼伏夜出的生活习性相适应。

5.口器

口器是河蟹吃食物的重要器官,位于头胸甲的腹面、腹甲的前端正中,它由六对附肢共同组成,由里向外依次是 1 对大颚、2 对小颚和 3 对颚足,它们按顺序依次重叠在一起,形成一道道关卡,食物必须通过这 6 对附肢组成的 6 道关卡后才能进入食管,其目的是提高摄食效率和确保摄入食道里的食物能顺利消化。当河蟹找到食物时,先用螯足夹取食物并送到口器边,再用第二对步足的指尖协助捧住食物并递交给颚足,第三对颚足把食物传递给大颚,大颚再把食物切断或磨碎,同时运用第一、第二对小颚来防止细小食物的散失。附肢上的刚毛对防止食物的散失也有作用。磨碎后的食物经短的食道而被送入胃中。

三、河蟹的内部系统

1.骨骼系统

和其他的甲壳动物一样,在河蟹的体表也是有坚韧的几丁质外骨骼,它具有防护与支撑双重功能,能对河蟹内部的柔软器官进行构型、建筑和保护。

河蟹的体表覆盖着坚硬的体壁。体壁由三部分组成:表皮细胞层,基膜和角质层。表皮细胞层由一层活细胞组成,它向内分泌形成一层薄膜,叫作基膜,向外分泌形成厚的角质层。角质膜主要由几丁质(甲壳质)和蛋白质组成,前者为含氮的多糖类化合物,是外骨骼的主要成分,而后者大部分为节肢蛋白。角质层除了保护内部构造外,还能与内壁所附着的肌肉共同完成各种运动。

河蟹的外骨骼是充当盔甲的器官,含有大量钙质,因此在养殖过程中我们要不断地进行钙质的补充,尤其是在蜕壳时,更要及时在饲料里添加含钙质丰富的蜕壳素,平时要定期用生石灰进行水质调节,也是提供和补充钙的重要途径。

2. 肌肉系统

河蟹的肌肉系统是呈成束的横纹肌,往往是成对排列的,尤其是河蟹附肢肌肉的力量很强大,不但能支撑起庞大的身躯,而且能灵活地爬行。

3. 呼吸系统

鳃是甲壳动物的主要呼吸器官,也是最有特征性的器官,当然鳃也是河蟹的呼吸器官了,共有 6 对,位于头胸部两侧鳃腔内。每个鳃由中央的鳃轴和多数附属物构成,前者外侧贯穿一条入鳃血管,它在鳃轴顶端弯曲向下,就变为鳃轴内侧的出鳃血管。鳃腔通过入水孔和出水孔与外界相通。河蟹的鳃有十分宽广的表面面积,静脉血流经这些附属物时,就可充分交换气体,吸入氧气而驱出碳酸气,变为动脉血。河蟹的呼吸作用是不能停止的,即使离开水体,河蟹仍要尽力呼吸。了解河蟹的这种生理特点,对于现实生产中河蟹的管养与运输有重要的意义。

4. 循环系统

河蟹是开放型的循环系统,心脏呈椭圆形,在围心窦内,具心孔数对,位于头胸部中央,背甲之下。围心窦内的血液通过心孔进入心脏,再由心脏经动脉流出,经过入鳃血管,进入鳃内进行气体交换,再由鳃静脉汇入心脏,由心脏上 3 对心孔回到心脏,如此往复循环。河蟹的血液由血细胞和血浆两部分组成,无色,由许多吞噬细胞和淋巴组成,有血清素溶解在淋巴内。

5. 消化系统

河蟹的消化系统包括口、食道、胃、中和肛门。其中肠是最重要的一部分,为一狭长的管道,分为前肠、中肠和后肠 3 部。前肠包括食道和胃,中肠前部有消化腺——肝胰腺的开口,后肠为直肠,肛门一般在腹部末节(尾节)腹面。河蟹的前肠和后肠来源于外胚层,是表皮的一部分。里面衬有一层几丁质皮,蜕皮时连同外壳一起蜕掉。

6.生殖系统

河蟹为雌雄异体,雌、雄个体明显不同。雌性生殖器官包括卵巢和输卵管两部分。雄性的精巢为乳白色,也分为左右两个。输精管也可能分泌精荚或精包,以向雌性输送精液。

7.神经系统

河蟹的脑由 3 对神经节合成,这 3 个部分分别分出眼神经、第 1 触角神经和第 2 触角神经。脑以 1 对环食道神经连合与食道下神经节相连,向后通出腹神经索。腹神经索两条并列,上有许多神经节,基本上每节 1 对,左右两神经节间由横的神经相连。

河蟹的神经系统和感觉器官比较发达,对外界环境反应灵敏。在陆地爬行时,可超过障碍寻找食物,人工养蟹时应配以严密的防逃措施,防止河蟹逃逸造成不必要的损失。

四、河蟹的生态习性与养殖的关系

1.杂食性决定了食物的来源广泛

河蟹是杂食性动物,通常偏食动物性饲料,但在一般情况下,河蟹获得植物性食物要比动物性食物较为容易,因此,河蟹的胃中植物性食物是主要成分,如轮叶黑藻、苦草等水生植物。而在人工养殖条件下,河蟹尤其喜食螺、蚌肉;对豆饼、小麦、玉米、马铃薯及南瓜等摄食率也较高。

2.趋光性决定了投饵时间

河蟹是昼伏夜出的动物,喜欢弱光,畏强光。白天隐藏于洞穴、池底、石隙或草丛中,在夜间河蟹依靠嗅觉、靠一对复眼在微弱的光线下寻找食物。因此我们在进行人工养殖时,可将河蟹的投饵重点集中在傍晚,以满足它们在晚上摄食的要求。另外渔民在捕捞河蟹时,也充分利用了河蟹喜欢趋弱光的原理,在夜间采用灯光诱捕,捕获量大大提高。

3.呼吸特性决定了可以长时间离水运输

河蟹是用鳃呼吸的水生甲壳动物,鳃,俗称鳃胰子,是河蟹的主要呼吸器官,蟹胰子共有六对,位于头胸部两侧的鳃腔内。河蟹依靠鳃的呼吸把氧气从外界运输到血色素中,并把二氧化碳由组织和血液中排出体外。如果把蟹放在水中,就可以看到有两道水流从口器附近喷流出来,这股水流是靠口器中第二对小颚的外肢在鳃腔中鼓动而造成的,大部分的水是从螯足的基部进入鳃腔的,还有一小部分水是从最后两对步足的基部进去的。除鳃之外,还有一些辅助结构也是完成呼吸系统的一部分。

河蟹通常用内肢来关闭入水孔,使河蟹在离水时不易失水,起着防止干燥的作用,又因其上肢长,两侧及顶端均着生细毛,当它伸入鳃腔拨动水流时,有清洁鳃腔的作用。

血液从入鳃孔和出鳃血管流过,把水中的氧气和血液中的二氧化碳通过气体交换,完成呼吸作用。呼吸作用不能停止,氧气的供给不能间断,这是河蟹赖以生存的基本要求。因此当河蟹离开水体后,它需要继续呼吸,这时进入鳃部的不是水而是空气。当空气进入鳃腔时,就与鳃腔贮存的少量水分混喷出来,所喷出来的水分和空气混合物就形成许多泡沫,河蟹就是利用这种方式来适应短期陆地生活的。由于不断呼吸,使泡沫愈来愈多,产生的泡沫不断破裂,同时不断增生新的泡沫,这就是我们常听到河蟹发出的淅淅沥沥的声音。

正因为河蟹具有直接呼吸空气中的氧气的特性,决定了我们在养殖成蟹后,可以长时间离水运输,减少了运输成本。

4.栖息习性决定了在养殖时必须为河蟹提供必要的栖息场所

河蟹喜欢栖息在江河、湖泊的泥岸或滩涂上,尤其喜欢生活在水草丰富、溶氧充足、水质清新、饲料丰富的浅水湖泊中或沟河中,也栖息于水库、坑塘、稻田中,喜欢在泥岸或滩涂上挖洞藏身,避寒越冬。河蟹栖息的方式有隐居和穴居二种。河蟹通常是白天早洞穴中休息或隐藏在石砾水草丛中或荫蔽处,晚上活动频繁,主要是出来寻觅事物。在饵料丰富、水位稳定、水质良好、水面开阔的湖泊、草荡中,河蟹一般不挖穴,隐伏在水草和水底淤泥中过隐居生活。通常隐居的河蟹新陈代谢较强,生长较快,体色淡,腹部和步足水锈少,素有"青背、白脐、金爪、黄毛"清水蟹之称。另外在人工精养时,河蟹可改变其穴居的特性,由于池内人工栽种的水草及铺设的瓦砾等隐蔽物较多,河蟹一般不会打洞,喜欢栖息于水花生等水草丛中,由此可见,水草及隐蔽物的设置对河蟹的养殖有重要作用。

河蟹从幼蟹阶段起就有穴居的习性,它主要靠一双有力的螯足来掘洞穴居,洞穴一般呈管状,多数一端与外界相通,底端向下弯曲,洞口常在水面以下。由于穴居的河蟹新陈代谢较弱,生长较慢,体色较深,腹部和步足水锈多,素有"乌小蟹"之称。因此在人工养殖时,要尽可能多栽种水草,尽量减少其穴居的数量,因为有不少穴居的幼蟹性情懒惰,蜕壳和生长迟缓,严重影响育成效果及养殖效益,穴居的河蟹平常躲在洞里逃避其他敌害的捕食,冬天在洞中越冬,一个洞穴里,有时聚集着10~20只小蟹,穴居是河蟹长期进化过程中保护自己、适应自然的一种方式。

据实验观察,在养蟹池塘中,9月底前在水温保持22℃以上,且水位较为稳定时很少见河蟹掘洞穴居,成蟹穴居率仅为2%~5%,且雌性个体多于雄性,绝大部分河蟹掩埋于底泥中,靠漏出口器以上的眼和触角来呼吸。但池塘培育蟹种,在越冬时则发现其喜挖洞穴居,在洞穴中防寒取暖,躲避老鼠、水鸟等敌害的袭击。一般在水温降至10℃以下时,河蟹即潜伏洞穴中越冬。

5.奇特的洄游习性决定了繁殖的特殊性

河蟹的一生有两次洄游,分别是幼体时的溯河洄游和成熟后的降河洄游,两次洄游是天然河蟹生长繁殖的必经过程。河蟹的溯河洄游又叫索饵洄游,是指在江海交汇处繁殖的溞状幼体发育到蟹苗或Ⅰ期幼蟹阶段,根据其对饵料等条件的需求,借助潮汐的作用,由河口顺着江河逆流而游,溯江而上,进入湖泊等淡水水体生长育肥的过程。河蟹的降河洄游也称生殖洄游,由于遗传特征的原因,河蟹在淡水中生长育肥6～8个月,完成生长育肥后,每年秋冬之交,成熟蜕壳后的河蟹就要从淡水洄游到江海交汇处的半咸水中迁移,此时它们开始成群结队地离开原栖居场所,沿江河顺流而下,在迁移过程中,性腺逐步发育,在咸淡水中性腺发育成熟,并完成交配、产卵、孵化等繁殖后代的过程,这种洄游叫作河蟹的生殖洄游。

河蟹生殖洄游的时间在长江流域为每年的9～11月份,但高峰期是在寒露到霜降的半个月内。民间俗语说:"西风响,蟹脚(爪)痒"、"西风响,回故乡"、"西风响,蟹下洋",就是说到了秋季,河蟹就一定要进行生殖洄游,它们纷纷从湖泊、河流汇集到江河主流中,成群结队,浩浩荡荡地顺水向河口爬去,形成一年一度的秋季成蟹蟹汛。在洄游中,蟹体内性腺迅速发育,变化明显,到达河口产卵场时,雌雄蟹的性腺都先后发育成熟,一旦受到海水的刺激,便开始择偶交配。整个交配过程约数分钟到1小时左右即可完成。河蟹生殖洄游的因素很多,其中性腺成熟就是一个主要因素,其他如水的温度、水的流动速度、水体盐度变化等外部因素,也是河蟹向沿海江河口洄游的因素。

河蟹交配后约经12小时,即从雌蟹生殖孔产出已受精的卵,大部分黏附在雌蟹的腹肢上。抱卵的雌蟹经过1个冬季后,于第二年晚春、早夏开始孵化受精卵,孵化出溞状幼体后,亲蟹死亡。幼体又进行索饵洄游,必须由淡水进入咸淡水中繁殖、育苗,幼体又重新进入淡水中生长、育肥,重复上述洄游与生殖的生命史。

6.横向运动习性

河蟹的行动迅速,既能在地面快速爬行,又能攀向高处,也能在水中做短暂游泳,但它们的运动方向总是横行的,而且略向前斜,这种特有的运动现象是由于河蟹的身体结构本身所决定的。河蟹的头胸部宽度大于它的长度,步足伸展在身体的左右两边。每个步足的关节只能向下弯曲,爬行的时候,常用一侧步足的指尖抓住地面,再让另一侧步足在地面上直伸起来,推送身体向另一侧移动,所以它必须采取横行的方式;同时河蟹的几对步足长短不等,这决定了它在横向前进时,总是带有一定的倾斜角度,从而形成了这种独特的运动方式。

7.自切与再生习性

河蟹在整个生命过程中均有自切现象,但再生现象只有在幼蟹进行生长蜕壳阶段存在。成熟蜕壳后,河蟹的再生功能基本消失。

河蟹的自卫和攻击能力较强,常常因争食、争栖息地而发生相互厮斗,当一只或数只附肢被对方咬住、被敌害侵害或者人们的捕捉方法不当时,它能自动切断受损伤的步足而迅速逃生,这种方式称为自切。另外当河蟹受到强烈刺激或机械损伤,或者是蜕壳过程中胸足受阻蜕不出来时,也会发生丢弃胸足的自切现象。

河蟹的断肢有其固定部位,折断总是在附肢基节与座节之间的折断关节处。这里有特殊的结构,既可迅速修补断面,防止流血,又可利于再生新肢。所以说河蟹自切后,具有较强的再生能力,因此,我们所见的河蟹,除了肢体完整外,有的缺少附肢,有的左右螯足大小悬殊,有的步足特别细小,有的在缺足的地方长出疣状物,这些都是河蟹具有的自切和再生功能所造成的,是正常的生理特征。河蟹自切后再生的新肢,同样具有齿、突、刺等构造,长成的附肢同样具有取食、运动、步行和防御的功能,但整个形体要比原来的肢体小。由于河蟹发育到性成熟时,不再具备再生的功能,因此在起捕上市、出售成蟹时,动作要轻要规范,确保附肢特别是大螯的完整,否则会影响商品蟹的经济效益。

8.跳跃式生长

河蟹躯体的增大、形态的改变及断肢的再生都要在蜕皮或蜕壳之后完成，这是因为河蟹属节肢动物，具外骨骼，外骨骼的容积是固定的。当河蟹在旧的骨骼内生长到一定阶段，其积贮的肌体到旧的外壳不能再容纳它时，河蟹必须蜕去这个旧外壳才能继续生长。河蟹一生要经过多次蜕壳，这是河蟹生长的一个生物学特征。

河蟹的幼体阶段可分为溞状幼体、大眼幼体和仔幼蟹三个阶段。溞状幼体经过 5 次蜕皮即可变成大眼幼体（蟹苗）；大眼幼体经过 5～10 天生长发育，再经 1 次蜕皮后即变态成第Ⅰ期幼蟹；幼蟹每隔 5～7 天蜕壳一次，经 5～6 次蜕壳后则成长为扣蟹，此时它具有成蟹的一切行为特征和外部形态。在生产上将Ⅰ期幼蟹培育成Ⅴ～Ⅵ期幼蟹的过程称为仔幼蟹培育。扣蟹还需经数次蜕壳后才能达到性成熟，性成熟后的河蟹不再蜕壳直到产卵死亡。

河蟹的生长受环境条件的影响很大，特别是受饵料、水温和水质等生态因子的制约。对河蟹来说，蜕壳频率和每次蜕壳后的增重量是决定生长速度的关键因素。水域水质、水温条件适宜，饵料丰富，蜕壳次数多，河蟹生长迅速个体也大。如环境条件不良，河蟹则停止蜕壳，个体也小。

河蟹的生长，从个体来说是表现为跳跃性和间断性的，但从其群体角度来说，则是连续性的，河蟹每蜕一次壳，其体重增加 30%～50%，体长与体宽也相应增加。河蟹的蜕壳频率和蜕壳后的增重又受生态环境的影响较大，如在自然环境中，蜕壳周期为 15 天左右，蜕壳后体重增加 30%～48%；而在池塘养殖条件下，5～9 月份只蜕壳 2～3 次，蜕壳后体重增加 22.4%～40.2%，平均增加33.2%；饲养在水族箱中的河蟹，蜕壳周期为 32 天，蜕壳后体重平均增加 32.3%。可见，生活于不同生活环境中的河蟹，蜕壳周期差异较大，但蜕壳后的增加量较为接近，表明蜕壳周期长短

(蜕壳频率)对河蟹生长的影响更大些。河蟹的幼体刚蜕皮或幼蟹刚蜕壳后,活动能力很差,身体柔弱无力,极易受到敌害生物甚至其他同类的攻击,而其自身的保护、防御能力极弱。因此在发展人工养殖河蟹的时候,一定要注意保护蜕壳蟹(又称软壳蟹)的安全。

9.感觉和运动

河蟹具有特殊的复眼结构,它的感觉非常灵敏,对外界环境反应迅速。

河蟹的运动能力很强,既能在水中作短暂游泳,又能迅速爬行和攀登高处。突出表现就是它的逃逸能力很强,所以河蟹在小水体养殖时,不仅需要添置良好的防逃设备,而且更重要的是要保持优良的养殖环境和提供优质饵料。只要养殖环境的生态条件好,河蟹就不会逃逸。

10.对温度的适应性

河蟹是变温动物,体温主要取决于环境水温,通常河蟹的体温略高于周围环境的温度。河蟹对温度的适应能力是比较强的,通常在1~35℃时,都能生存。水温能影响到河蟹的生长和变态,适温条件下,温度高,河蟹的摄食旺盛,生长和变态迅速加快。水温21℃左右,第1期蚤状幼体只需四五天就可变态;水温15℃左右变态十分缓慢,一般水温在10℃时开始明显摄食;10℃以下时摄食能力减弱。河蟹能忍受低温,水温在−1~−2℃条件下抱卵蟹能顺利过冬,蟹卵和产蟹均不会死亡。冬天河蟹停止摄食,隐藏于洞穴中越冬。河蟹对高温和低温的适应能力是有一定差异的,它们对高温的适应能力相对较差,所以在人工养殖时,一定要做好夏季遮阴工作,而对低温的适应能力则很强,当水温下降至10℃以下,仍摄食;水温在5℃以下,才基本上不摄食。

河蟹养殖过程中,水温对河蟹蜕壳有一定影响,适温范围内,水温越高,蜕壳次数越多,生长迅速。而当水温超过28℃时,河蟹的蜕壳和生长就会受到抑制。水温突变,对河蟹生长变态和繁殖都不利,特别是幼体阶段更为明显,常常因温差太大而大批死亡。蟹苗阶段必须控制水温的温差不得超过 2～3℃。早期工厂育苗大约 4 月底出池,此时室外水温很低,室内水温要比室外高 7～8℃,如果操作不当,大部分蟹苗移入室外即会死亡,因此生产上需加倍注意。

11. 对盐度的适应性

河蟹从大眼幼体开始就迁移到淡水中生活。尤其喜欢在水质清新、水草茂盛,环境安静的湖泊中栖息和生长发育。大眼幼体进入淡水水域后,要求水体的盐度越低越好。秋季当河蟹达到性成熟时,亲蟹要洄游到河口半咸水处交配、产卵和孵化。直至蚤状幼体变态为大眼幼体,对盐度都有一定的要求。但不同发育阶段对盐度要求也有所差别,第Ⅰ期蚤状幼体盐度要求比以后几期蚤状幼体高,一般不能低于 7‰;从第二期幼体开始对盐度要求就有所下降,一般盐度降至 5‰左右也能顺利变态。盐度突变对幼体发育不利,一般盐度差不超过 3‰,不然将会引起幼体大批死亡。

高盐度育出的大眼幼体,放入淡水前均要进行逐渐淡水驯化,才能放入淡水中养殖。否则将会造成幼体大批死亡。

12. 对氧气的适应

河蟹用鳃将溶解于水中的氧气和血液中的 CO_2 进行气体交换完成呼吸,水中溶氧在 4 毫克/升左右,适合于河蟹生长。一般江河、湖泊水体里,溶氧十分充足,不会产生缺氧的情况。只有在池塘水体中,由于密度大、水质肥,如果管理不当,常会产生缺氧现象。当水中溶氧低于 2 毫克/升时,对河蟹的蜕壳生长、变态会起抑制作用。因此保持水体中含有充足的溶氧,对人工养蟹是十分重要的。现在进行池塘养殖河蟹时,除了大量种植河蟹喜爱的水草如伊乐藻等外,进行微孔增氧等最新养殖技术也是增氧的主要措施之一,效果非常显著。

五、河蟹的生活史

河蟹在淡水中生长,在海水中繁殖,它的一生从胚胎开始要经过溞状幼体、大眼幼体、幼蟹、成蟹等几个发育阶段。通常按河蟹的生长发育先后依次称为:溞状幼体、大眼幼体(即蟹苗)、仔蟹(也称豆蟹)、幼蟹(也称稚蟹)、蟹种(也称扣蟹)、黄蟹、绿蟹、抱卵蟹及软壳蟹阶段。其中通常将仔蟹、幼蟹、蟹种合称为幼蟹或仔幼蟹;黄蟹、绿蟹合称为成蟹;抱卵蟹称为亲蟹。

河蟹的生活史是指从精卵结合,形成受精卵,经溞状幼体、大眼幼体、仔蟹、幼蟹、成蟹,直至衰老死亡的整个生命过程(图3)。

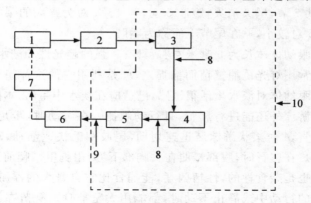

图3　河蟹的生活史

1.受精卵　2.胚胎发育　3.溞状幼体　4.大眼幼体　5.幼蟹　6.成蟹
7.性成熟的雌雄亲蟹交配产卵　8.蜕皮　9.蜕壳　10.幼体期(虚线内)

1.溞状幼体期

溞状幼体是胚胎发育后的第一个阶段,它因体形不像成蟹而形似水溞而得名的,溞状幼体很小,具有较强的趋光性和溯水性,全长仅有1.5～4.1毫米,不能在淡水中生活,必须在河口附近的半咸水中生活,它的活动方式尚未具备成蟹的"横行"式爬行,而是像水溞那样依靠附肢的划动和腹部不断屈伸的游泳方式在水表层过着浮游生活。其食性为杂食性,以浮游植物和有机碎屑为主要食物,第Ⅰ期和第Ⅱ期溞状幼体多在水表层活动,第Ⅲ期和第Ⅳ期溞状幼体逐渐转向底层,第Ⅴ期的溞状幼体开始溯水而上。

2.大眼幼体期

第Ⅴ期溞状幼体蜕皮即变态为大眼幼体。在进行仔幼蟹培育时,就是从淡化后的大眼幼体入手。为什么叫大眼幼体?这是因为其眼柄伸长且常露在眼窝外面,一对复眼相对整个身体来说比较大而明显,因而称为大眼幼体。大眼幼体形状扁平,额缘内凹,额刺、背刺和两侧刺均已消失;胸足5对,后面4对均为步足;腹部狭长,共7节,尾叉消失;腹肢5对,第1~4对为强大的桨状游泳肢,第5对较小,贴在尾节下面称为尾肢。

大眼幼体体长为5毫米左右,具有较强的趋光性和溯水性,生产单位常用灯光诱捕蟹苗而捕捉之,就是利用它的这种趋光性特点。大眼幼体对淡水生活很敏感,已适应在淡水中生活,本阶段除了善于游泳外还能进行爬行,且行动敏捷。在游动时,步足屈起,腹部伸直,4对桨状游泳肢迅速划动,尾肢刚毛快速颤动,行动敏捷灵活。在爬行时,腹部蜷曲在头胸部下方,用胸甲攀爬前进。大眼幼体也是杂食性的,性情凶猛,能捕食比它自身大的浮游动物。在游泳的行动中或静止不动时,都能用大螯捕食。蟹苗在河口浅海往往借助于潮汐的作用,成群顶风溯流而上,形成一年一度的蟹苗汛期。大眼幼体的鳃部发育已经比较完善,可以离开水生活一段时间,最长可达48~72小时,在购买蟹苗时就是利用这种特点进行蟹苗长途干法运输的(图4)。

3.幼蟹期

仔蟹、扣蟹是幼蟹发育中的两个阶段,通称为幼蟹。仔幼蟹培育就是将大眼幼体培育成幼蟹的过程。从大眼幼体经过一次蜕皮后变成了第Ⅰ期幼蟹,通常称为Ⅰ期仔蟹,依此类推,将前4次蜕

图 4　大眼幼体

壳而变成的 4 期幼蟹分别称为Ⅰ、Ⅱ、Ⅲ、Ⅳ期仔蟹,其个体重量不足 100 毫克,背甲长为 2.9~6.0 毫米,背甲宽为 2.6~6.5 毫米,外形已接近成蟹成为椭圆形,因其个体小,仅有黄豆般大小,故俗豆蟹。

从第Ⅳ期变态至第Ⅶ期幼蟹时,幼蟹的重量为 5~8 克,背甲长 8.0~10.8 毫米,背甲宽 8.7~11.9 毫米,也因其个体与衣服扣子大小相似而称为"扣蟹",也称一龄蟹种。

幼蟹的额缘呈两个半圆形突起,腹部折叠在头胸部下方,俗称蟹脐。腹肢在雄性个体已有分化,转化为 2 对交接器,雌性共有 4对。幼蟹用步足爬行和游泳,开始掘洞穴居,因此在人工育成时,尽可能减少穴居蟹的数量,以防"乌小蟹"、"懒蟹"的形成。

第Ⅰ期幼蟹经过 5 天左右开始第一次蜕壳,以后,随着个体不断生长,幼蟹蜕壳间隔时间也逐渐拉长,体形逐渐近似方形,宽略大于长,额缘逐渐演变出 4 个额齿,具有了成蟹的外形。

　　河蟹自第Ⅰ期幼蟹起,以后每蜕壳一次,虽然总的说来个体长大,体重增加,基本特征相似,但它们仍有一系列形态上的变化和差异,这在培育仔幼蟹中具有重要意义。可以利用这些差异及时判断蜕壳情况,预测蜕壳时间及蜕壳率,对准确及时投喂蜕壳素、增加动物性饵料具有重要作用,其形态特点变化如下:

　　(1)刚蜕壳的早期幼蟹,主要是第Ⅰ期、第Ⅱ期仔蟹,头胸甲长大于宽;而进入第Ⅲ期～第Ⅵ期时,其头胸甲长略小于宽。

　　(2)头几期幼蟹头胸甲呈方形,周缘比较平坦,随着生长以后逐渐长成左右对称的不等边六角形,前缘出现4个额齿,头胸甲侧面生长4个锯齿状侧齿。

　　(3)早期幼蟹体色较淡,步足具有明暗相间的条纹,特别是第Ⅰ～第Ⅱ期幼蟹最为明显,随着幼蟹生长进入第Ⅲ期,其明暗条纹逐渐消失,继之幼蟹体色转为土黄色。

　　(4)早期的蟹雌雄外形相似,腹脐均为三角形。在生长过程中,雄蟹每蜕一次壳,腹脐逐渐伸长,呈尖形或倒三角形,末端尖而两侧略内陷。雌蟹每蜕一次壳则腹脐逐渐变圆,进入第Ⅵ期变态的幼蟹就可以用腹脐来鉴别雌雄。

　　(5)河蟹的生长速度受环境条件,特别是饵料和水温的制约。条件适宜、饵料丰富、水温适合时,河蟹生长较快,蜕壳频率就高,每次蜕壳,体重和体长增加的幅度也较大。反之,蜕壳较慢,蜕壳后的生长、增长率都较小。通常早期幼蟹的蜕壳次数较频繁,在条件适宜下,大眼幼体一般4～5天即可蜕皮变态为第Ⅰ期仔蟹,以后每隔5～7天、7～10天相继蜕壳成第Ⅱ、Ⅲ期幼蟹。但随着幼蟹的生长,蜕壳的次数和每次蜕壳的时间间隔渐次延长,因而在培育仔幼蟹中,通常用50～60天的时间完成仔幼蟹的第Ⅴ期至第Ⅶ期变态。

　　4.成蟹期

　　通常人们所说的成蟹包括黄蟹和绿蟹,成蟹即性腺成熟的蟹。

在河蟹生殖洄游之前，尽管其性腺还没有完全成熟，但人们在品尝熟蟹时仍能感到味道鲜美，因而也把它列入成蟹之列。此时雄蟹的步足上刚毛比较稀疏，雌蟹的腹部尚未长满，即尚不能覆盖腹脐的腹面，蟹壳的颜色略带黄色，人们称之为"黄蟹"。

黄蟹在洄游过程中再进行其生命历程中的最后一次蜕壳，性腺迅速发育。雄蟹步足刚毛粗长而发达，螯足绒毛丛生，显得大而老健；雌蟹腹部的脐明显加宽增大，四周密生的酱油色或墨色绒毛盖住了整个腹部，成为典型的团脐，蟹壳转为墨绿色且较坚硬，人们称之为"绿蟹"。

5. 亲蟹期

抱卵蟹是指交配产卵后抱卵的雌性河蟹。雌蟹的腹脐（腹部）内侧有 4 对双肢型附肢，叫腹肢，腹肢中的内肢是雌蟹用来产卵时附着卵粒的地方。即河蟹交配受精后产出的卵不像鱼卵散于水中，而是先堆集于雌蟹腹部，然后再黏附于内肢的刚毛上孵育，这种附肢附着受精卵的雌蟹，因形似抱着卵一样，而称之为抱卵蟹，抱卵蟹经春末夏初自然孵化后就死亡。

6. 软壳蟹

河蟹的生长总是伴随着蜕皮、蜕壳而进行的，幼蟹或黄蟹不仅蜕去坚硬的外壳，它的胃、鳃、前肠、后肠等内脏也一同蜕去。刚蜕壳后的新蟹体色新鲜，螯足绒毛粉红色，活动能力较弱，全身柔软，无摄食和防御抵抗能力，称之为"软壳蟹"或"蜕壳蟹"。软壳蟹往往成为蟹类互相残食的主要牺牲者。新壳在一昼夜后即可钙化达到一定的硬度而恢复正常活动。黄蟹最后一次蜕壳变为绿蟹后，不再蜕壳。

六、河蟹养殖方式

我国养殖河蟹有以下几种主要养殖方式：

1.池塘养蟹

一般指在面积较小的池塘里进行河蟹的养殖,这是一种在封闭水体中的河蟹养殖,相对来说,池塘是经常处于静水状态的小型水体,多由人工开挖或天然水潭改造而成,面积一般数亩到数十亩,也是目前我国河蟹养殖最主要的生产方式。由于池塘水体较小,人为控制条件也比较成熟,水质容易控制,养殖技术也容易掌握,是群众性养蟹的主要方式。池塘养蟹,适宜不同栖息习性和食性的鱼类和河蟹进行混养,可以充分利用水体诱饵,同时还可以使用施肥的方法来培养天然饵料,特别适宜于发展中国家的农业现状。

2.湖泊养蟹

在湖泊里养蟹,一般可采用三种方式,一种是在湖泊的深水区采用网箱,实行精养;二是在湖泊中用围网圈起来一块水面来进行半精养的养殖,也可在中小型湖泊的进出水口建筑拦截设施,进行养蟹,主要利用天然饵料,辅以人工施肥投饵;三是直接将蟹种投放到大水面中,实行人放天养式的粗养方式。

3.河道养蟹

就指在河道或河沟里养蟹,通常是在河道的进出水口建筑拦蟹设施,进行养殖河蟹。主要利用天然饵料,辅以人工施肥投饵。

4.水库养蟹

根据各种类型的水库实行不同的养殖方式来养殖河蟹。对于那些小型的农田灌溉水库,凡可以防逃、容易捕捞的,由于它们的水面较小,而且全部是在人为可控条件下的,因此可采取池塘养蟹方式,实行精养或半精养,但要注意的是,在雨量充沛的年份里,这种收入是有保障的,但是如果遇到枯水年份,由于这些农田灌溉水库本身就是为基本农田服务的水利工程,这时候的养殖必须服务于种植,因此就可能有水库里水位枯竭而导致河蟹无法生存而死亡的危险。

　　另一种就是一般较大的平原水库，由于水体相对较浅，水位也相对稳定，因此常采取湖泊、河道的养蟹方式来经营。

　　还有一种就是大型综合水库，大型综合水库主要是用来调节区域性的水利，如三峡水库，并不是为养鱼服务的，加上水库的库容量大、水位深、水面开阔，因此不适宜用于人工精养或半精养的经营方式。

5.稻田养蟹

　　这是一种利用水稻田进行养殖河蟹的方式，既可增加河蟹产量，又可消除稻田中的害虫、杂草，还有疏松土壤，肥沃稻田，增加水稻产量，减少稻田施肥、用药量，是一种生态环保型的河蟹养殖方式。用于养蟹的稻田必须水源充足，田埂坚实，稻田进出口要有拦截设备，田内要开挖蟹沟和蟹溜。

6.网箱养蟹

　　用纤维网片、金属网片等材料缝制成长方体、圆柱体等具一定形状的箱体，将其架设在较大水体中，使箱体内外水体可以自由交换，在这样的箱体环境中养蟹就叫网箱养蟹。

诀窍一:蟹池建设

第一节 科学选址

良好的池塘条件是获得高产、优质、高效的关键之一。池塘是河蟹的生活场所,是它们栖息、生长、繁殖的环境,许多增产措施都是通过池塘水环境作用于河蟹,故池塘环境条件的优劣,对河蟹的生存、生长和发育,有着密度的关系,良好的环境不仅直接关系到蟹产量的高低,对于生产者,才能够获得较高的经济效益,同时对长久的发展有着深远的影响。

总的来说,河蟹养殖场在选择地址时,既不能受到污染,同时又不能污染环境,还要方便生产经营、交通便利且具备良好的疾病防治条件。因此可以这样说,河蟹养殖要想取得好的成效,池塘建设是基础,尤其是河蟹养殖场在选址时就要好好把关。

养殖场在场址的选择上重点要考虑以下几个要点,包括池塘位置、面积、地势、土质、水源、水深、防疫、交通、电源、池塘形状、周围环境、排污与环保等诸多方面,需周密计划,事先勘察,才能选好场址。在可能的条件下,应采取措施,改造池塘,创造适宜的环境条件以提高池塘蟹产量。

一、规划要求

新建、改建的河蟹养殖场必须符合当地的规划发展要求,养殖场的规模和形式要符合当地社会、经济、环境等发展的需要,而且要求生态环境良好。

二、自然条件

现代养蟹的一个特点是标准化高密度，高密度容易引发传染病。河蟹本身的生物特点要求它的饲养环境必须保证它能健康生长，而又不能影响周围的环境。因此在选择场址时必须注意周围的环境条件，一般应考虑距居民点3里以上，附近无大型污染的化工厂、重工业厂矿或排放有毒气体的染化厂，尤其上风向更不能有这些工厂。

在规划设计养殖场时，要充分勘查了解规划建设区的地形、水利等条件，有条件的地区可以充分考虑利用地势自流进排水，以节约动力提水所增加的电力成本。规划建设养殖场时还应考虑洪涝、台风等灾害因素的影响，在设计养殖场进排水渠道、池塘塘埂、房屋等建筑物时应注意考虑排涝、防风等问题。

北方地区在规划建设水产养殖场时，需要考虑寒冷、冰雪等对养殖设施的破坏，在建设渠道、护坡、路基等应考虑防寒措施。南方地区在规划建设养殖场时，要考虑夏季高温气候对养殖设施的影响。

另外，蟹池周围最好不要有高大的树木和其他的建筑物，以免遮光、挡风和妨碍操作。

三、水文气象条件

建立河蟹养殖场地区的水文气象资料必须详细调查了解，作为养殖场建设与设计的参考。这些资料包括平均气温、光照条件、夏季最高温、冬季最低温度及持续天数等，结合当地的自然条件决定养殖场的建设规模、建设标准，然后再针对河蟹的生长特性对建场地址做出合理选择。

四、水源、水质条件

规划养殖场前先勘探,水源是河蟹养殖选择场址的先决条件。在选水源的时候,首先供水量一定要充足,不能缺水,包括人蟹用水;其次是水源不能有污染,水质要符合饮用水标准。在选择养殖场地时,一定要先观察养殖场周边的环境,不要建在化工厂附近,也不要建在有工业污水注入区的附近。

水源分为地面水源和地下水源,无论是采用那种水源,一般应选择在水量丰足、水质良好的地区建场。水产养殖场的规模和养殖品种要结合水源情况来决定。采用河水或水库水等地表水作为养殖水源,要考虑设置防止野生鱼类进入的设施,以及周边水环境污染可能带来的影响,还要考虑水的质量,一般要经严格消毒以后才能使用。如果没有自来水水源,则应考虑打深井取水等地下水作为水源,因为在 8~10 米的深处,细菌和有机物相对减少,要考虑供水量是否满足养殖需求,一般要求在 10 天左右能够把池塘注满。

选择养殖水源时,还应考虑工程施工等方面的问题,利用河流作为水源时需要考虑是否筑坝拦水,利用山溪水流时要考虑是否建造沉砂排淤等设施。水产养殖场的取水口应建到上游部位,排水口建在下游部位,防止养殖场排放水流入进水口。

水质对于养殖生产影响很大,养殖用水的水质必须符合《渔业水质标准(GB 11607—1989)》规定。对于部分指标或阶段性指标不符合规定的养殖水源,应考虑建设源水处理设施,并计算相应设施设备的建设和运行成本。

五、土壤、土质

一般蟹塘多半是挖土建筑而成的,土壤与水直接接触,故对水质的影响很大。在选择、规划建设养殖场时,要充分调查了解当地的地质、土壤、土质状况,要求一是场地土壤以往未被传染病或寄生虫病原体污染过,二是具有较好的保水、保肥、保温能力,还要有利于浮游生物的培育和增殖,不同的土壤和土质对养殖场的建设成本和养殖效果影响很大。

根据生产的经验,饲养河蟹池塘的土质以壤土最好,黏土次之,沙土最劣。沙质土或含腐殖质较多的土壤,保水力差,做池埂时容易渗漏、崩塌,不宜建塘。含铁质过多的赤褐色土壤,浸水后会不断释放出赤色浸出物,这是土壤释放出的铁和铝,而铁和铝会将磷酸和其他藻类必需的营养盐结合起来,使藻类无法利用,也使施肥无效,水肥不起来,对河蟹生长不利,也不适宜建设池塘。如果表土性状良好,而底土呈酸性,在挖土时,则尽量不要触动底土。底质的 pH 也是考虑的一个重要因素,pH 低于 5 或高于 9.5 的土壤地区不适宜挖塘。

此外,还要考虑底质硬度如何。底质硬度较好,载重力较大,在堤坝建好以后沉陷较少。如果在烂泥较深的地方建池,不但大大增加建设费用,而且不适合养殖河蟹,除非铺上土渗膜。

六、交通运输条件

交通便利主要是考虑运输的方便,如饲料的运输、场舍设备材料的运输、蟹种、蟹苗及成蟹的运输等。养殖场的位置如果太偏僻,交通不便不仅不利于本场自己的运输,还会影响客户的来往。公路的质量要求陆基坚固、路面平坦,便于产品运输。

河蟹养殖场的位置最好是靠近饲料的来源地区,尤其是天然动物性饲料来源地一定要优先考虑。

七、排污与环保

上规模的河蟹养殖场,每天会有许多养殖用水排出,造成相当大的排污量,如果污水不能及时排放,对养殖场将是个灾难,因此建议污水的处理结合农田灌溉和综合利用,并要做好生物循环利用,以免形成公害。如果在养殖场周围有农田、果园,并便于自流,就地消耗大部或全部养殖用水是最理想的。否则需把排污处理和环境保护做重要问题规划,特别是不能污染地下水和地上水源、河流。养殖场的污水、污物处理应符合国家环保要求,环境卫生质量达到 NY/T 388 规定的要求,养殖场排放的废弃物实行减量化、无害化、资源化原则处理。

八、供电条件

距电源近,节省输变电开支。供电稳定,少停电。可靠的电力不仅用于照明、饲料的加工。尤其是靠电力来为增氧机服务的养殖场,电力的保障是极为重要的条件。如果不具备以上基础条件,应考虑这些基础条件的建设成本,避免因基础条件不足影响到养殖场的生产发展。河蟹养殖场应配备必要的备用发电设备和交通运输工具。尤其在电力基础条件不好的地区,养殖场需要配备满足应急需要的发电设备,以应付电力短缺时的生产生活应急需要。

第二节　养殖场的布局

一、场地布局

水产养殖场应本着"以蟹为主、合理利用"的原则来规划和布局,养殖场的规划建设即要考虑近期需要,又要考虑到今后发展。

二、基本原则

水产养殖场的规划建设应遵循以下原则:

1. 合理布局

根据养殖场规划要求合理安排各功能区,做到布局协调、结构合理,既满足生产管理需要,又适合长期发展需要。

2.利用地形结构

充分利用地形结构规划建设养殖设施,做到宜养蟹的地方建池养蟹,宜用于活饵培育的地方则用于活饵料培育,宜用于办公的地方则建办公场所。

3.就地取材,因地制宜

在养殖场设计建设中,要优先考虑选用当地建材,做到取材方便、经济可靠。

4.搞好土地和水面规划

养殖场规划建设要充分考虑养殖场土地的综合利用问题,利用好沟渠、塘埂等土地资源,实现养殖生产的循环发展。

三、布局形式

养殖场的布局结构,一般分为池塘养殖区、办公生活区、水处理区等。池塘是养殖场的主体部分,池塘面积一般占养殖场面积的65%~75%。

蟹池和渠道是养殖场的生产主体设施。一个完整的养殖场应具备幼蟹、二龄蟹种和成蟹养殖等几种类型的鱼池。养殖场的池塘布局一般由场地地形所决定,狭长形场地内的池塘排列一般为"非"字形。地势平坦场区的池塘排列一般采用"围"字形布局。

与蟹池相配套的是进、排水渠道,它是蟹池的命脉。在布局上,应使每个蟹池都能与进、排水渠道相通。为了节省土地和减少土方,应尽可能地减少渠道长度,同时还应合理分布,以免妨碍交通,或因此架桥建闸太多而增大投资。为此,通常采取相邻两排蟹池的宽边共用一条进水渠道,另一宽边与再相邻蟹池的宽边共用一条排水渠道。进、排渠道相间,各与蟹池宽边相平行。这类进、排水渠道称为进、排水支渠。进水总渠位于进水支渠中段交叉处,横贯各进水支渠,并与之相通,以便能及时快捷为各池进水。排水总渠一般较宽、深,而且布局于养殖场四周,兼有护场作用,排水支渠两端均与排水总渠相通,同样能及时快捷分别向两端排水。

第三节　养蟹池的条件与处理

一、形状

池塘形状主要取决于地形、品种等要求。一般为长方形,也有圆形、正方形、多角形的池塘。长方形池塘的长宽比一般为(2～4):1。池底平坦,略向排水口倾斜。长宽比大的池塘水流状态较好,管理操作方便;长宽比小的池塘,池内水流状态较差,存在较大死角和死区,不利于养殖生产。

二、朝向

池塘的朝向应结合场地的地形、水文、风向等因素,尽量使池面充分接受阳光照射,满足水中天然饵料的生长需要。池塘朝向也要考虑是否有利于风力搅动水面,增加溶氧。在山区建造养殖场,应根据地形选择背山向阳的位置。

三、面积

蟹塘的大小,与蟹产量的高低有非常密切的关系。池塘的面积取决于养殖模式、池塘类型、结构等。面积较大的池塘建设成本低,但不利于生产操作,进排水也不方便。另外池塘面积较大时,水体越大,河蟹的活动范围越广,越接近自然环境,水质变化越小,不易突变。更重要的是表层和底层水能借风力作用不断地进行对流,使池塘上下水层混合,改善下层水的溶氧条件。

面积较小的池塘建设成本高,便于操作,但水面小,不符合河蟹的生活习性,而且风力增氧、水层交换差,水质容易恶化,也不利于水质管理。另外池塘面积太小,水温变化快,不利于河蟹在相对稳定的环境里生长,对生产不利。

河蟹养殖池塘按养殖功能不同,其面积不同。在南方地区,成蟹池一般 15～30 亩,鱼种池一般 3～8 亩,鱼苗池一般 1～2 亩;在北方地区养鱼池的面积有所增加。

四、深度

池塘水深是指池底至水面的垂直距离,池深是指池底至池堤顶的垂直距离。养蟹池塘有效水深不低于 0.8 米,一般成蟹池的深度在 1.2～1.8 米,蟹种池在 0.8～1.5 米。池埂顶面一般要高出池中水面 0.5 米左右。

水源季节性变化较大的地区,在设计建造池塘时应适当考虑加深池塘,维持水源缺水时池塘有足够水量。

五、池埂

池埂是池塘的轮廓基础,池埂结构对于维持池塘的形状、方便生产以及提高养殖效果等有很大的影响。

池塘塘埂一般用匀质土筑成,埂顶的宽度应满足拉网、交通等需要,一般在 1.5～4.5 米。

池埂的坡度大小取决于池塘土质、池深、护坡与否和养殖方式等。一般池塘的坡比为 1∶(1.5～3),若池塘的土质是重壤土或黏土,可根据土质状况及护坡工艺适当调整坡比,池塘较浅时坡比可以为 1∶(1～1.5)。

六、护坡

护坡具有保护池形结构和塘埂的作用,但也会影响到池塘的自净能力。一般根据池塘条件不同,位于池塘进排水等易受水流冲击的部位应采取护坡措施,常用的护坡材料有水泥预制板、混凝土、防渗膜、混凝土等。采用水泥预制板、混凝土护坡的厚度应不低于5厘米、防渗膜或石砌坝应铺设到池底。

1. 水泥预制板护坡

水泥预制板护坡是一种常见的池塘护坡方式。护坡水泥预制板的厚度一般为5～15厘米,长度根据护坡断面的长度决定。较薄的预制板一般为实心结构,5厘米以上的预制板一般采用楼板方式制作。水泥预制板护坡需要在池底下部30厘米左右建一条混凝土圈梁,以固定水泥预制板,顶部要用混凝土砌一条宽40厘米左右的护坡压顶。

水泥预制板护坡的优点是施工简单,整齐美观,经久耐用,缺点是破坏了池塘的自净能力。一些地方采取水泥预制板植入式护坡,即水泥预制板护坡建好后把池塘底部的土法翻盖在水泥预制板下部,这种护坡方式即有利于池塘固形,又有利于维持池塘的自净能力。

2. 混凝土护坡

混凝土护坡是用混凝土现浇护坡的方式,具有施工质量高、防裂性能好的特点。采用混凝土护坡时,需要对塘埂坡面基础进行整平、夯实处理。混凝土现浇护坡一般用素混凝土,也有用钢筋混凝土形式。混凝土护坡的坡面厚度一般为5～8厘米。无论用哪种混凝土方式护坡都需要在一定距离设置伸缩缝,以防止水泥膨胀。

3. 地膜护坡

一般采用高密度聚乙烯塑胶地膜或复合土工膜护坡。HDPE膜具抗拉伸、抗冲击、抗撕裂、强度高和耐静水压高的特点,在耐酸碱腐蚀、抗微生物侵蚀及防渗滤方面也有较好性能,且表面光滑,有利于消毒、清淤,和防止底部病原体的传播。高密度聚乙烯膜护坡既可覆盖整个池底,也可以周边护坡。

复合土工膜进行护坡具有施工简单,质量可靠,节省投资的优点。复合土工膜属非孔隙介质，具有良好的防渗性能和抗拉、抗撕裂、抗顶破、抗穿刺等力学性能，还具有一定的变形量，对坡面的凹凸具有一定的适应能力，应变力较强，与土体接触面上的孔隙压力及浮托力易于消散，能满足护坡结构的力学设计要求。复合土工膜还具有很好的耐化学性和抗老化性能，可满足护坡耐久性要求。

4. 砖石护坡

浆砌片石护坡具有护坡坚固、耐用的优点，但施工复杂，砌筑用的片石石质要求坚硬，片石用作镶面石和角隅石时还需要加工处理。

浆砌片石护坡一般用座浆法砌筑，要求放线准确，砌筑曲面做到曲面圆滑，不能砌成折线面相连。片石间要用水泥勾缝成凹缝状，勾出的缝面要平整光滑、密实，施工中要保证缝条的宽度一致，严格控制勾缝时间，不得在低温下进行，勾缝后加强养护，防止局部脱落。

七、进排水系统

河蟹池塘养殖场的进排水系统是养殖场的重要组成部分，进排水系统规划建设的好坏直接影响到养殖场的生产效果。水产养殖场的进排水渠道一般是利用场地沟渠建设而成，对于大面积连片蟹池的进排水总渠在规划建设时应做到进排水渠道独立，严禁进排水交叉污染，防止鱼病传播。设计规划养殖场的进排水系统还应充分考虑场地的具体地形条件，尽可能采取一级动力取水或排水，合理利用地势条件设计进排水自流形式，降低养殖成本。可采取按照高灌低排的格局，建好进排水渠，做到灌得进，排得出，定期对进、排水总渠进行整修消毒。池塘的进排水口应用双层密网防逃，同时也能有效地防止蛙卵、野杂鱼卵及幼体进入池塘危害蜕壳蟹；为了防止夏天雨季冲毁堤埂，可以开设一个溢水口，溢水口也用双层密网过滤，防止河蟹乘机顶水逃走。

　　池塘进水一般是通过分水闸门控制水流通过输水管道进入池塘，分水闸门一般为凹槽插板的方式，很多地方采用预埋 PVC 弯头拔管方式控制池塘进水，这种方式防渗漏性能好，操作简单。

　　池塘进水管的底部一般应与进水渠道底部平齐，渠道底部较高或池塘较低时，进水管可以低于进水渠道底部。进水管中心高度应高于池塘水面，以不超过池塘最高水位为好。进水管末端应安装口袋网，防止池塘鱼类进入水管和杂物进入池塘。

　　河蟹养殖场的进排水渠道一般应与池塘交替排列，池塘的一侧进水另一侧排水，使得新水在池塘内有较长的流动混合时间。

八、蟹池改造

　　对于面积 20 亩以下的河蟹池，应改平底形为环沟形或井字形。对于面积 20 亩以上的蟹池，应改平底形为交错沟形。沟的面积占蟹池总面积 30%～35%，沟处可保持水深 1.2～1.5 米，沟底向出水口倾斜，平滩处可保持水深 0.5～0.8 米。加大池埂坡比，池埂坡比 1:(2.5～3) 为宜，缓坡河蟹不易打洞。这些池塘改造工作应结合年底清塘清淤时一起进行。

九、遮阴准备

　　可在池塘上方搭设架子，沿池种上丝瓜、葡萄或玉米等高秆植物，形成一个具有遮阴、降温的绿色屏障，让河蟹栖息。同时可在池内种植一些水生植物如水花生、水葫芦等，创造一个良好的生态环境，以适应河蟹高密度养殖的需要。

十、池底形状

　　蟹池池底一般可分为 3 种类型：第一种是"锅底形"。第二种是"倾斜形"。第三种即为"龟背形"。其中池底最好呈"龟背形"或"倾斜形"，池塘饲养管理方便，尤其是排水捕捞十分方便。

十一、池塘改造

如果蟹池达不到养殖要求，或者是养殖时间较久了，就应加以改造。改造池塘时应采取：小池改大池；浅池改深池；死水改活水；低埂改高埂；狭埂改宽埂。在池塘改造的同时，要同时做好进排水闸门的修复及相应进水滤网、排水防逃网的添置，另外养殖小区的道路修整、池塘内增氧机线路的架设及增氧机的维护、自动饵料饲喂器的安装和调试等工作也要一并做好。

1. 改小塘为大塘

把过去遗留下来不规则的小、浅蟹塘，合并扩大，提高池塘生产力，发挥更大的经济效益。

2. 改浅塘为深塘

把原来的浅水塘、淤集塘，挖深、清淤，保证蟹塘的深度和环境卫生。

3. 改漏水塘为保水塘

有些鱼塘常年漏水不止，这主要是土质不良或堤基过于单薄。砂质过重的土壤不宜建塘堤。如建塘后发现有轻度漏水现象，应采取必要的塘底改土和加宽加固堤基，在条件许可的情况下，最好在塘周砌砖石或水泥护堤。

4. 改死水塘为活水塘

蟹塘水流不通，不仅影响产量，而且对生产有很大的危险性，容易引起养殖的河蟹和混养鱼类的浮头、浮塘和发病，一旦发生问题，也无法及时采取"救鱼"措施。因此对这样的蟹塘，必须尽一切可能改善排灌条件，如开挖水渠，铺设水管等，做到能排能灌，才能获得高产。

5. 改瘦塘为肥塘

蟹塘在进行上述改造以后，就为提高生产力，夺取高产奠定了基础。有了相当大的水体，又能排灌自如，使水体充分交换，但如果没有足够的饲、肥供给,塘水不能保持适当的肥度,同样不能收到应有的经济效果。

因此,我们应通过多种途径,解决饲、肥料来源,逐渐使塘水转肥。

第四节　做好防逃设施

一、河蟹逃跑的特点

河蟹的逃逸能力比较强,一般来讲,河蟹逃跑有四个特点:

1. 生理性逃跑

就是在生殖洄游时容易引起大量逃逸。在每年的"霜降"前后,生长在各种水域中的河蟹,都要千方百计逃逸。

2. 生活环境改变引起的逃跑

由于生活和生态环境改变而引起大量逃跑。河蟹对新环境不适应,就会引起逃跑,通常持续时间1周的时间,以前3天最多。

3. 条件恶化时引起的逃跑

水质恶化迫使河蟹寻找适宜的水域环境而逃走。有时天气突然变化,特别是在风雨交加时,河蟹就想法逃逸。

4. 在饵料严重匮乏时,河蟹也会逃跑。

因此我们建议在河蟹放养前一定要做好防逃设施。

二、钙塑板防逃

在蟹池埂上安插高45厘米的硬质钙塑板作为防逃板,埋入田埂泥土中约15厘米,每隔100厘米处用一木桩固定。注意四角应做成弧形,防止河蟹沿夹角攀爬外逃。

三、网片、塑料薄膜防逃

这种防逃设施是采用麻布网片或尼龙网片或有机纱窗和硬质

塑料薄膜共同防逃，用高 50 厘米的有机纱窗围在池埂四周，用质量好的直径为 4～5 毫米的聚乙烯绳作为上纲，缝在网布的上缘，缝制时纲绳必须拉紧，针线从纲绳中穿过。然后选取长度为 1.5～1.8 的米木桩或毛竹，削掉毛刺，打入泥土中的一端削成锥形，或锯成斜口，沿池埂将桩打入土中 50～60 厘米，桩间距 3 米左右，并使桩与桩之间呈直线排列，池塘拐角处呈圆弧形。将网的上纲固定在木桩上，使网高保持不低于 40 厘米，然后在网上部距顶端 10 厘米处再缝上一条宽 25 厘米的硬质塑料薄膜即可，针距以小蟹逃不出为准，针线拉紧。

四、竹箔防逃

就是在池埂边插上高 1 米的竹箔，将蟹池包围起来。为了防止竹箔被风吹倒，必须每间隔 3～5 米打一固定木桩，把竹箔固定牢固。在靠近蟹池内侧的竹箔下方 30 厘米处，贴切上一尾厚质的塑料薄膜，也可以在竹箔的上端装上盖网，为了防止河蟹沿竹箔爬出池外，要将盖网与竹箔呈 45°的倾斜。

五、加高池墙防逃

有的蟹池外围是砌成围墙的，这时可将外围的墙砌高一点，高出埂面 60 厘米以上，埂面以下深为 50 厘米，埂面上下都用水泥浆砌或用三合土夯实，这种防逃模式成本较高，但它有一个优点，是长期性的，可以说一次做好，至少能用十来年。

六、用石壁或水泥板壁防逃

在河蟹池埂上建设石壁或水泥板壁，高度为 60～80 厘米，为了达到防逃的效果，可在壁顶加盖一层"厂"字形压口（也叫反檐），压口宽 25～30 厘米。在池塘的四个角相交接的地方，不要砌成直角形或锐角形，而是砌成圆弧形，这样就可以有效地防止河蟹沿着边角爬走而发生逃跑事件。压口的材料可选择玻璃、白铁皮或水泥预制板,其中用白铁皮最方便,省工省时也方便安装。

七、其他防逃设施

在养殖河蟹过程中,我国各地人民发挥了聪明才智,除了以上介绍的几种防逃设施和材料外,还开发了其他的防逃设施,例如用玻璃、石棉瓦、玻璃纤维板等作防逃设施,不过我们在生产中发现,玻璃有易碎的缺点,可以考虑少用。

诀窍二:苗 种 供 应

由于河蟹是在淡水中生长,在咸水中繁殖,因此人工繁殖河蟹需要特别的水质资源和相应的技术,对于广大养殖户来说,这是不方便使用的,因此本书对河蟹的繁殖技术没有做深入介绍,重点是介绍在淡水中的幼蟹培育。

第一节　仔蟹的培育

一、仔蟹阶段的特点

河蟹蟹苗离开亲蟹母体后,不能立即投入养殖环节中,这是因为一是蟹苗个体弱小,逃避敌害的能力差;二是蟹苗的取食能力低,食谱范围狭窄;三是蟹苗对外界不良环境的适应能力低。因此必须要将蟹苗进行适当的中间培育后,才能进行成蟹的养殖,我们将这种在生产上进行蟹苗中间培育的过程称为仔幼蟹的培育。在生产上,将大眼幼体培养 15～20 天蜕壳三次后称为Ⅲ期仔蟹,这时规格达 16 000～20 000 只/千克,即可将它们投放至大水面或池塘中饲养。从大眼幼体到Ⅲ期仔蟹,称为仔蟹(俗称豆蟹)培育。

为什么选择Ⅲ期仔蟹作为仔蟹培育阶段呢? 这是因为在仔蟹阶段,开始由蟹苗的生活习性逐步过渡为幼蟹和成蟹的生活习性。因此仔蟹阶段是一个重要的过渡阶段。它们在形态、和生态要求上发生了以下变化:

首先是体内盐度的过渡,在此阶段,河蟹由幼体的盐度逐步过渡为成体所需要的盐度,即由咸水逐步转化为淡水。

　　其次是栖息习性的过渡,通过仔蟹培育,蟹苗的生活生活习性由最初的浮游状态逐步过渡到与幼蟹、成蟹相似的爬行习性,同时它们的逃避敌害的能力大大加强。

　　再次就是它们在食性上的过渡,刚刚脱离母体的溞状幼体都是以浮游动物为食;经过蜕皮后的大眼幼体则以食浮游动物为主,兼食水生植物;而仔蟹阶段的食性则发生了明显的改变,由以食浮游动物为主过渡到以食植物性饵料为主的杂食性。

　　最后就是形态上的过渡,溞状幼体呈水蚤形;大眼幼体呈龙虾形;而Ⅰ、Ⅱ期仔蟹外形虽像蟹形,但其壳长仍大于壳宽;至Ⅲ期仔蟹,其壳长才小于壳宽,形态真正与幼蟹、成蟹相像。

　　此外,一般从蟹苗培育到Ⅲ期仔蟹需 15～20 天。如再延长,蜕壳 4～5 次,培育时间延长至 30～40 天,此时正遇高温季节,在运输上困难更大,而且在养殖上其水质、饵料的矛盾更大。因此,无论从生态习性变化还是生产季节需要,蟹苗培育至Ⅲ期仔蟹即可出池分养。开始转入幼蟹培育阶段。

二、仔幼蟹培育的意义

　　河蟹的大眼幼体(即常说的蟹苗),体小纤弱,平均体重 6～7 毫克,营游泳生活,喜集群、顶风逆流,在岸边生活,食饵范围较狭窄,取食能力低,对环境改变的适应和抵御敌害的能力差。蟹苗经一次蜕壳后变为幼蟹,平均体重在 10 毫克以上,附肢已成雏形,掘土营底栖生活。第Ⅲ期仔蟹已开始在底泥打洞,穴居生活,对光线有回避性,喜在阴暗处生活。白天极少活动,傍晚开始觅食,能攀爬、游泳,以攀爬为主,其生活能力、活动能力及防御敌害的能力比蟹苗强得多。

　　在河蟹的整个发育史上,大眼幼体阶段是河蟹生活史上的薄弱环节,往往会在这一时期内大量死亡,在目前河蟹的自然资源日益枯竭的情况下,这无疑对生产非常不利。如果直接投放天然蟹苗或人工培育的蟹苗,无论是放流于天然湖泊还是用于小水体精养,都只能取得极低的成活率和回捕率。由于蟹苗个体小,寻找食物、逃避敌害及对环境的适应能力都比较低,往往会造成大批量的死亡,或被其他水生生物所吞食,造成蟹苗的极大浪费。

经过各地水产工作者和养殖生产者的多年研究、探索和实践,目前已经找到了解决这种问题的方法:即将蟹苗放在小水体里精心培育 20 天左右,使蟹苗变态成Ⅱ～Ⅲ期仔蟹,然后进行分塘,经过 1 个月左右培育成Ⅴ～Ⅶ期的幼蟹后,再投入大水体中进行增养殖。由于小水体具有水质容易控制、投饵、管理、捕捞方便且劳动强度小的优点,因而仔幼蟹培育的工作已成为养蟹生产的一个必要的中间阶段。特别是从 1990 年开始,在市场经济的推动下,随着河蟹热的升温,市场价格的抬高,当年生产、当年受益已成为养殖户追求的生产目标。为了实现当年投苗、当年产蟹、当年受益的目标,在江、浙、皖一带,率先攻克了当年早繁苗培育仔幼蟹后再生产成蟹的技术,使得大棚增温育苗迅速推广。

通过塑料大棚的增温保温作用,强化培育当年早繁蟹苗,仅用一个多月的时间,大眼幼体变态成Ⅴ～Ⅶ期幼蟹,再投放在各种水体中进行人工养殖。当年农历九十月间即可起捕上市,规格可达50～100 克,平均可达 75 克,这样大大缩短了养殖周期,降低了养殖成本,提高了经济效益。

随着人们对河蟹自然生长生活习性的重视,加上当年小河蟹价格越来越低,受到市场的冲击越来越大,从 2002 年开始,全国各地逐渐重视露天土池培育幼蟹的工作,渐渐取代了温棚培育仔幼蟹的做法,本书的土池培育仔幼蟹重点就是介绍土池露天培育幼蟹技术。

三、仔蟹培育的方式

经从事水产工作者多年的实践经验总结,形成了几种颇具特色的仔幼蟹培育方式。

从培育场所来划分,可分为水泥池培育、网箱培育和土池培育三种;从培育所需的温度来考虑,可分为常温培育(又叫露天培育)和恒温培育(又叫温棚培育)。露天培育对温度的要求不高,受外界的气候如温度、风向、风力、天气等因素的影响较大,可控性较差,而且幼蟹出池规格大小悬殊,出现"懒蟹"的比率较高,成活率偏低,经济效益特别是当年效益不太理想。但露天培育对第二年的蟹种进行有目的的控制与培育有利,性成熟蟹种比例较小。温棚培育即通过人为控制,在相对封闭的温棚这个生态系统内进行人工调节水温,受外界环境的影响较小,可大大提高成活率,而且出池规格较整齐,"懒蟹"的比率降低,大大缩短了养殖周期。利用温棚培育当年早繁苗养殖成商品蟹是成功的,不仅减少了特种水产品在生产上的风险性,且经济效益显著,是致富的好途径。

水泥池培育、网箱培育及土池培育,是仔幼蟹培育的不同载体,它们既可以在露天下培育,又可以在温棚内培育。

四、网箱培育仔幼蟹的技术要点

1. 网箱的制作

培育仔幼蟹的网箱用尼龙筛绢或聚乙烯网布制成,网目为8～9目/厘米,以不使蟹苗逃逸为度。在适度范围内,网眼大,流水通畅,效果更佳。网箱大小无严格规定,一般规格采用2米×1米×1米或4米×3米×1米,体积在4～10米³为宜(图5)。

2. 网箱的设置

网箱可分为固定网箱和活动网箱两种。固定网箱四角用竹竿扎紧上下两角,竹竿插在泥中,使网箱各边拉紧挺直,不要折弯形成死角,否则会导致蟹苗进入死角难以觅食与活动而死亡;活动网箱用木架或竹框支撑起,使之浮于水面。网衣下沉水中70～80厘

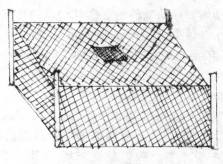

图5 网箱结构

米,网箱上部用同规格的网片加盖封顶,但需留一个可供开闭的出入口。在开口处缝拉链或用铁夹夹牢,便于放苗、投饵及管理检查等,也可以在网箱露出水面的部分缝接30厘米的尼龙薄膜,用线和支架垂直拉挺,以防幼蟹逃跑和青蛙等水生动物入箱。网箱可选择在具有一定水流的河流、湖泊、水库或大水面池塘中放置,要求水体的水质清新无污染,水深2米左右,避风向阳,溶氧充足。在设置网箱时,不能直接将网箱贴在底泥上面,也不宜将整个网箱压在水草从上,以免造成底层缺氧导致蟹苗死亡现象。

若网箱有若干个时,箱距4～5米,行距5～6米,这样便于集中操作管理。

3. 放苗密度

投放蟹苗密度一般以2万～3万只/米³为宜。据统计分析,投放密度较稀,成活率则较高,仔幼蟹个体就大,相反,投放的密度越高,其成活率就下降,出箱规格就小;另一方面,网箱中培育的时间越长,仔幼蟹的成活率越低,一般用15～20天左右培育成Ⅱ～Ⅲ仔蟹再适时分箱进行Ⅳ～Ⅵ期幼蟹培育。

4. 附着物的准备

由于网箱培育仔幼蟹时,箱体中无穴居的可能,所以必须投放水草作为大眼幼体和仔幼蟹的附着物,增加它们栖息隐蔽的场所。适合于投放的水草种类主要有水花生、苲草、黄丝草、金鱼藻、轮叶黑藻等,投放采用捆扎成束并用沉子固定的方法,一般投放 $1\sim2$ 千克/米^2。

5.投喂饵料

培育仔幼蟹的早期饵料,采用鲜鱼糜、黄豆浆、枝角类(如俗称红虫的美女溞)、水蚯蚓等,以后逐渐增加碾压过的螺蚌肉、菜饼、豆饼、米糠、豆渣、猪血等。投饵量要充足,否则会发生自相残杀、弱肉强食的现象。投饵方法宜少量多次,前期每天 $4\sim6$ 次,后期逐渐降为每天 $2\sim3$ 次。

6.加强管理

对网箱要定期检查,常洗涮,保证水流畅通及良好的水质;要勤检查网衣,看是否有破损,要防止老鼠咬破网衣,造成仔幼蟹从破损处逃逸。

五、水泥池培育仔幼蟹的技术要点

1.水泥池的建设

水泥池要求用砖砌而且池壁抹得光滑,池角圆钝无直角。水泥池培育时水位不宜太深,以免软壳蟹因受压力太大而沉底窒息死亡,一般水深控制在 $30\sim50$ 厘米,在水位线以下的池壁抹粗糙些,以利于幼蟹攀爬,水位线以上的部分尽可能抹光滑些,以防幼蟹逃跑。为了防止幼蟹攀爬或叠罗汉逃逸,可在池壁顶部加半块砖头做成反檐。

2.水泥池的消毒处理

在蟹苗入池前,必须对水泥池进行洗涮和消毒,用板刷将池内上上下下涮洗 $2\sim3$ 遍后,再用 100 毫克/升的漂白粉全池洗涮一遍,即达到消毒目的(新建水泥池还需用烧碱溶液浸泡,除去硅酸后方可使用)。进水时,用 40 目的筛绢过滤水流,以防止野杂鱼及水生敌害昆虫进入池内危害幼蟹。

3.设置附着物

在培育池中,人工放置可供蟹苗栖息、隐蔽的附着物,各地可因地制宜地使用,例如芦苇叶及其茎束、经煮沸晒干的柳树根须、水花生等,把它们扎成小把,悬挂或沉入池底,还可放紫背浮萍、水葫芦、苦草等。水草面积占池子面积的 $1/4\sim1/3$。蟹池中放置水草的作用,主要是调节水质和供蟹苗栖身以及摄食的场所。

4.增加溶解氧

在培育技术高、条件好的地方,尤其是蟹苗放养密度超过 5 万只/米^3 时,要采用机械增氧或气泡石增氧。机械增氧主要是用鼓风机通过通气管道将氧气送入水体中,慎用增气机直接搅水增氧。放置气石时,每平方米放一块气石并使之连续送气,这样不仅保证了水中较高的溶解氧,而且借助波浪的作用使大眼幼体或仔幼蟹比较均匀地分布于池水中。

5.科学投喂

每天要求定时、定点、定质、定量投饵。饵料的种类以营养价值高、易消化的豆浆、豆粉、血粉、鱼粉、蛋黄比较适宜,尤其是枝角类和水蚯蚓等天然活饵料为最佳,因为这类活饵既可以节约饵料,又能满足仔幼蟹的蛋白质需要,更重要的是对水质影响较小。在初始阶段,蟹苗主要营浮游生活,饵料可搅拌成糜状或糊状均匀地撒在水中,待到Ⅱ期变态后,可将饵料投放在水草叶面上,让幼蟹爬上来摄食。

6.加强管理

在培育期间,要经常换水,通常 3 天换水一次,换水量为 $1/3$ 左右,保证水质清新。经过 $15\sim20$ 天的培育,可分池进行Ⅲ～Ⅵ期的幼蟹培育,管理方法及饵料投喂与仔蟹培育时相似。

六、土池露天培育仔幼蟹的技术要点

这种培育方式是目前最主要的培育方式，本书将在后面进行详细阐述。

第二节　仔蟹培育的准备

利用土池培育仔幼蟹，具有造价低、管理方便、水质较稳定、生产上易于推广等优点；缺点是在露天培育下水温不易控制，敌害较多。例如曾有人解剖过进入培育池中的青蛙，每只青蛙腹中有蟹苗 20 只左右，最多的高达 221 只。因此在培育前做好准备工作是提高河蟹苗种成活率的重中之重。

一、做好统筹安排工作

在培育仔幼蟹时，如何做到有的放矢，以最小的成本和精力获得最大的利润，这就涉及统筹规划和整体设计问题。

1. 确定培育的目的

随着河蟹生产的发展，养殖户对仔幼蟹的需求量大增，出现供不应求的局面。仔幼蟹培育具有本小利大、培育周期短的优点，引发农村广大养殖户大规模发展仔幼蟹培育。一旦决定进行蟹种生产，就应该了解培育蟹种的目的，若属于自培自养的养殖户，则应根据池塘的面积、养殖水平，估算所需幼蟹的数量，从而确定培育池的大小；若是培育出来的幼蟹全部或部分出售，则应认真考察市场，联系好可靠的买主，再根据所需幼蟹数量来确定培育池的大小。

2. 确定育苗量和培育池面积

在确定培育幼蟹的目的后，综合自己的经济实力、技术水平，合理估算所需蟹苗量及所建培育池的面积，一般以每亩放养

800～1 200 只 Ⅴ～Ⅵ 期幼蟹为宜。目前培育仔幼蟹的成活率一般在 25%～40%，蟹苗数量在 12 万～15 万只/千克，以这几个参数为基准来确定所需要的育苗量，而大眼幼体入池的适宜密度为 1 000～1 500 只/米²，据此，可以确定培育池的面积。

二、建池

土池多为东西走向，长方形，一般池宽有 5.5 米和 8.0 米两种。面积依培育数量而定，一般每池在 80～120 米²，水深在 80～120 厘米。在池底铺 5～10 厘米厚的黄沙，对吸附杂质、稳定水质、提高育苗成活率起到重要作用。

建池时应考虑水源与水质。水源充足、水质良好、清新无污染且有一定流水的条件为佳。水体 pH 介于 6.5～8.0，以 pH 7.0～7.4 为最好。土池应建在安静无吵杂声音的地方，选择避风向阳的场所，保证仔幼蟹蜕壳时免受干扰。对底质要求以壤黏土为佳，不宜使用保水性差的沙质土。

三、增氧设备

增氧机的使用功率可依需要而决定，一般在生产上按 25 瓦/米² 的功率配备，每个培育池（面积 150 米² 左右）可配备功率为 250 瓦的小型增氧机两台，或用 375 瓦的中型增氧机 1 台，多个育苗池在一起时，可采用大功率空气压缩机。

输送管又叫通气管或增氧管，采用直径为 3 厘米的白色硬塑料管（食用塑料管为佳）制成，在塑料管上每间隔 30 厘米打两个呈 60° 角的小孔，大小可用大号缝被针，经火烫后刺穿管子即可。将整条通气管设置于离池底 5 厘米处，一般与导热管道捆扎在一起放置，在池中呈"U"形设置或盘旋成 3～4 圈均匀设置，在管子的另一端应用木塞或其他东西塞紧不能出现漏气现象。也可将输送管置于水面 20 厘米处，通过气砂石将氧气输送到水体的各个角落,效果也不错。蟹苗入池后,立即开动增氧机,在大眼幼体蜕皮成 I 期幼蟹(3～5 天),要保持不间断地向池中充气增氧(若增氧机使用时间过长,机体发热时,可于中午停机 1～2 小时),确保水中含有丰富的溶氧,有利于大眼幼体的变态。在顺利进入 I 期幼蟹后,增氧机的开机时间可有所调整,在正常天气、水温条件下,每天可开机 6～8 次,每次 1～2 小时。开机的原则是:阴雨天多开机,晴天少开机;白天天气晴朗时,可数小时不用开机;夜间多开机,白天少开机;光照强、光合作用旺盛时少开机;育苗前期多开机;蜕壳高峰期时多开机。

四、微管增氧技术的应用

现在人们在养殖过程中,对水体中的增氧措施也进行了更富有效率的改造,其中微管增氧就是很好很实用的一种,尤其是用在蟹苗的培育中,更是深受欢迎。

在培育仔幼蟹时,采用微管增氧技术进行增氧,氧气在水体中呈线状排列,而且能布满全池,大大增加了受氧面积。溶氧对于仔幼蟹的生长发育起到了关键性的作用,因而幼蟹的分布也比较均匀,池水中各处密度也比较一致,因此最大限度地利用了水体空间及水草,也减少了仔幼蟹自相残食的概率,提高了培育仔幼蟹的成活率。

至于微管的安装与布设,在本书的后文中会有所讲述,在此先不详细叙述。

五、栽种水草

培育池中的水草通常有聚草、菹草、水花生等。栽种水草的方法是,将水草根部集中在一头,一手拿一小撮水草,另一手拿铁锹挖一小坑,将水草植入,每株间的行距为 20 厘米,株距为 15～20

厘米。

水草在仔幼蟹培育中，起着十分重要的作用，具体表现在：模拟生态环境、提供丰富幼蟹的食物、净化水质、提供氧气、为幼蟹提供隐蔽栖息场所、可供幼蟹攀附、可以为幼蟹遮阴、提供摄食场所和防病作用。

六、其他设施

1.投饵工具

磨碎小鱼、肉糜、豆浆用的磨浆机一台，功率为 750 瓦。投饵用的塑料盒、塑料桶、水勺各 1 个，过滤饵料的滤布 1 块。

2.检苗工具

检苗工具有两种，一种市面上有售，规格为 10 厘米×15 厘米，形似苍蝇拍，用 60 目筛绢缝制；另一种为自制，形似簸箕，底部规格为 50 厘米×50 厘米，也用 60 目筛绢缝制。平时为了检查仔幼蟹分布情况、摄食情况、底泥淤积程度，可分点打苗抽样，检苗工具也可用于随机抽样估测蟹苗数量。

3.取苗工具

主要是三角抄网、手推网、长柄捞海和蟹笼(图 6)。

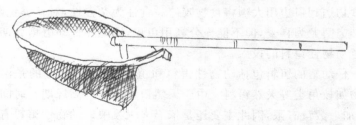

图 6　长柄捞海

4.防逃设施

蟹苗和仔幼蟹的身体轻便，具有较强的攀爬逃逸能力，特别是水体中水质恶化时，其逃逸趋势加剧，因而在育苗前就要注意防逃设施的安装。

第三节　仔幼蟹的饵料来源及投饲技术

一、河蟹幼体的饵料

刚从母体中孵化出来的幼体，都是天然饵料作为开口饵料的，培育常用的活饵料以藻类、轮虫和卤虫为主，并辅以用鱼肉、蛋黄等制成的人工微颗粒饵料。投喂方法为全池泼洒，坚持少量多次，以后每天投喂 4～6 次，投喂量可适当增加。饵料要求新鲜、适口、喂足、喂均匀。饵料颗粒的大小也应随着幼体的生长而逐渐加大。投喂动物性活饵料时，要掌握好投喂量，以当天吃完为原则，以免活饵料吃不完留在培育池内与河蟹幼体争空间、争氧气、争营养物质。

二、仔幼蟹的饵料

仔幼蟹的摄食方式和成蟹相似，用螯足捕食和夹取食物，然后把食物送到口边用大颚将食物咬碎。食性为杂食性，对新鲜鱼糜、螺蚌肉糜尤为喜爱，但不能充分利用鱼皮，因此在仔幼蟹培育期应注意动物性饵料的投入。

仔幼蟹的饵料包括动物性饵料和植物性饵料，最好的是浮游生物如枝角类等天然饵料。由于天然饵料产生的高峰期有时间限制，加上数量有限，因此主要还是依靠人工投喂。动物性饵料有鲜鱼、螺蚌、鸡蛋、蚕蛹等；植物性饵料除栽种水草外，主要投喂黄豆、豆饼。

由于幼蟹对鱼皮不能利用，故小鱼应煮熟后再磨碎；螺蚌去壳后再投喂；鸡蛋煮熟后取其蛋黄过滤后投喂；黄豆泡 12 小时后再磨成浆汁投喂。按照仔幼蟹各期对营养的不同需求,确定最佳配比方案,然后将鸡蛋黄、鱼肉、螺蚌肉、豆浆一起搅拌在磨浆机中磨碎,用40目的筛绢过滤去渣滓,再均匀泼洒投喂。

三、仔幼蟹投饲技术

投饵次数原则上是在大眼幼体至Ⅰ、Ⅱ期变态后,每天5～6次,每日投饵量占蟹体重的100％,进入Ⅲ、Ⅳ期变态后,每日4～5次,每日投饵量占蟹体重的80％,进入Ⅴ、Ⅵ期变态后,每日投饵2～4次,日投饵量占幼蟹体重的50％～60％,投饵时间及投饵量以晚上占60％为主,以适应仔幼蟹昼伏夜出的天然生活习性。

第四节　大眼幼体的鉴别和运输

目前,养蟹生产中流通的蟹苗,其繁育亲本有长江蟹、辽蟹、瓯蟹等之分。不同品系的河蟹在不同的养殖环境中,其个体大小生长性能存在不同的特点。因此在不同地域养殖河蟹应结合当地的气候条件、水质特点选择合适的品种进行养殖,实现最佳的经济效益。

一、蟹苗出池

幼体经变态成为蟹苗,也就是大眼幼体后,再经5～7天的培育就可出池。蟹苗出池前,应向培育池内不断加入淡水进行淡化处理,至蟹苗出池时,池水的盐度应小于5,使其逐步适应淡水环境,为蟹种的培育打好基础。出苗则采取在育苗池出水口处加一个0.6毫米的网箱,拔去出水孔塞子,让水流进网箱集苗即可。出苗前应放掉部分池水,减轻池底压力,防止出水孔因压力较大而挤伤蟹苗。

二、大眼幼体质量的鉴别

大眼幼体（即蟹苗）因其一对较大的复眼着生于长长的眼柄末端，显露于眼窝之外而得名，它不但具有发达的游泳肢，而且有较强的攀爬能力，经过一次变态就蜕皮成第Ⅰ期幼蟹。所谓培育仔幼蟹，就是把购进的大眼幼体在培育池中进行培育，经变态、蜕壳成Ⅴ～Ⅵ期幼蟹。

据调查分析，有不少育苗户由于购买蟹苗不当，造成严重的经济损失，因此正确鉴别蟹苗质量非常重要。若要购买到优质蟹苗，必须注意以下几点：

1. 查询法

购买人工繁殖的蟹苗时，若有可能，最好是查询雌蟹亲本的个体大小及发育程度，判断蟹苗的孵化率及个体发育状况。同时也要仔细询问蟹苗的日龄、饵料投喂情况、水温状况、淡化处理过程及池内蟹苗密度。若一般饲养管理较好，蟹苗日龄已达5～7天，淡化超过4天，且经过多次淡化处理，淡化盐度降至在2‰～4‰，并已维持1天以上，大小均匀比例达80%～90%的蟹苗，说明该池蟹苗质量较好，反之，购买时应慎重考虑。

另外还可查询一下亲蟹的培育方式，应选择本地培育的优质苗。一般土池培育的蟹苗较工厂化培育的蟹苗有更强的环境适应性。在同等条件下，应选土池培育的蟹苗为首选。

2. 池边观察判断法

首先是观察蟹苗的活动能力。在人工繁育的蟹苗池边，注意观察池内蟹苗的活动情况，包括游泳能力、攀爬能力及趋光性的敏锐度，同时观察池内蟹苗的密度。如果蟹苗游泳姿态正常、游动能力、苗体健壮、规格均匀、体表光洁不沾污物、色泽鲜亮、活动敏捷、攀爬能力及对光线的趋向性强、池内蟹苗密度过大，每立方米水体超过8万～10万只，说明该池蟹苗质量较好。反之，购买时应慎重考虑。

其次是观察蟹苗在水中游泳的活力和速度的快慢。选择在水中平游，速度很快，离水上岸后迅速爬动的健康苗；不选在水中打转、仰卧水底、行动缓慢或聚在一团不动的劣质苗。

再次是观察蟹的吃食情况，蟹苗胃里有饵，蟹苗池边无残饵杂质和死苗等都是质量好的蟹苗。

3.称重计数法

将准备出池的蟹苗用长柄捞网或三角捞网任意捞取一部分，沥干水分用天平称取 1~2 克，逐只过数。折算后规格达到12 万~16 万只/千克，说明蟹苗质量较好；如果苗龄过短，个体过小，超过 18 万只/千克，则说明蟹苗太嫩，不能出池。这里有个换算小技巧，以重量推算：淡化 2~3 天，规格为 20 万只/千克；淡化4~5 天，规格为 16 万只/千克；淡化 6~8 天，规格为 12 万只/千克。

4.观察体表

体格健壮的蟹苗，一般规格比较整齐，体表呈黄褐色、晶莹透亮，黑色素均匀分布，游泳活跃，爬行敏捷。检查时，进行目测的标准是：用手抓一把已沥去水分的大眼幼体，轻轻一握，甩一下，轻握有弹性感、沙粒感和重感；放在耳朵边，可听见明显的沙沙声；然后松开手撒在苗箱，看蟹苗活动情况，如立即四处逃走，爬行十分敏捷，无结团和互相牵扯现象，则说明蟹苗质量较好，放养成活率则较高。否则为劣质苗。

还有一种观察的方法就是将捏成团的蟹苗放回水中，马上分散游开，而不结团沉底；连苗带水放在手心，苗能带水爬行而不跌落。这种苗就是质量好的蟹苗。

5.室内干法或湿法模拟实验

干法模拟实验是将池内的蟹苗称取 1~2 克，用湿纱布包起来或撒在盛有潮湿棕榈片的玻璃容器内，放在室内阴凉处，经 12~

15 小时后检查,若 80％以上的蟹苗都很活跃,爬行迅速,说明蟹苗质量较好,可以运输;湿法模拟实验是将蟹苗称取 1～2 克放在小面盆或小桶内,加少量水,观察 10～15 小时,若成活率在 80％～85％以上,说明蟹苗质量较好。

三、不宜购买的劣质蟹苗

1. 不要购买非本地水域的蟹苗

例如在长江水域进行河蟹养殖的就不要选购非长江水系的蟹苗种。这是因为辽蟹、浙蟹、闽蟹苗种如果移到长江水系中养殖,其生长缓慢、早熟现象明显、个体偏小、死亡率高、回捕率低,它们只能适合在辽河水系、瓯江水系生长。这类苗种形体近似方圆,背甲颜色灰黄,腹部灰黄且有黄铜水锈色,额齿较小且钝。

2. 药害苗不要购买

药害苗就是指能苗厂家在人工育苗时反复使用土霉素等抗菌素药物,这种蟹苗受到药害后,会造成蟹苗蜕壳变态为子蟹后,身体无法吸收钙质,甲壳无法变硬,常游至池边大批死亡。

3. 正处于蜕壳期的苗种不要选购

由于出售不及时,一些育苗厂家会发现育苗池中的蟹苗已有部分蜕壳变态为一期子蟹或是正在蜕壳时,不能购买,否则在运输后,蟹苗会大量死亡。

4. 花色苗不要选购

蟹苗体色有深有浅、个体太小或个体有大有小。这种蟹苗,如果是天然苗,可能混杂了其他种类的蟹苗。如果是人工繁殖苗,是蟹苗发育不整齐,在蜕壳时极易自相残杀。

5. 海水苗不要选购

这种海水苗是指未经完全淡化的蟹苗或蟹苗淡化不彻底,它们对海水的盐度有很大的依赖性,如将它们直接移入淡水中培育,无论是天然苗还是人工苗都会昏迷致死。判断方法如下:未淡化

好的苗杂质和死苗较多；颜色不是棕褐色，夹有白色；用手指捏住
蟹苗3～5秒放下后，活动不够自如，爬行无力或出现"假死"。

6. 保苗时间长的苗不要选购

一些育苗单位因蟹苗育成后没能及时找到买主，也不可能不
要这些苗，毕竟是钱啊，所以他们只能选择在较低温度的育苗池中
保苗，然后再待机出售。由于保苗时间过长，大量细菌原生动物进
入蟹苗体内，这种蟹苗一旦进入较高温度的培育池中，会很快蜕
壳，大部分外壳虽蜕下但旧鳃丝不能完全蜕下，蟹在水中无法呼吸
氧气而上岸，直至干死。

7. 嫩苗也不宜选购

嫩苗就是比较娇嫩的蟹苗，造成嫩苗有两种情形，一是淡化没
有到位就急忙出售；二是河蟹本身体质差，比较娇嫩。肉眼可以看
到蟹苗身体呈半透明状，头胸甲中部具黑线。这种蟹苗日龄低，甲
壳软，经不起操作和运输。

8. 高温苗不要选购

这种高温是人为造成的，就是一些生产厂家为了抢占市场或
降低培育成本，在人工育苗时，故意缩短育苗周期，就采用升高水
温的办法来加速蟹苗变态发育。这种通过升温育成的蟹苗，对低
温适应能力很差，到子蟹培育阶段成活率低。

9. 不健康的苗不要选购

这种不健康的苗也是通过肉眼直接观察的，一是仔细观察苗
池中死苗数量的多少，如池中死苗多，那么那些尚存活下来的也基
本上是病苗；二是体表和附肢有聚缩虫或生有异物的苗，也是不健
康苗；三是壳体半透明、泛白的"嫩苗"或深黑色的"老苗"。这三种
苗都是典型的不健康苗，在选购时要放弃

四、大眼幼体的运输

大眼幼体的运输是发展河蟹增养殖生产的重要一环，运输存

活率的高低直接影响着增养殖产量的效益。蟹苗运输方法主要有两种,一种是蟹苗箱干法运输,另一种是尼龙袋充氧水运。这两种方法各有特点,适应不同需要。大眼幼体阶段的鳃部发育已完善,具备离水后用鳃呼吸的能力。实践证明,只要掌握得当,运输的存活率都可达80%以上。目前用得最多的还是蟹苗箱干法运输。

1. 装运蟹苗的工具

目前大部分运输蟹苗采用干法运输法,装运蟹苗的工具是一种特别的蟹苗运输箱。蟹苗箱为长方体,常见规格为 60 厘米×40 厘米×20 厘米,箱两长边各开一个长方形的气窗,规格为 40 厘米×10 厘米,两短边气窗的规格为 20 厘米×10 厘米,气窗用塑料纱窗或者用聚乙烯丝织网装好,网目为 1 毫米左右,以不跑蟹苗和能通畅的交换气体为宜。箱底用 16 目筛绢固定镶嵌蒙上,成套的蟹苗箱上下层之间应层层扣住,最上面一层应封好,不能让蟹苗逃跑。箱框用木料制成,杉木为最好,因其质量轻且易吸水,能使箱体保持潮湿且便于搬运(图 7)。

图 7　蟹苗箱

2.装蟹数量和方法

装蟹苗数量应根据气温高低,运输距离远近、蟹苗体质好坏等因素而定。健壮的蟹苗,气温在 14～18℃ 的情况下,每箱装苗0.75～1.25 千克。运输距离远、气温高时,可适当少装。

运输前先将箱框在水中浸泡一夜,让箱体保持潮湿状,以利于提高运输时的成活率。具体装箱方法是:先在箱底铺设一层嫩水花生枝叶或聚草、棕榈皮、丝瓜瓤等,这样既增加箱内的湿度,又增加了蟹苗的活动空间,可防止蟹苗在运输途中颠堆积在一起,而窒息死亡。但应注意两点:一是棕榈皮、丝瓜瓤应尽量不用,若用时要先用开水浸泡或蒸煮消毒;二是水草等铺设物浸水后,应用力抖一下,不能积聚过多的水分,一般以箱体潮湿不滴水为度。在装箱时,应尽可能将漂洗干净的蟹苗均匀放在苗箱内,并注意动作要轻,将堆积的蟹苗松散开,防止蟹苗的四肢被水黏附,导致活动能力下降而死亡。如水分太多,蟹苗黏结时,可将苗箱稍微倾斜,流去多余积水,或用手指轻轻地把蟹苗挑松后叠装起运。

3.运输蟹苗技术要点

生产上掌握蟹苗运输的要点是如何掌握好湿度、温度和合理通风。低温、保持湿润和有足够溶氧的供应是提高蟹苗运输成活率的技术关键。其技术要点主要包括以下几点:

(1)5 月份的露天苗尽量争取夜间运输和阴天运输,因为夜间和阴天气温比较低,有利于苗箱内温度的保持;2～3 月份的温棚苗应在早晨起运,减少温差的影响。

(2)淡化后才能运输,淡化是蟹苗从一定盐度的海水中培育出来后,进入淡水前必须经过的程序。若蟹苗不经淡化直接放入淡水水域中,半小时后即麻醉昏迷,继之死亡。一般淡化 4～5 天后才可运输,淡化要逐日按梯度进行,运输时的淡化浓度不能高于7‰～8‰,一般以 2‰～3‰为最佳。

（3）在运输时，时间最好不要超过 40 小时。蟹苗从溞状幼体发育到大眼幼体阶段，具有较强的调节渗透压的能力，能适应淡水生活，有很强的趋光性，用大螯能捕捉食物，并有攀附能力，能适应 24 小时的潮湿运输。试验证明蟹苗离水 24 小时存活率可达 90% 以上，离水 36～48 小时仍有 60%～80% 存活，但 48 小时后，存活率降至 50% 以下。因此，在蟹苗长途运输时，时间愈短愈好，尽量减少时间的延误。

（4）白天运输时应避免阳光直射，在成套的蟹苗箱处再盖上一层窗纱。

（5）若运输时间在 24 小时之内的，每箱可装 1～1.25 千克，苗箱内水草厚度可达 5 厘米，蟹苗厚度在 3 厘米左右；若运输时间在 36 小时以内的，每箱可装 0.75～1 千克，水草厚度可达 8 厘米，蟹苗厚度在 1～1.5 厘米。

（6）蟹苗装入苗箱时，必须防止蟹苗四肢黏附较多的水分。蟹苗箱的水草水分也不宜太多，因为在装运时如果水分过多，苗层通透性不良，底层蟹苗支撑力减弱，导致缺氧窒息而死。

（7）运输时尽量避免凉风直吹蟹苗，尽量防止蟹苗鳃部水分被蒸发干燥。

（8）采用汽车等运输工具运蟹苗时，车顶及四周要遮盖，注意在保持温度的前提下，防风、防晒、防雨淋、防高温、防尘埃以及防止强烈震动。

（9）保持运输箱内湿润，不能干枯。经过一段运输历程后，可以用喷雾器定时喷水如雾状，以保持蟹苗湿润，但水分不宜喷得过多，否则易使蟹苗四肢黏附水滴，使蟹苗丧失支撑力而死亡。

（10）目前生产上常用桑塔纳轿车或昌河面包车运输蟹苗，具有便捷、快速的优点。

综合这几点考虑，笔者认为首先应计算好运输的路线及运输时间，尽量保证蟹苗到达培育池是上午 9∶30 至 10∶30，效果极好。

在装运过程中，车厢内应始终保持恒温 16～18℃。

4.尼龙袋充氧运输

和运输鱼苗一样，可以使用双层塑料袋，做成容积 50 升左右，每袋装水 30 升，可以放蟹苗 120～150 克（约合每升水 700～800 只蟹苗），充氧气 10～12 升，经过扎口、装箱处理后，可以直接运输，成活率可达 90％以上，本方法适合空运。

蟹苗是活货，运输打包过程稍有疏忽，其结果将会导致损失惨重，所以任何细节都不可忽视。

首先是在装水前要仔细检查塑料袋是否漏气：

用嘴向塑料袋吹气，然后迅速用手捏紧袋口，用另一手向袋加压，看鼓起的袋有无瘪掉，听听有无漏气的声音，这样就不难判别塑料袋中否漏气了。还要准备几个空袋并充氧气，运输途中应经常检查有无漏气漏水的地方，如有发生，要及时进行粘补或更换新袋。

其次是要科学充氧：充氧要适中，一般以袋表面饱满有弹性为度，不能过于膨胀，以免温度升高或剧烈震动时破裂，特别是进行空运，充气更不宜多，以防高空气压低而引起破裂。

再次就是袋口要扎牢扎紧：袋口扎得紧不紧是漏气的关键，当氧气充足后，先要把里面一只袋离袋口 10 厘米左右处紧紧扭转一下，并用橡皮筋或塑料带在扭转处扎紧，然后再把扭转处以上 10 厘米那一段的中间部分再扭转几下折回，再用橡皮筋或塑料带将口扎紧。最后，再把外面一只塑料袋口用同样的方法分 2 次扎紧，切不可把两袋口扎在一起。否则就扎不紧，容易漏水、漏气。

最后就是在运输过程中，要尽量避免较强振动和颠簸，以免对娇弱的蟹苗造成伤害，另外还要防止水温变化过大过快，减少因温差过大而造成的蟹苗死亡现象。

第五节　幼蟹的培育

一、水体培肥与调试

1.培育土池的整理

在大眼幼体入池前半个月,将培育池进行清整,塑料薄膜压牢,四周堤埂夯实,最好用木棒上缠绕草绳索进行鞭打,以防留孔漏苗,清理池内过多的淤泥,并铺设一薄层细黄沙,适时栽植水草,行距、株距应适宜,水草面积占池内总面积的30%～40%。

2.消毒处理

注水时用 60 目筛绢过滤,注水 5～10 厘米,带水消毒。按放0.15 千克/米^2 的生石灰计算,将生石灰均匀泼洒在池内煮透,趁热将石灰浆水泼洒于池堤四周。

3.培肥水质

一天后,继续注水至 50 厘米,投放 0.2 千克/米^2 的熟牛粪或0.15 千克/米^2 的发酵鸡粪,以培肥水质,为加强效果,可同时施无机肥尿素 0.15～0.20 千克/池,用来培肥水质,几天后,水体中的浮游生物即可达最高峰,此时下苗,可以提供部分大眼幼体喜食的活饵料,有利于大眼幼体的顺利变态。

4.检验余毒

在计划放苗的前一天,对水质进行余毒测试,以确定水中生石灰的毒性是否消失。原则上是用蟹苗试毒,实际生产上常用小野杂鱼如麦穗鱼、幼虾(青虾)等代替蟹苗,放于网袋里置于水中,12小时后取样检查,若发现野杂鱼未死亡且活动良好,说明水质较好,可以放苗。

二、大眼幼体入池

为了预防蟹苗入池后引起应激死亡或成活率低，必须提前做好防抗应激工作和试水工作。

1. 检测池水

在蟹苗放养入池前，要检测培育池塘的水质条件，包括水温、pH、盐度、溶解氧等及饵料生物的数量，确保蟹苗入池有充足的天然饵料。放苗时，池水深度以不超过 30～40 厘米为宜，进水应用40 目筛绢网布过滤，以免野杂鱼及敌害生物随水而入。

2. 做好解毒抗应激工作

由于现在养殖水源受到的污染越来越严重，为了提高蟹苗培育的成活率，在放苗前进行解毒和抗应激非常必要的，具体方法是在放苗前 1 天全池泼洒相对应的处理药物，1 瓶解毒超爽＋2 包蟹立安＋1 瓶离子对钙。

3. 放养的具体时间

水温低于 15℃不要放苗，放苗时间宜选择在晴天的早上或傍晚；尽可能避开暴风雨天气。如果放苗后 5 天内有暴风雨，则应在池面水草多的地方放些芦席、草帘等遮盖物。

4. 试水

蟹苗进入培育池后，不要急于下水。先将蟹苗连箱放在跳板上搁置 5 分钟左右，用池中的水将蟹苗全部淋一遍；10 分钟后，用手泼水，再淋一遍；15 分钟后，将整个蟹苗箱放入水中停 2 秒钟后迅速提起，抖去水分，重新搁至在跳板上；再过 15 分钟后，再将整个蟹苗箱全部浸入水中，并倾斜蟹苗箱，如此重复 2～3 次，这个过程称为"试水"。待蟹苗逐步吸足水分和适应水温后，再在池面的上风处，然后把水草和蟹苗连箱一起倒沉池中，任其自行游入池中。

如果是用尼龙袋充氧运输的，在放苗前也要进行试水，方法是先把装蟹苗的口袋放在池水中5分钟后,再将口袋翻个身,继续放置5分钟,如此操作三四次,大约经过20分钟的试水后,再把口袋口打开,轻提袋底,让口袋里的蟹苗和水一起流到培育池里(图8)。

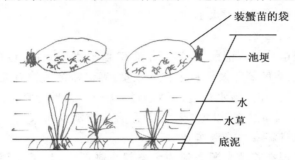

图8　蟹苗入池时的试水

　　这种试水的目的就是要尽可能使蟹苗在养成池的水质条件与育苗池尽量保持一致,可以提高蟹苗的抗应激能力和成活率,一般要求盐度相差不超过5℃,pH不超过0.3,温差不超过3℃。

　　整个蟹苗放养过程持续半小时左右,经过这种试水锻炼,蟹苗能适应培育池内的水温及水质。根据笔者试验认为,在6小时之内进入培育池的蟹苗成活率可达95%～98%。

三、大眼幼体变态成Ⅰ期仔蟹

　　在生产上常将大眼幼体培育成Ⅲ期幼蟹称为仔蟹培育。在培育池中培育仔幼蟹的关键环节就是这三期的变态与蜕壳。

　　大眼幼体入池时需保持水深40厘米左右,为了防止外界水温的变化、惊动及骚扰,蟹苗入池后5天内(即蟹苗变态成第Ⅰ期仔蟹)不能换冲水,水温保持20℃以上,不能低于17℃,否则极易造成蜕壳不遂,导致蟹苗死亡。

　　在这段时间内投饵应以先期培育的浮游生物为主,水色较淡,可投喂从场方购买的冰冻丰年虫。具体投喂方法为：刚入池后的3小时内，最好不要立即投喂，一般在10小时左右可以投喂第一次，以蟹苗总重量的20％投喂冰冻丰年虫；6小时后，再投喂蟹苗总量的15％冰冻丰年虫，并增加投喂蟹苗总量的5％野杂鱼糜和豆浆、蛋黄混合饵料；再过2天后可将冰冻丰年虫投喂总量由15％降至12％，同时增加野杂鱼糜及蛋黄豆浆混合饵料，以后逐渐增加鱼糜的数量，Ⅰ期后可完全投喂自配的野杂鱼糜及蛋黄、豆浆混合饵料。这5天时间内，每天投饵4～6次，每次投饵量占蟹苗总量的18％～20％，野杂鱼以麦穗鱼、野生小鲫鱼等最佳，与泡熟后的黄豆一起磨碎后用60目筛绢过滤，加水稀释成匀浆全池泼洒。鲜鱼、蛋黄与黄豆的比例为2∶1∶1。大眼幼体入池后1小时左右，大都沿着池壁呈顺时针或反时针游动，少数栖息于水草上，此时投饵时应重点将饵料兑水均匀泼洒于蟹苗游动路线上，将少数饵料洒于水草上，一般1～2天后，这种游圈现象会自动停止，陆续爬到水草上或水草底部蜕皮变态成Ⅰ期幼蟹(图9)。

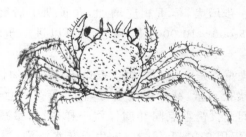

图9　第Ⅰ期幼蟹

在蟹苗蜕皮变态进入高峰期时，不能随意惊动，也不要随意捞苗检测，确保水温的恒定。

变态后体形由大眼幼体的龙虾形变为蟹形，游泳能力下降，攀爬能力显著上升，在水草上明显可见，体重也增加1倍；具有明显的趋光性,因此在夜间除了检查,投饵外,尽量不要开灯,否则幼蟹会群聚灯光处;无特殊情况,增氧机不能停机。

四、从 Ⅰ 期幼蟹蜕壳成 Ⅱ 期幼蟹

体形更像成蟹,体色由淡黄色转变为棕黄色,爬行能力增强,具有较强的逃逸能力,整个养殖期为 5～7 天。

投喂主要以鲜鱼为主,鱼糜:蛋黄:黄豆＝3:1:1,投饵量每次占蟹总量的 15% 为宜。日投饵 3～5 次,由于幼蟹具有夜间摄食习性,因此投喂时间、投饵量重点在下午 5:00 至 9:00,占整个投饵总量的 60%,在蜕壳前 3 天,每日饵料里添加微量蟹蜕壳素,并用 0.03 千克/米^2 的生石灰化水全池均匀泼洒。尽量开动增氧设备,两天换水 1 次,均在中午进行,每次加水 3～5 厘米,换水时间不宜超过 1 小时,换水后池内温差应控制在 3℃ 以下。

五、从 Ⅱ 期仔蟹蜕壳成 Ⅲ 期仔蟹

体形进一步增大,体重相应增加,在 Ⅲ 期中后期可以出售,此时规格在 8 000～10 000 只/千克,也可以进一步培育成 Ⅳ～Ⅵ 期幼蟹。

日常管理重点是水质和投饵。投饵仍然以动物性饵料为主,适当增加豆浆投入量,减少蛋黄量,鲜鱼:蛋黄:豆浆＝4:1:1.5,投饵时间及投饵重点同 Ⅱ 期仔蟹一样,投饵量减少 15%,在蜕壳前 3 天,仍用 0.03 千克/米^2 的生石灰水泼洒,添加部分钙片和蟹蜕壳素。增氧设施在中午可以停机数小时,结合换水,充分发挥微喷设施的增氧、调温等作用。每次换水时,先抽出 5～10 厘米的水,再加入 5～10 厘米的水,保持水位 80 厘米左右不变。此时由于幼蟹生长较快,蜕壳频繁,摄食旺盛,因此对水质要求较严,透明度保持在 35 厘米左右,pH＝7.2～7.8,溶氧在 5.0 毫克/升以上。

六、从Ⅲ期仔蟹培育成Ⅳ期幼蟹

进入Ⅲ期的幼蟹,由于气温迅速回升,水体增温保温性能大大加强,前期投入的饵料部分未吃完,下沉池底后积累和分解。若此时管理不善,极易造成水质恶化,致使幼蟹缺氧死亡。另一方面,经过几次蜕壳后的幼蟹,体型变大,体重增加了几倍,摄食量大增,此时应严格控制摄食次数,保证量足次少的投饵习惯,密切观察幼蟹吃食情况决定饵料的投喂量的增减,降低残饵对水质的影响。

进入Ⅲ期和Ⅳ期的幼蟹,每日投饵3～4次。饵料主要为野杂鱼和豆浆,野杂鱼的量约为豆浆的2倍。由于此时幼蟹喜在水草上和浅水区活动,所以投饵时在浅水区处均匀泼洒效果较好。幼蟹夜里摄食强度大,因而夜间投喂投饵量占日投饵量的60%～70%。幼蟹具有较强的攀爬逃逸能力,特别是阴雨天、天气异常闷热、水质恶化、水中溶氧较低的时候,幼蟹最易逃逸。因而进入Ⅲ期后,需加倍注意并每日检查防逃措施的可靠性,加强值班管理。

除了投饵与防逃外,水体的交换要及时进行,每天换水量加大,先抽出1/4左右的水,再加入1/4左右的水,最好通过微喷设备进水且用80目筛绢过滤。在估计蜕壳高峰期的前3天,仍用生石灰化水均匀泼洒,并在饵料中投喂适量的蜕壳素,以促进幼蟹蜕壳。

七、从Ⅳ期幼蟹培育成Ⅴ～Ⅵ期幼蟹

在进入Ⅴ期时,培育池内也有少部分进入Ⅵ、Ⅶ,当然也存在一部分Ⅳ期甚至Ⅲ期幼蟹。在这一过程中,仔幼蟹的体长、体重都有显著增长,水体的负载进一步加大,投饵量进一步增加,水质恶化的可能性也加大。可选择晴好天气中午11:00至1:00时适当分苗或直接起捕下塘或出售,减轻培育池内的负载量。

本期的日常管理重点是水质的控制和投饵,换水应坚持每日进行,每日换水量为 1/3,加大豆浆的比例,因为豆浆具有澄清水体的作用,可以缓冲水体水质恶化的压力。野杂鱼与豆浆比例为1∶1,日投饵 2～3 次。除蜕壳前 3 天泼洒一次生石灰浆水外,中途也可全池泼洒生石灰乳浆,以杀灭水中部分病菌并改善水质,同时增加水中钙离子含量,促进蜕壳。由于水温的温度高而且持续时间长,部分育苗户的池内有大量青苔,青苔不仅吸收水体中的营养,更重要的是它会缠绕幼蟹,使幼蟹无法活动而造成死亡,因此除去青苔是很必要的。千万不能在池内用高浓度 $CuSO_4$ 杀灭青苔,因为幼蟹对铜离子的安全浓度较小,不少育苗户用 0.7～1 毫克/升的 $CuSO_4$ 杀灭青苔,结果幼蟹全池死光。此时主要靠人工捞取法除去青苔,并结合换水草彻底除去。由于育苗后期聚草、芜萍等水草在高温作用下,枝叶易腐烂,影响水质,需及时捞出,重新放置新鲜水草。在换入新鲜水草时,应将水草用 $CuSO_4$ 溶液彻底消毒,以杀灭青苔。用 $CuSO_4$ 溶液浸泡过的水草需用清水漂洗后方可入池,因为 Cu^{2+} 对幼蟹毒性较大,若处理不当,易造成蟹苗死亡;也可以用草木灰焐水草以杀死青苔。

现在市场上已经有仔幼蟹培育专用饵料,这种饵料具有用量少,蛋白质含量高,对水质净化作用好且不易生病的优点,因此刚一问世便广受欢迎。

八、利用稻田培育扣蟹的技术要点

1. 大眼幼体的选购及放养

蟹苗成活率的高低,苗种质量是关键。要选择日龄足、淡化程度好、游泳快的健壮大眼幼体。用于稻田培育蟹种的大眼幼体,一般采用常温下土池育苗或天然苗,放养时间以 5 月中下旬到 6 月上旬为宜,太早易导致性早熟,太迟培育的蟹种规格太小。由于稻田育苗面积比较大,天然饵料丰富,光照条件好,植物光合作用旺盛,水体溶氧丰富,每亩可放养 1.25～1.75 千克规格为 15 万～16 万只/千克的大眼幼体,或者投放经Ⅰ期变态后的规格为 5 万～6 万只/千克的仔幼蟹 0.75～1.25 千克。

2. 科学投饲

提高蟹苗成活率,投饵环节至关重要,初放的 10 天内一般投喂丰年虫,效果较好,也可投喂豆浆、鱼糜、红虫等鲜活适口饵料,投饵率为河蟹体重的 50％左右,随着幼蟹生长速度的加快和变态次数的增多,投饵率逐渐下降至 10％,一个月后,幼蟹已完成Ⅲ～Ⅴ期蜕壳,规格在 1.5 万～2 万只/千克,此时开始停喂精料,以投喂水草为主,并辅以少量的浸泡小麦,这样有利于控制性早熟;进入 9 月中旬,气温渐降,幼蟹应及时补充能量,以适应越冬之需,开始投喂精饲料,投饵率达 5％～10％,到 11 月中旬,确保幼蟹规格达到 80～150 只/千克。

3. 水质调节

幼蟹对水质尤其是溶解氧的要求比较高,初放时水深应超过田面 5～10 厘米,7～8 月份高温季节应及时补充新水,并加高水位,以控制水温,改善水质。在早稻收获后,一方面稻桩腐烂会败坏水质,另一方面水温尚处于高温季节,因此要特别注意水温的调控措施,定期泼洒生石灰浆,水源充足时,可在每天下午 3～5 时左右换冲水,并使田水呈微流动状态。

4. 捕获

利用稻田培育蟹种,在捕获时可采用以下几种方法:流水刺激捕捞法、地笼张捕法、灯光诱捕法、草把聚捕法,尤其以流水刺激和地笼张捕相结合效果最佳。在捕捉时,将地笼张捕在流水的出入口处,隔 10 米放置一条,将田水的水位缓慢下降,使蟹种全部进入蟹沟,再利用微流水刺激或水位反复升降来刺激捕捞。最后放干田水后将少部分(占 2％～5％)的蟹种人工挖捕。

第六节　幼蟹的出池与运输

一、幼蟹的捕捞

在Ⅲ～Ⅳ期幼蟹蜕壳高峰期后 3 天,可以起捕幼蟹出池,随时供应给客户。捕捉前先将池水抽去一半,拔走池内水草,另外放入水花生,将水花生捆扎成直径约 30 厘米,长约 50 厘米的草把,每池投入 20～40 个。捕捞时宜选择晴好天气的上午或傍晚进行,捕捞前 2 小时,不用投饲饵料。在捕捞时,用长柄捞海贴近水花生底部,用手将水花生抖一下即可,幼蟹就可全部进入捞海内,再将水花生放入蟹池中进行诱捕。如此反复 3～4 次,即可将培育池内幼蟹捕捞出 90%～95%,剩下的幼蟹需干池捕捉,放干或抽干池水,幼蟹会顺着水流方向汇集在一端,可徒手捕捉,如此反复 3 次,即可捕捞干尽。

也有的养殖户,在幼蟹进入Ⅴ～Ⅵ期时蜕壳后 3～4 天,用地笼捕捉,因为此时幼蟹个体较大,水温渐渐升高,幼蟹的活动能力和主动摄食能力大大增强,改用地笼捕捉也可以收到较好的效果;也有的养殖户用集蟹箱收集。上述几种方法,无论采用哪种方式进行捕捉,都必须注意以下几点:一是须将池水抽去 1/2～2/3,使幼蟹尽可能集中;二是更换水草时,需去除水草根须部分,在生产实践中发现,不少幼蟹隐藏在水草丛中的须茎中难以捕捞;三是在捕捞过程中,最好造成微流水状态;四是无一例外最后要干池捕捉,但尽可能减少干池捕捉的幼蟹比例,减少人为损伤和机械损伤。

二、幼蟹的暂养

捕捞的幼蟹,放入网箱中暂养 1～2 小时。网箱大小视幼蟹数目而定,箱顶反向延伸 50 厘米的塑料薄膜以防幼蟹逃逸,箱内放入一些水花生以供幼蟹栖息。特别是干池捕捉时,速度要快,动作要轻,否则幼蟹会因鳃部呛入污水造成呼吸困难而死亡,捕捉的幼蟹立即放入清水中暂养在网箱内,若是微流水则更佳。

三、幼蟹的运输

幼蟹起捕出池,经暂养 2 小时后即可运输。幼蟹离水后的生命力远比蟹苗强,运输幼蟹比蟹苗方便。但幼蟹的活运输能力很强,爬行迅速,装运时应做到轻快,严禁倾倒,以免蟹体受伤或断足。运输时应注意以下几点：

(1)尽快运输,减少中途周转环节,一般用汽车运载为多。在运输时可用专用的小网兜来装幼蟹,每兜可装 5 千克左右。然后将这些网兜装在蟹苗箱或小竹篓进行运输,每篓 15~20 千克。也可以用草包盛蟹,套塑料编结袋子,外用四角竹撑的筏篓套装,以增加叠装时的抗压强度,每篓装蟹种 200 千克,加木板盖,叠装不超过 4 层,上下左右靠紧,汽车装运输用大油布覆盖包扎。

(2)防止逃逸,不论采用何种容器贮存,均应用网罩或绳索扎好袋口,以不逃幼蟹为准。

(3)保持蟹体潮湿,这是延长幼蟹生命活动的关键。在存放幼蟹的工具下面,放一层 1~2 厘米厚的无毒塑料泡沫,吸上部分水,幼蟹放进后,每隔 4 小时喷洒一次水,防止干放时间过长,造成胃囊和鳃失水过多而死亡。简便的方法是在装运幼蟹的工具里面铺设一层水花生,幼蟹放进后会迅速钻入水花生中,保持身体的湿润。

(4)在运输前应将幼蟹放在清水里漂洗一下,不要投喂饵料,以减少中途运输的死亡率。尽量减少幼蟹的活动量,以降低其能量消耗,可在装蟹的工具上面盖上草包(潮湿的),保持黑暗的环境。

(5)幼蟹存放不能挤压。幼蟹多时,可分散装在预先准备好的运载工具内,不能堆积重压,防止幼蟹受伤或步足折断,从而影响成活率。

(6)进入Ⅴ～Ⅵ期的幼蟹起捕时,气温已经回升,幼蟹活动量大增,代谢能力增强,若起捕后不能立即运输的,应用双层40目的筛绢结成的网袋装好暂养,运输时再取出,这样可以保持幼蟹的新鲜活跃和水分充足。

(7)最好在傍晚5:00至早上8:00这段时间内运输,运输时最好有湿润的外部环境和微风增氧条件,这样可以避免白天日光直射,幼蟹鳃部水分被蒸发而死亡。

第七节　蟹种的选择与鉴别

一、蟹种的选择标准

首先是投放的蟹种要求甲壳完整、肢体齐全、无病无伤、活力强、规格整齐、同一来源,选择一龄扣蟹,不选性早熟的二龄种和老头蟹种。

其次是选择品系纯正、苗体健壮、规格均匀、体表光洁不沾污物、色泽鲜亮、活动敏捷的蟹种。

再次就是对蟹种进行体表检查。随机挑3～5只蟹种把背壳扒去,鳃片整齐无短缺、鳃片淡黄或黄白、无固着异物、无聚缩虫、肝脏呈菊黄色,丝条清晰者为健康无病的优质蟹种;如果发现蟹种的鳃片有短缺、黑鳃、烂鳃等现象,同时蟹种的肝脏明显变小,颜色变异无光泽则为劣质蟹种、带病蟹种。

二、不宜投放的蟹种

1.早熟蟹种不要投放

有的蟹种虽然看起来很小,只有 20～30 克,但是它们的性腺已经成熟,如果把这种蟹种放养在池塘里,在开春后直至第二次蜕壳时会逐渐死去。这种蟹前壳呈墨绿色,雄蟹螯足绒毛粗长发达,螯足一步足刚健有力,雌蟹肚脐变成椭圆形,四周有小黑毛,是典型的性早熟蟹种,没有任何养殖意义。

2.小老蟹苗不要投放

人们在生产上通常将小老蟹称为"懒小蟹"、"僵蟹",因为它们已在淡水中生长两秋龄,因某种原因未能长大,之后也很难长大,也就是我们常说的"养僵了"。一般性腺已成熟,所以背甲发青,腹部四周有毛,夏季易死亡,回捕率很低。

3.病蟹不要投放

病蟹四肢无力,动作迟钝,入水再拿出后口中泡沫不多,腹部有时有小白斑点,这样的蟹种不要投放;蟹种肢体不全者或有其他损伤尤其是大螯不全者最好不要投放,断肢河蟹虽能再生新足,但商品档次下降,所以也不要投放;蟹种的鳃片有短缺、黑鳃、烂鳃等现象是不要投放;蟹种活动能力不强,同时蟹种的肝脏明显变小,颜色变异无光泽的也不要投放。

4.咸水蟹种不要投放

这种蟹在海边长大,它的外表和正宗蟹种没有明显区别,但如果把咸水蟹放在淡水中一段时间,则有的死亡,有的爬行无力,有的则体色改变。

5.氏纹弓蟹种不要投放

氏纹弓蟹又称铁蟹、蟛蜞,淡水河中生长出较多,它是一种长不大的水产动物,最大 50 克左右,品质差。由于它的幼体外形和中华绒螯蟹非常相似,所以常有人捕来以假乱真。稍加注意,不难发现：氏纹弓蟹背甲方形，步足有短细绒毛，色泽较淡。

三、小老蟹的鉴别方法

1.小老蟹的形成

养殖户在选择蟹种的时候，一定要避免性早熟蟹。河蟹性早熟就是在其尚未达到商品规格时，已由黄蟹蜕壳变为绿蟹，这时它们的性腺已经发育成熟，如果在盐度变化的刺激下，是能够交配产卵并繁殖后代的，这种未达商品规格就性成熟的蟹通常被称为"小老蟹"。

"小老蟹"个体规格约为每千克20～28只，由于它们的大小与大规格蟹种基本一样，所以有的养殖户特别是刚刚从事河蟹养殖的人是难以将它们区分开来。而如果将这种"小老蟹"作为蟹种第二年继续养殖时，不仅生长缓慢，而且易因蜕壳不遂而死亡，更重要的是它们几乎不可能再具有生长发育的空间了，将会给养殖生产带来损失。因此，我们一定要杜绝小老蟹在池塘里的养殖，这就是我们在编写本书时特别将小老蟹的鉴别方式作重点介绍的原因。现介绍一些较为简便易行的鉴别方法供养殖生产参考。

2.小老蟹的鉴别

我们通常将鉴别小老蟹的方法简称为"五看一称"法。

一是看腹部：正常的蟹种，在处于幼年期，不论雌雄个体，它们的腹部都是呈狭长状的，略呈三角形。随着河蟹的蜕壳生长，雄蟹的腹部仍然保持三角形，而雌蟹的腹部将随着蜕壳次数的增加而慢慢变圆，到了成熟时就成为相当圆的脐了，所以成熟河蟹有"雌团雄尖"的说法。因此我们在选购蟹种时，要观看蟹种的腹部，如果都是三角形或近似三角形的蟹种，即为正常蟹种，如果蟹种腹部已经变圆，且圆的周围密生绒毛，那么就是性腺成熟的蟹种，就是明显的小老蟹，不要购买。

二是看交接器：观看交接器是辨认雄蟹是否成熟的有效方

法，打开雄蟹的腹部，发现里面有两对附肢，着生于第一至第二腹节上，其作用是形成细管状的第一附肢，在交配时1对附肢的末端紧紧地贴吸在雌蟹腹部第五节的生殖孔上，故雄蟹的这对附肢叫交接器。正常的蟹种，由于它们还没有达到性成熟，性激素分泌有限，因此在交接器的表现上为软管状，而性成熟的小老蟹的交接器则在性腺的作用下，变为坚硬的骨质化管状体，且末端周生绒毛，所以说交接器是否骨质化就是判断雄蟹是否成熟的条件之一。

三是看螯足和步足：正常蟹种步足的前节和胸节上的刚毛短而稀．不仔细观察根本就不会注意到，而在成熟的小老蟹上则表现为刚毛粗长，稠密且坚硬。

四是看性腺：打开蟹种的头胸甲，如果只能看到黄色的肝脏，那就说明是正常的蟹种。若是性腺成熟的雌蟹，在肝区上面有2条紫色长条状物，这就是卵巢，肉眼可清楚地看到卵粒。若是性成熟的雄蟹，肝区有2条白色块状物，即精巢，俗称蟹膏。一旦出现这些情况就说明河蟹已经成熟了，就是小老蟹，当然是不能放养的。

五看河蟹的背甲颜色和蟹纹：正常蟹种的头胸甲背部的颜色为黄色，或黄里夹杂着少量淡绿色，其颜色在蟹种个体越小时越淡；性成熟的小老蟹背部颜色较深，为绿色，有的甚至为墨绿色，这就是性成熟蟹被称为"绿蟹"的原因，当然绿蟹就是小老蟹了，是没有任何养殖意义的；蟹纹是蟹背部多处起伏状的俗称，正常蟹种背部较平坦，起伏不明显，而性成熟蟹种背部凹凸不平，起伏相当明显。

称体重：生产实践表明，个体重小于15克的扣蟹基本上没有性早熟的；"小老蟹"体重一般都在20～50克。因此在选择蟹种时，为了安全起见，在没有绝对判断能力时，可以通过称重来选购蟹种。在北方宜选择体重10～15克的蟹种，即每千克蟹种的个数在 60～100 只,在南方可选用 5～10 克的,即每千克蟹种的个数在 100～200 只,这样既能保证达到上市规格,又可较好地避免选中"小老蟹"。

第八节　幼蟹生长停滞的原因及防治措施

在培育仔幼蟹过程中,由于种种原因,在最终干塘起捕时,常出现部分个体偏小,生长的不平衡现象,似乎永远长不大的幼蟹。这些幼蟹多为Ⅳ～Ⅵ期的幼蟹,其个头大约只有Ⅲ期幼蟹一样大小,与同期的幼蟹相比,它们的体色更深,呈棕黑色,甲壳较小,近方形,步足无力,相当纤弱,活动能力差,摄食较少,常常在培育池的底部或淤泥处打洞栖居,样子很懒,俗称"懒蟹"。

一、幼蟹生长停滞的原因

1. 培育池内溶氧偏低

仔幼蟹对水体的溶氧要求较高,一般要求高于 5 毫克/升为好。当水体中溶氧量低于 4 毫克/升或更少时,幼蟹会大批沿边爬上岸(有防逃设施的则群聚在防逃设施底部),时间一长,有少数幼蟹因鳃部失水而死亡,部分幼蟹寻找打洞的场所,并能适应在岸上洞穴里生活,不再进行正常的摄食与活动,由于岸上食物少,上岸后的河蟹因缺少营养而影响生长,从而形成"懒蟹"。水草丰富的培育池会发现许多幼蟹爬上水草呼吸空气中的氧,一旦水体溶氧充足时,它们可以自由下水活动,并不影响生长。实践证明,在培育仔幼蟹时,池水中的溶氧往往成为幼蟹变态与生长的制约因子,溶氧不足时,便会导致"懒蟹"的形成,故在培育仔幼蟹时,应密切注意池水中溶氧的变化以及幼蟹活动的变化,一旦发现幼蟹沿池边爬动或到水草上呼吸,需立即开动增氧机增氧或生物增氧。

2.饵料不足或投饵不均匀

在日常投饵中,有时会出现饵料不新鲜、投饵量不足或者投饵不均匀的现象,这样会造成部分幼蟹吃不到饵料,时间一长,个体规格差距就增大,为了生存,这部分小的河蟹就会很少活动,总是待在池底,自然形成"懒蟹"。

3.放苗密度过高

培育仔蟹的经济效益较高,单位面积效益较好,如果进行幼蟹培育,投放蟹苗密度过高,这些幼蟹还喜欢集群,多集中在一起抢食,一旦饵料不充足,水质控制不好时,造成部分小蟹觅不到饵料,争食力强的幼蟹迅速长大,而争不到饵料的蟹个体长不大,而产生"懒蟹"。

4.水位变动太大

河蟹在正常情况下,常打洞于"潮间带",洞口在水面上,洞底略低于水面,有少量水。如果幼蟹培育池的水位忽高忽低,河蟹的穴洞也就随之变动。当水位上升时,有些河蟹在水面附近打洞穴居,一旦水位下降时,它们来不及向下迁移,久而久之,穴居洞中,摄食不足,形成了懒蟹。

5.生态条件差

培育幼蟹的生态条件不能满足河蟹生长的需要,例如水中无水生植物,不适合河蟹的隐居穴洞的生活,破坏它的正常生活而造成懒蟹的形成。

二、懒蟹的预防

1.保持水质清新、溶氧充足

在仔幼蟹进入Ⅲ期以后,力争每天中午换水(蜕壳高峰期可除外),每次换水时最好掌握在上午11时左右向外排水,排去池水的1/4～1/3,再向内注水,进水后水位基本保持平齐,不要有大的波动。如果夜里发现缺氧情况,应及时改用增氧剂或启动增氧机进行增氧。

2.适当控制放养密度

放养密度过小,经济效益跟不上来,但一味追求高密度养殖,则易导致"懒蟹"的形成,因此,蟹苗的放养密度应视各自的技术水平、管理水平而定。

3.增加水草覆盖率

仔幼蟹培育池水草覆盖率应保持在 35%～40%,最好达50%,这样既可为幼蟹提供植物性饵料,又可以为仔幼蟹的栖息生长创造一个良好的生态环境,此外水草的光合作用还可以增加水体的溶氧。

4.保证饵料的量与质的供应,做到计划投饵

仔幼蟹的饵料应以鲜活的动物性饵料为主,各期的投饵方法、投饵时间、投饵量均不同。每天的投饵量及动植物蛋白质的配比应视各期仔幼蟹的生长情况而定,做到有计划投饵,投饵时间放在傍晚,便于幼蟹的夜间觅食活动。投饵时最好要分散,多设几个投饵点,防止饵料过分集中,造成强的争食力强,弱的因争食力小影响个体生长,以保证幼蟹生长发育所需的营养需求,减少"懒蟹"的形成。

5.专池培养

如果发现培育池中"懒蟹"较多时,除采取上述积极措施外,在起捕幼蟹时,将"懒蟹"全部取出,放在面积适宜的水泥池中专门饲养。集中饲养"懒蟹"的水泥池,要求水质良好,挂吊的水草要新鲜茂盛,进排水便利,并要多投喂些蛋白质含量较高的饵料,还要适当加一些蜕壳素,以保证其顺利蜕壳生长,经过 1.5 个月的科学强化饲养,可将它们放入大塘中正常饲养。

6.改善水域条件

定期施用生石灰或氢氧化钙帮助改善水质的生化药物,保持水质清新,及时清除残饵和排泄物,防止污染水体,使溶解氧保持

在 5 毫克/升以上。

7. 水位保持相对的稳定

在幼蟹的培育时,要保持培育池里的水位相对稳定,在进行换冲水时,要缓慢进行,每次换水量和排水量要基本相当,不能出现水位忽高忽低的情况。

三、懒蟹的养殖

一旦养殖池中出现了懒蟹时,许多养殖户是不愿意将它们直接弃之不要的,那么就可以采取一些措施来养殖,但总的来说,效果不是太好。

1. 建立精养蟹池,集中养蟹

如果池塘里的懒蟹较多时,可以建立一个小的精养蟹池,也可以用水泥池,有助于懒蟹放弃继续打洞的念头。将懒蟹集中在一起,确保水质良好,进、排水方便。

2. 增加投饵,强化培育

首先要满足懒蟹的摄食需要,在懒蟹"穴居"附近投饵. 投喂优质饵料,最好是特制的饵料,这种饵料可适当多加一些诱食制,以引诱它出洞觅食,增强体质,逐渐加快生长。同时这些饵料中还要适当多添加一些贝壳粉、禽蛋壳、鱼粉、骨粉、离子钙或蜕壳素,促进懒蟹的蜕壳生长。

3. 及时分养

如果是由于幼蟹密度过高、饵料不足引起的懒蟹,根据情况及时将池里的幼蟹分养出去,保证它们在良好的条件下继续生长。分养时,最好在同一池塘里分养的规格,尽量一致,起到同步生长的效果。

4. 适时施肥

在幼蟹培育期间,适时施用磷肥、钾肥,增加水体中磷、钾等元素,满足河蟹对多种微量元素的营养需求。

5.改生食为熟食投喂

如果没有投喂专门的颗粒饵料,可以将投喂的各种原粮充分浸泡、煮熟后,进行投喂,有利于河蟹消化吸收,从而增加体内的影响,促进蜕壳和生长。

诀窍三:清塘除患

在河蟹的养殖过程中,会有各种各样的生物敌害、病菌、药害等影响河蟹的生长发育,甚至危害它们的生命健康,因此我们一定要为它们创造良好的生活氛围,促进它们健康安全地生长,这就要求我们在养殖过程中着重做好两件事,一是做好清塘工作,二是做好排毒解毒、防抗应激的工作。

第一节 池塘清整

池塘是河蟹生活的地方,池塘的环境条件直接影响到河蟹的生长、发育,可以这样说,池塘清整是改善养蟹环境条件的一项重要工作。

一、池塘清整的好处

定期对池塘进行清整,从养殖的角度上来看,有六个好处:

1. 提高水体溶解氧

池塘经一年的养殖后,底部沉积了大量淤泥,一般每年沉积10厘米左右。如果不及时清整,淤泥越积越厚,池塘淤泥过多,水中有机质也多,大量的有机质经细菌作用氧化分解,消耗大量溶氧,使池塘下层水处于缺氧状态。在池塘清整时把过量的淤泥清理出去,就人为地减轻了池塘底泥的有机耗氧量,也就是提高了水体的溶解氧。

2. 减少河蟹得病的机会

淤泥里存在各种病菌,另外淤泥过多也易使水质变坏,水体酸性增加,病菌易于大量繁殖,使河蟹抵抗力减弱。通过清整池塘能杀灭水中和底泥中的各种病原菌、细菌、寄生虫等,减少河蟹疾病的发生概率。

3.杀灭有害物质

通过对池塘的清淤,可以杀灭对河蟹尤其是幼蟹的有害生物如蛇、鼠和水生昆虫,吞食软壳蟹的野杂鱼类如鲶鱼、乌鳢等及一些致病菌。

4.起到加固堤埂的作用

养殖一年的池塘,在波浪的侵蚀下,有的塘埂被掏空,有的塘基也出现崩塌现象。在清整池塘的同时,可以将池底周围的淤泥挖起放在堤埂和堤埂的斜坡上,待稍干时应贴在堤埂斜坡上,拍打紧实,可以加固池埂,对崩塌的塘基也进行了修整。

5.增大了蓄水量

当沉积在池塘底部的淤泥得到清整后,池塘的容积就扩大了一些,水深也增加了,池塘的蓄水量也就增加了。

6.可以解决混养鱼类的部分青饲料

在清塘时,富含有机质的淤泥堆积在塘埂上,可以在塘埂上移栽苏丹草、黑麦草或青菜等,作为混养鱼类的青饲料,当然这些草类河蟹也是爱吃的。青饲料的草根也有固泥护坡作用,减轻了池坡和堤埂的崩坍。

二、池塘清整时间

最好是在春节前的深冬进行,可以选择冬季的晴天来清整池塘,以便有足够的时间进行池底的曝晒。

三、池塘清整方法

新开挖的池塘要平整塘底,清整塘埂,使池底和池壁有良好的保水性能,尽可能减少池水的渗漏。

旧塘要在河蟹起捕后先将池塘里的水排干净,注意保留塘边的杂草,然后将池底在阳光下曝晒1周左右,等池底出现龟裂时,可挖去过多的淤泥,把塘泥用来加固池埂,修补裂缝,并用铁锹或木槌打实,防止渗水、漏水,为下一年的池塘注水和放养前的清塘消毒做好准备。

第二节　池塘清塘消毒

清塘消毒关关重要,类似于建房打基础,地基打得扎实,高楼才能安全稳固,否则,就有可能酿成"豆腐渣"工程的悲剧,养蟹也一样,基础细节做得不扎实,就会增加养殖风险,甚至酿成严重亏本的后果。清塘的目的是为消除养殖隐患,是健康养殖的基础工作,对种苗的成活率和生长健康起着关键性的作用。清塘消毒的药物选择和使用方法如下:

一、生石灰清塘

生石灰也就是我们所说的石灰膏,是砌房造屋的必备原料之一,因此它的来源非常广泛,几乎所有的地方都有,而且价格低廉,是目前国内外公认的最好"消毒剂"仍然是石灰,既具有水质改良作用,又具一定的杀菌消毒功效,而且价廉物美,也是目前能用于消毒清塘最有效的方法。它的缺点就是用量较大,使用时占用的劳动力较多,而且生石灰有严重的腐蚀性,操作不慎,会对人的皮肤等造成一定伤害,因此在使用时要小心操作。

1. 生石灰清塘的原理

生石灰清塘的原理是:生石灰遇水后就会发生化学反应,放出大量热能,产生具有强碱性的氢氧化钙,这种强碱能在短时间内使水体的酸碱度迅速提高到 11 以上,因此,用生石灰清塘能迅速杀死水体里的水生昆虫及虫卵、野杂鱼、青苔、病原体等,可以说是一种广谱性的清塘药物。另外生石灰遇水作用后生成的强碱与底泥中的腐殖酸产生中和作用,使池水呈中性偏弱碱性,既改良了水体中的水质和池底的土质,同时也能补充大量的钙质,有利于河蟹的蜕壳和生长发育。这也是在河蟹的生长期中,需要经常用生石灰化水泼洒来调节水质的重要原因。

2. 生石灰清塘的优点

用生石灰清塘消毒,具有以下的优点:

一是灭害作用。用生石灰清塘时,通过与底泥的混合后,能迅速杀死隐藏在底泥中的泥鳅、黄鳝、乌鳢等各种杂害鱼,龙虾等有攻击性的水产品,水蜈、水鳖虫等水生昆虫和虫卵,青苔、绿藻等一些水生植物,鱼类寄生虫、病原菌及其孢子和老鼠、水蛇、青蛙等敌害,减少疾病的发生和传染,改善河蟹栖息的生态环境,是其他清塘药物无法取代的。

二是改良水质。由于生石灰清塘时,能放出强碱性的物质,因此清塘后水的碱性就会明显增强。这种碱性能通过絮凝作用使水中悬浮状的有机质快速沉淀,过于那些浑浊的池水能适当起到澄清的作用,这是非常有利于浮游生物的繁殖,那些浮游生物又是河蟹的天然饵料之一,因此有利于促进河蟹的生长。

三是改良土质和肥水效果。生石灰清塘时,遇水作用产生氢氧化钙,氢氧化钙继续吸收水生动物呼吸作用放出的二氧化碳生成碳酸钙沉入池底。这一方面可以有效地降低水体中二氧化碳的含量,另一方面碳酸钙能起到疏松土层的效果,改善底泥的通气条件,同时能加速细菌分解有机质的作用,并能快速释放出长期被淤泥吸附的氮、磷、钾等营养盐类,从而增加了水的肥度,可让池水变肥,间接起到了施肥的作用,促进河蟹天然饵料的繁育,当然也就促进河蟹的生长。

实践证明,在经常施用生石灰的池塘,河蟹生长得快,个体长的大,而且发病率也低。

3. 干法清塘

生石灰清塘可分干法清塘和带水清塘两种方法。通常都是使用干法清塘，在水源不方便或无法排干水的池塘才用带水清塘法。

在蟹种放养前 20～30 天，排干池水，保留水深 5 厘米左右，并不是要把水完全排干，在池底四周和中间多选几个点，挖成一个个小坑，小坑的面积约 2 米² 即可，将生石灰倒入小坑内，用量为每亩池塘用生石灰 40 千克左右，加水后生石灰会立即溶化成石灰浆水，同时会放出大量的烟气和发出咕嘟咕嘟的声音，这时要趁热向四周均匀泼洒，边缘和鱼池中心以及洞穴都要洒遍到。为了提高消毒效果，第二天可用铁耙再将池底淤泥耙动一下，使石灰浆和淤泥充分混合，否则泥鳅、乌鳢和黄鳝钻入泥中杀不死。然后再经 3～5 天晒塘后，灌入新水，经试水确认无毒后，就可以投放蟹种。

4. 带水清塘

对于那些排水不方便或者是为了赶时间时，可采用带水清塘的方法。这种消毒措施速度快，效果也好。缺点是石灰用量较多。

幼蟹投放前 15 天，每亩水面水深 50 厘米时，用生石灰 150 千克溶于水中后，每是将生石灰放入大木盆、小木船、塑料桶等容器中化开成石灰浆，操作人员穿防水裤下水，将石灰浆全池均匀泼洒（包括池坡），蟹沟处用耙翻一次，用带水法清塘虽然工作量大一点，但它的效果很好，可以把石灰水直接灌进池埂边的鼠洞、蛇洞、泥鳅和鳝洞里，能彻底地杀死病害。

5. 测试余毒

就是测试水体中是否这有毒性，这在水产养殖中是经常应用的一项小技巧。只不过是蟹种比较金贵也比较娇嫩，因此这项工作就显得尤为重要了。

测试的方法是在消毒后的池子里放一只小网箱，在预计毒性已经消失的时间，向小网箱中放入 40 只蟹种，如果在一天（即 24 小时）内，网箱里的蟹种既没有死亡也没有任何其他的不适反应，那就说明生石灰的毒性已经全部消失,这时就可以大量放养蟹种了。如果 24 小时内仍然有测试的蟹种死亡,那就说明毒性还没有完全消失,这时可以再次换水 1/3～1/2,然后再过 1～2 天再测试,直到完全安全后才能放养蟹种。后文的药剂消毒性能的测试方法是一样的。

6.巧用生石灰

对于水产养殖者来说,生石灰是个好东西,来源广、效果好,而且功能也很强大,我们在养殖时一定要做好利用生石灰的这门学问。

一是可用作水质调节剂。如果河蟹养殖的池塘水质易呈酸性、老化时,这时可用浓度为 15～20 毫克/升的生石灰液全池泼洒,能够调节水质,改善水体养殖环境。另外,定期在养蟹的池塘泼洒生石灰,可有效增加水体的钙含量,有利于河蟹壳质的形成和促进蜕壳的顺利进行。

二是可用作防霉剂。部分用于水产养殖的饲料,特别是用秸秆类制作的饲料,存放一定时间会发生霉变,若在饲料中加入一定量的生石灰,使其处于碱性条件下,可抑制和杀死微生物,从而起到一定的防霉保鲜作用。

三是可用作池塘涵洞的填料剂。在池塘中埋入进、排水管道时,用生石灰作为填料堵塞管道周围的缝隙,既可以填充缝隙,又能防止黄鳝、蛇、鼠等顺着管道打洞,效果较好。

四是可用作消毒剂。前文刚刚讲述。

7.注意问题

在蟹池中使用生石灰,效果是最好的,但是最好并不能代表就可以乱用,我们在使用生石灰调节时无论是干法消毒还是带水消毒,也要注意几点事项,否则就不可能取得理想效果。

第一是生石灰的选择,最好是选择质量好的生石灰,质量好坏是可以鉴别的,很方便也很容易,就是那些没有风化的新鲜石灰,呈块状、较轻、不含杂质、遇水后反应剧烈且体积膨大的明显，就是好的生石灰。清塘不宜使用建筑上袋装的生石灰，袋装的生石灰杂质含量高，其有效成分氧化钙的含量比块状的低，如只能使用袋状生石灰应适当增加用量，另外有些已经潮解的石灰会减弱它的功效，也不宜使用。

第二是要科学掌握生石灰的用量，以上介绍的只是一个参考用量，具体的用量还要在实践中摸索。石灰的毒性消失期与用量有关，如果石灰质量差或淤泥多时要适当增加石灰用量。

第三是在用生石灰消毒时，就不要施肥，这是因为一方面肥料中所含的离子氨会因 pH 升高转化为非离子氨，这种非离子氨是有毒性的，对河蟹产生毒害作用。另一方面是肥料中的磷酸盐会和石灰释放出来的钙离子发生化学反应，变成难溶性的磷酸钙，从而明显降低了肥效。

第四就是在用生石灰消毒时，可以与酸性的漂白粉或含氯消毒剂交替使用，间隔时间为 7 天左右，但不能同时使用，这是因为生石灰是碱性药物，同时使用时会产生拮抗作用降低药效。

生石灰不能与敌百虫等杀虫剂同时使用，这是因为敌百虫遇到强碱后会水解生成敌敌畏增大毒性，残毒没有被完全清除后容易毒死池塘里的幼蟹。

第五就是生石灰的具体使用要根据蟹池中的 pH 和池塘条件具体情况而定，不可千篇一律。这是因为不同的池塘可能并不完全都适合用生石灰来处理。一般精养蟹池，这里的河蟹摄食生长旺盛，需要经常泼洒生石灰，池塘的水质改善效果较好；对于那些新挖的鱼池，由于池底是一片白泥底，没有底部淤泥沉积，因而水体的缓冲能力弱，池塘里的有机物不足，不宜施用生石灰，否则会使有限的有机物加剧分解，肥力进一步下降，更难培肥水质；对于水体 pH 较低的池塘，则要定期泼洒生石灰加以调节至正常水平；水体 pH 较高时，如果池塘里钙离子过量的话，也不宜再施用生石灰,因为这时施用生石灰,会使水中有效磷浓度降低,造成水体缺磷,从而影响浮游植物的正常生长。

第六就是池塘消毒宜在晴天进行。阴雨天气温低,影响药效,一般水温升高 10℃药效可增加一倍。早春水温 3～5℃时要适当地增加用量 30%～40%。生石灰清塘最好随用随买,一次用完,效果较好。放置时间久了,生石灰会吸收空气中的水分和二氧化碳生成碳酸钙而失效。若购买了生石灰正巧天气不好,最好用塑料薄膜覆盖,并做好防潮工作。

二、漂白粉清塘

1.漂白粉清塘的原理

漂白粉是一种常用的粉剂消毒剂,我们最常遇到的就是家中的自来水消毒用的就是漂白粉,清塘的效果与生石灰相近,其作用原理不同。当它遇到水后也能产生化学反应,放出次氯酸和氯化钙。漂白粉遇水后有一种强烈的刺鼻味道,这就是次氯酸,不稳定的次氯酸会立即分解放出氧原子,初生态氧有强烈的杀菌和杀死敌害生物的作用。因此,漂白粉具有杀死野杂鱼和其他敌害的作用,杀菌效力很强。

2.漂白粉清塘的优点

漂白粉清塘时的优点与生石灰基本相同,能杀死鱼类、蛙类、蝌蚪、螺、水生昆虫、寄生虫和病原体,但是它的药性消失比生石灰更快,而且用量更少,但没有生石灰的改良水质和使水变肥的作用,用漂白粉后,池塘不会形成浮游生物高峰,且漂白粉容易潮解,易降低药效,使含氯量不稳定。因此在生石灰缺乏或交通不便的地区或劳动力比较紧张的地区,我们建议采用这个方法更有效果,尤其是对一些急于使用的池塘更为适宜。

3.带水消毒

和生石灰消毒一样,漂白粉消毒也有干法消毒和带水消毒两种方式。使用漂白粉要根据池塘水量的多少决定用量，防止用量过大把塘内螺蛳杀死。

在用漂白粉带水清塘时，要求水深 0.5～1 米，漂白粉的用量为每亩池面用 10～15 千克，先用木桶或瓷盆内加水将漂白粉完全溶化后，全池均匀泼洒，也可将漂白粉顺风撒入水中即可，然后划动池水，使药物分布均匀，一般用漂白粉清池消毒后 3～5 天即可注入新水和施肥，再过两三天后，就可投放河蟹进行饲养。

4. 干法消毒

在漂白粉干塘消毒时，用量为每亩池面用 5～10 千克，使用时先用木桶加水将漂白粉完全溶化后，全池均匀泼洒即可。

5. 注意事项

首先是漂白粉一般含有效氯 30％左右，清塘用量按漂白粉有效氯 30％计算，由于它具有易挥发的特性，因此在使用前先对漂白粉的有效含量进行测定，在有效范围内（含有效氯 30％）方可使用，如果部分漂白粉失效了，这时可通过换算来计算出合适的用量。目前，市场上有二氯异氰尿酸钠、三氯异氰尿酸钠、三氯异氰尿酸等含氯药物亦可使用，但应计算准确。

其次是漂白粉极易挥发和分解，释放出的初生态氧容易与金属起作用。因此，漂白粉应密封在陶瓷容器或塑料袋内，存放在阴凉干燥地方，防止失效。加水溶解稀释时，不能用铝、铁等金属容器，以免被氧化。

再次是操作时要注意安全，漂白粉的腐蚀性强，不要沾染皮肤和衣物。操作人员施药时应戴上口罩，并站在上风处泼洒，以防中毒。同时，要防止衣服被漂白粉沾染而受腐蚀。

第四就是漂白粉的药性，与温度也有关，所以在早春时分也应增加用量。

最后是漂白粉的消毒效果常受水中有机物影响，如蟹池水质肥、有机物质多,清塘效果就差一些。

三、生石灰、漂白粉交替清塘

有时为了提高效果,降低成本,就采用生石灰、漂白粉交替清塘的方法,比单独使用漂白粉或生石灰清塘效果好。也分为带水消毒和干法消毒两种,带水清塘,水深 1 米时,每亩用生石灰 60～75 千克加漂白粉 5～7 千克。

干法清塘,水深在 10 厘米左右,每亩用生石灰 30～35 千克加漂白粉 2～3 千克,化水后趁热全池泼洒。使用方法与前面两种相同,7 天后即可放蟹,效果比单用一种药物更好。

四、漂白精消毒

干法消毒时,可排干池水,每亩用有效氯占 60％～70％的漂白精 2～2.5 千克。

带水消毒时,每亩每米水深用有效氯占 60％～70％的漂白精 6～7 千克,使用时,先将漂白精放入木盆或搪瓷盆内,加水稀释后进行全池均匀洒。

五、茶粕清塘

茶粕是广东、广西常用的清塘药物。它是山茶科植物油茶、茶梅或广宁茶的果实榨油后所剩余的渣滓,形状与菜饼相似,双叫茶籽饼。茶粕含皂苷,是一种溶血性毒素,能溶化动物的红细胞而使其死亡。水深 1 米时,每亩用茶粕 25 千克。将茶粕捣碎成小块,放入容器中加热水浸泡一昼夜,然后加水稀释连渣带汁全池均匀泼洒。在消毒 10 天后,毒性基本上消失,可以投放幼蟹进行养殖。

注意的是,在选择茶粕时,尽可能地选择黑中带红、有刺激性、很脆的优质茶粕,这种茶粕的药性大,消毒效果好。

六、生石灰和茶碱混合清塘

此法适合池塘进水后用，把生石灰和茶碱放进水中溶解后，全池泼洒，生石灰每亩用量 50 千克，茶碱 10～15 千克。

七、鱼藤酮清塘

鱼藤酮又名鱼藤精，是从豆科植物鱼藤及毛鱼藤的根皮中提取的，能溶解于有机溶剂，对害虫有触杀和胃毒作用，对鱼类有剧毒。使用含量为 7.5％的鱼藤酮的原液，水深 1 米时，每亩使用 700 毫升，加水稀释后装入喷雾器中遍池喷洒。能杀灭几乎所有的敌害鱼类和部分水生昆虫，对浮游生物、致病细菌和寄生虫没有什么作用。效果比前几种药物差一些，毒性 7 天左右消失，这时就可以投放幼蟹了。

八、巴豆清塘

巴豆是江浙一带常用的清塘药物，近年来已很少使用，而被生石灰等取代。巴豆是大戟科植物的果实，所含的巴豆素是一种凝血性毒素，只能杀死大部分敌害杂鱼，能使鱼类的血液凝固而死亡。对致病菌、寄生虫、水生昆虫等没有杀灭作用，也没有改善土壤的作用。

在水深 10 厘米时，每亩用 5～7 千克。将巴豆捣碎磨细装入罐中，也可以浸水磨碎成糊状装进酒坛，加烧酒 100 克或用 3％的食盐水密封浸泡 2～3 天，用池水将巴豆稀释后连渣带汁全池均匀泼洒。10～15 天后，再注水 1 米深，待药性彻底消失后放养幼蟹。

要注意的是，由于巴豆对人体的毒性很大，施巴豆的池塘附近的蔬菜等，需要过 5～6 天以后才能食用。

九、氨水清塘

氨水是一种挥发性的液体,一般含氮 12.5%～20%,是一种碱性物质,当它泼洒到池塘里,能迅速杀死水中的鱼类和大多数的水生昆虫。使用方法是在水深 10 厘米时,每亩用量 60 千克。在使用时要同时加三倍左右的塘泥,目的是减少氨水的挥发,防止药性消失过快。一般是在使用一周后药性基本消失,这时就可以放养幼蟹了。

十、二氧化氯清塘

二氧化氯消毒是近年来才渐渐被养殖户所接受的一种消毒方式,它的消毒方法是先引入水源后再用二氧化氯消毒,用量为10～20 千克/(亩・米)水深,7～10 天后放苗,该方法能有效杀死浮游生物、野杂鱼虾类等,防止蓝绿藻大量滋生,放苗之前一定要试水,确定安全后才可放苗。值得注意的是,由于二氧化氯具有较强的氧化性,加上它易爆炸,容易发生危险事故,因此在贮存和消毒时一定要做好安全工作。

十一、茶皂素清塘

使用时将茶皂素用水浸泡数小时,按每立方米水体1～2 克的用量撒入水中,经 1～2 小时即可杀死水体中的敌害,由于该药对螺类、贝类也可杀灭,因此对于池塘里有河蟹爱吃的螺蛳时,建议不要使用。

十二、药物清塘时的注意事项

在养殖河蟹时,经过清整的蟹池,能改善水体的生态环境,提高苗种的成活率,增加产量,提高经济效益。无论是采用哪种消毒剂和消毒方式,都要注意以下几点:

一是清塘消毒的时间要恰当，不要太早也不宜过迟，一般是掌握在河蟹下塘前 10～15 天进行比较合适。如果过早清塘后，待加水后河蟹却没有下塘，这时池塘里又会产生杂鱼、虫害等；而过迟消毒时，药物的毒性还没有完全消失，这时河蟹苗种已经到了池塘边，如果立即放苗，很有可能对河蟹苗种有毒害作用，从而影响它们的生产，如果不放，这么多的苗种放在何处？下次再捕捞又是个问题等。

二是上述的清塘药物各有其特点，可根据具体情况灵活掌握使用。使用上述药物后，池水中的药性一般需经 7～10 天才能消失，在河蟹苗种下塘前必须进行测试水中的余毒，测试方法上文已经讲述，只有在确认水体无毒后才能投放河蟹苗种。

三是为了提高药物清塘的效果，建议选择在晴天的中午进行药物清塘，而在其他时间尽量不要清塘，尤其是阴雨天更不要清塘。

第三节　解毒处理

一、降解残毒

在运用各种药物对水体进行消毒、杀死病原菌、除去杂鱼、杂虾、杂蟹等后，池塘里会有各种毒性物质存在，这里必须先对水体进行解毒后方可用于池塘养殖。

解毒的目的就是降解消毒药品的残毒以及重金属、亚硝酸盐、硫化氢、氨氮、甲烷和其他有害物质的毒性，可在消毒除杂的五天后泼洒卓越净水王或解毒超爽或其他有效的解毒药剂。

二、防毒排毒

防毒排毒是指定期有效地预防和消除养殖过程中出现或可能出现的各种毒害，如重金属中毒、消毒杀虫灭藻药中毒、亚硝酸盐中毒、硫化氢中毒、氨中毒、饲料霉变中毒、藻类中毒等。尤其重金属对河蟹养殖的危害，我们必须有清醒的认识。

常见的重金属离子有铅、汞、铜、镉、锰、铬、砷、铝、锑等，重金属的来源主要有三方面：第一个方面是来自工业污水、生活污水、种养污水等，它们在排放后通过一定的渠道会注入或污染了河蟹养殖的进水口，从而造成重金属超标，不经过解毒处理无法放蟹种。第二个方面是来自于所抽的地下水，本身重金属超标。第三个方面是自我污染，也就是说在养殖过程中滥用各种吸附型水质和底质改良剂等，从而导致重金属离子超标。尤其是在养殖中后期，塘底的有机物随着投饵量和蟹粪便以及动植物尸体的不断增多，底质环境非常脆弱，受气候、溶氧、有害微生物的影响，容易产生氨氮、硫化氢、亚硝酸盐、甲烷、重金属等有毒物质，其中的有些有毒成分可以检出，有的受条件限制无法检出，比如重金属和甲烷。还有一种自我污染的途径就是由于管理的疏忽，对塘底的有机物没有及时有效的处理，造成水质富营养化，产生水华和蓝藻。那些老化及死亡的藻类，以及泼洒消毒药后投喂的饵料都携带着有毒成分，且容易被河蟹误食，从而造成河蟹中毒。

重金属超标会严重损害河蟹的神经系统、造血系统、呼吸系统和排泄系统，从而引发神经功能紊乱、代谢失常、肝胰腺坏死、肝脏肿大、败血、黑鳃、烂鳃、停止生长等症状。

因此我们在河蟹的日常管理工作中就要做好防毒解毒工作，从而消除养殖的健康隐患。

首先是对外来的养殖水源要加强监管，努力做到不使用污染水源；其次是在使用自备井水时，要做好曝晒的工作和及时用药物解毒的工作；再次就是在养殖过程中不滥用药物，减少自我污染的可能性。高密度养殖的池塘环境复杂而脆弱，潜伏着致病源的隐患随时都威胁着河蟹的健康养殖。因此中后期的定期解毒排毒很有必要的。

第四节 水体净化

随着河蟹养殖业的快速发展以及集约化程度的不断加深,蟹池水体的污染日益严重,由此造成的病害问题也越来越严重。长期以来河蟹养殖业是以扩大养殖面积、增加水产资源来提高产量的资源消耗型养殖方式,其落后性和局限性愈来愈明显。某些养殖生产者忽视了处理养殖废水、废物等问题,不仅造成自身养殖水体生态环境的恶化,对自然生态系统也造成不良影响,如部分淡水池塘老化,淤泥沉积造成水体生态恶化。另外水资源严重缺乏,且不断遭受工业污染和由水产养殖带来的富营养化,水域生态平衡遭严重破坏,可利用的水资源越来越少,加上水域环境污染使养殖产品病害频繁发生,造成惨重的经济损失。因此我们必须对河蟹养殖用水进行再处理再次应用,这时就要考虑生物净化的作用。

一、养殖用水的物理处理

在从自然环境中获得的河蟹养殖用水中往往含有较多的悬浮物(如粪便、残饵等)或其他水生生物(如鱼、虾、浮游动物、水草等),为了净化或保护后续水处理设施的正常运转,降低其他设施的处理负荷,都要将这些悬浮或浮游有机物尽可能用简单的物理方法除去。处理方法包括:栅栏、筛网、沉淀、气浮、过滤等。

1. 栅栏

通常用在养鱼水源进水口,目的是防止水中个体较大的鱼、虾类、漂浮物和悬浮物进入进水口。否则,容易使水泵、管道堵塞或将敌害生物带入养鱼水体。栅栏通常是用竹箔、网片组成,也有用金属结构的网格组成。

2. 筛网

筛网材料通常为尼龙筛绢。筛网可去除浮游动物(小虾、枝角类、桡足类等)和尺寸较小的有机物(如粪便、残饵及悬浮物等)。生产上,作为幼体孵化用水,往往在水源进水口,在栅栏的内侧再安置筛网,以防小型浮游动物进入孵化容器中残害幼体。为便于清除,往往将部分筛网做成漏斗形口袋状。

3.过滤

过滤是养殖用水处理中比较经济有效的方法之一。它既可以作为养殖用水的预处理,也可作为养殖用水的最终处理,如工厂化育苗循环用水的处理等。

二、养殖用水的化学处理

养殖用水的化学处理是利用化学作用,以除去水中的污染物。这时通常加以化学药剂,促使污染物混凝、沉淀、氧化还原和络合。养殖用水的化学处理主要有经下几种:重金属的去除、硬水的软化、氧化还原法和混凝法、消毒法、脱氮等。

三、生物净化

1.蟹池生物净化的原理

生物净化,也就是生物类群通过代谢作用(异化作用和同化作用)使养蟹池塘环境中的污染物的数量减少,浓度下降,毒性减轻,直至消失的过程。养殖水体和蟹池里土壤的污染,只要不超过生态系统的负载能力,污染物就可以通过物理的、化学的和生物学的作用得到净化,其中生物学的作用占有十分重要的地位。

池塘中生活着细菌、真菌、藻类、水草、原生动物、贝类、昆虫幼虫、鱼类等生物,对污染物会产生生物净化作用。在河蟹养殖中,生物净化时起主导作用的是细菌等微生物,但许多水生植物主要是水草和沼生植物也有较强的净化作用。例如芦苇和轮叶黑藻,对水中悬浮物、氯化物、有机氮、硫酸盐均有一定的净化能力。水葱能净化水中酚类,凤眼莲(水葫芦)、绿萍、金鱼藻、菱角等有吸收水中重金属元素的作用。

　　现在在养殖过程中，经过生产实践和科研专家的研究，已经开发出来具有高效的河蟹水质净化菌种，这种水质净化菌种系经高科技生物技术研制开发而成的复合菌种，具有很强的净化水质的功能，能够快速分解水生动物粪便、饲料残渣、水生动植物残体、有机碎屑等；具有益菌大量繁殖，抑制有害菌群；能够吸收并分解氨氮、亚硝酸盐、硫化氢等；能够增加水体中溶氧量；能够调节水体pH；净化菌种能够防止水体富营养化；还能够改善水质和底质。特别适用于水质易恶化、黑底、臭底、泛塘等情况。

　　2. 微生物进行生物净化的途径

　　(1)降解作用　　细菌、真菌和藻类都可以降解有机污染物。如好氧革兰氏阴性杆菌可以降解蟹池里的有机磷农药、甲草胺、氯苯等；霉菌可以降解蟹池里的敌百虫残留物等；藻类可以降解多种酚类化合物。

　　(2)共代谢　　微生物的共代谢是指微生物能够分解有机物基质，但是却不能利用这种基质作为能源和组成元素的现象。这类微生物有假单胞菌属、芽孢杆菌属等。

　　(3)去毒作用　　微生物通过转化、降解、矿化、聚合等反应，改变污染物的分子结构，从而降低或去除其毒性。如有机磷农药马拉硫磷可以在微生物的水解作用下，被分解为含有一酸或二酸的物质。

　　3. 蟹池污染物的生物净化方法

　　对于大型的河蟹养殖场，排放出来的养殖用水比较多，因此需要进行再循环利用，因此可以通过以下几种方式进行生物净化处理。

　　(1)活性污泥法　　一般包括曝气池和沉淀池。在曝气池内不断曝气，为水中的微生物提供大量氧气，使好氧微生物良好生长。经过一段时间的培养，废水中就会产生絮状体，里面充满各种微生物和一些无机物以及分解中的有机物,这就是活性污泥。活性污泥有很强的吸附和氧化分解能力,可利用它的这种能力去除废水中的污染物。

(2)生物膜法　其原理是:在用塑料等材料做成的波纹板、蜂窝管或环状柱等滤料表面,固定生长着很多微生物,当污水通过时,滤料吸附的有机物质使微生物繁殖生长,并进一步吸附水中的悬浮物、胶体等物质,从而逐渐形成由细菌、真菌、原生动物等组成的生物膜。生物膜有很大的表面积,具有很强的吸附能力,并能够氧化分解或降解被吸附的有机物。

(3)氧化塘法　又称生物塘法或稳定塘法,是利用一个天然的或人工修整的池塘,由于污水在塘内停留的时间较长,通过水中的微生物代谢活动可以将有机物降解。池塘分为好氧塘、厌氧塘和兼性塘等不同类型。好氧塘保持良好的溶氧状态,塘内生长的藻类提供氧气,好氧菌降解有机物。厌氧塘用来处理有机物浓度较高的污水,厌氧菌分解部分有机物成沼气,沼气把污泥等带到水面形成浮渣层,从而维持塘内良好的厌氧状态。厌氧塘的出水可用好氧塘进一步处理。兼性塘的水比好氧塘深,一般水深1.5～2.0米,可以同时进行好氧和厌氧反应。

4.河蟹池塘水体净化设施

蟹池水体净化设施是利用池塘的自然条件和辅助设施构建的原位水体净化设施,这种设施是我们在进行大规模养蟹时应该考虑和着重推广的水质净化处理技术。主要有生物浮床、生态坡等。

(1)生物浮床　物浮床净化是利用水生植物或改良的陆生植物,以浮床作为载体,种植在池塘水面,通过植物根系的吸收、吸附作用和物种竞争相克机理,消减水体中的氮、磷等有机物质,并为多种生物生息繁衍提供条件,重建并恢复水生态系统,从而改善水环境。生物浮床有多种形式,构架材料也有很多种。在池塘养殖河蟹方面应用生物浮床,须注意浮床植物的选择、浮床的形式、维护措施、配比等问题。

（2）生态坡　生态坡是利用池塘边坡和堤埂修建的水体净化设施。一般是利用砂石、绿化砖、植被网等固着物铺设在池塘边坡上，并在其上栽种植物，利用水泵和布水管线将池塘底部的水提升并均匀的布撒到生态坡上，通过生态坡的渗滤作用和植物吸收截流作用去除养殖水体中的氮磷等营养物质，达到净化水体的目的。

第五节　其他清除蟹池隐患的技术

一、培植有益微生物种群

培植有益微生物种群，不仅能抑制病原微生物的生长繁殖，消除健康养殖隐患，还可将塘底有机物和生物尸体通过生物降解转化成藻类、水草所需的营养盐类，为肥水培藻、强壮水草奠定良好的基础。在解毒 3～5 小时后，就可以采用有益微生物制剂如水底双改、底改灵、底改王等药物按使用说明全池泼洒，目的是快速培植有益微生物种群，用来分解消毒杀死的各种生物尸体，避免二次污染，消除病原隐患。

如果不用有益微生物对消毒杀死的生物尸体进行彻底的分解或消解的话，那就说明清塘消毒不彻底。这样的危害就是那些具有抗体的病原微生物待消毒药效过期后就会复活，而且它们会在复活后利用残留的生物尸体作培养基大量繁殖。而病原微生物复活的时间恰好是河蟹蜕壳最频繁的时期，蜕壳时的河蟹活力弱，免疫力低下，抗病能力差，病原微生物极易侵入蟹体，容易引发病害。所以，我们必须在用药后及时解毒和培育有益微生物的种群。

二、防应激、抗应激

防应激、抗应激，无论是对水草、藻相和河蟹都很重要。如果水草、藻相应激而死亡,那么水环境就会发生变化,直接导致河蟹马上会连带发生应激反应。可以这样说,大多数的河蟹病害是因应激反应才导致蟹活力减弱,病原体侵入河蟹体内而引发的。

　　水草、藻相的应激反应主要是受气候、用药、环境变化(如温差、台风天、低气压、强降雨、阴雨天、风向变化、夏季长时间水温高、泼洒刺激性较强的药物、底质腐败等因素)的影响而发生。为防止气候变化引起应激反应,应养成关注天气气象信息的好习惯,提前听气候预报预知未来 3 天的天气情况,当出现闷热无风、阴雨连绵、台风暴雨、风向不定、雨后初晴、持续高温等恶劣天气和水质泥浊等不良水质时,不宜过量使用微生物制剂或微生物底改调水改底,更不宜使用消毒药;同时,应酌情减料投喂或停喂,否则会刺激河蟹产生强应激反应,从而导致恶性病害发生,造成严重后果。

三、做好补钙工作

　　在池塘养蟹过程中,有一项工作常常被养殖户忽视,但却是养殖河蟹成功与否的不可忽视的关键工作,这项工作就是补钙。

　　1. 水草、藻类生长需要吸收钙元素

　　钙是植物细胞壁的重要组成成分,如果池塘中缺钙,就会限制蟹池里的水草和藻类的繁殖。我们在放苗前肥水时,常常会发现有肥水困难或水草老化、腐败现象,其中一个重要的原因就是水中缺钙元素,导致藻类、水草难以生长繁殖导致。因此肥水前或肥水时需要先对池水进行补钙,最好是补充活性钙,以促进藻类、水草快速吸收转化,达到"肥、活、嫩、爽"的效果。

　　2. 养殖用水要求有合适的硬度和合适的总碱度,因此水质和底质的养护和改良也需要补钙

　　养殖用水的钙、镁含量合适,除了可以稳定水质和底质的pH,增强水的缓冲能力,还能在一定程度上降低重金属的毒性,并能促进有益微生物的生长繁殖,加快有机物的分解矿化,从而加速

植物营养物质的循环再生，对抢救倒藻、增强水草生命力、修复水色及调理和改善各种危险水色、底质，效果显著。

3.河蟹的整个生长过程都需要补钙

首先是河蟹的生长发育离不开钙。钙是动物骨骼、甲壳的重要组成部分，对蛋白质的合成与代谢，碳水化合物的转化、细胞的通透性、染色体的结构与功能等均有重要影响。

其次是河蟹的生长离不开钙。河蟹的生长要通过不断的蜕壳和硬壳来完成，因此需要从水体和饲料中吸收大量的钙来满足生长需要，集约化的养殖方式又常使水体中矿物质盐的含量严重不足。而钙、磷吸收不足又会导致河蟹的甲壳不能正常硬化，形成软壳病或者蜕壳不遂，生长速度减慢，严重影响河蟹的正常生长。因此为了确保河蟹的生长发育正常和蜕壳的顺利进行，需要及时补钙。可以说，补钙固壳、增强抗应激能力，是加固防御病毒侵入而影响健康养殖的防火墙。

诀窍四:涵养水源

第一节 养蟹水源及水质要求

一、养蟹水源

用于养殖河蟹的水源一般有两种:一种是地表水,如江河、湖泊等天然水;另一种是地下水,如井水、泉水。由于水源不同,池塘水质也大有差异。但是无论是哪一种水源,必须要保证水量充沛、符合渔业水质标准。因此在开挖蟹池时时,一定不要建在化工厂附近,也不要建在有工业污水注入区的附近。

1. 地表水

以江河、湖泊水等地表水为水源的池塘,一般水质最好,因为这类水水温适宜,水中溶氧丰富且有丰富的河蟹天然饵料,有大量的浮游生物作为河蟹的饵料,对河蟹生长非常有益。其缺点是水中含有较多的野杂鱼、敌害生物,水质极易变质的不足。这可以通过过滤加以排除。但一些蟹病病原体或受污染后的水,用过滤是解决不了问题的。所以在引用前,一定要认真调查或化验证实无害后才能使用,否则将祸及池鱼造成损失。

2. 地下水

打深井取水时,细菌和有机物相对减少,这对河蟹养殖是有益的。但是地下水存在水中的硬度较大、浮游生物不多、溶氧较低的不足,要经过日晒升温以及曝气后方可用于养殖河蟹,另外还要考虑供水量是否满足养殖需求,一般要求在 10 天左右能够把池塘注满。采用含硫黄和氟等物质超标的地下水,需用好水稀释、混合,曝晒加温,符合渔业水质标准后再用。

另外由于使用地下水时,需要从地下提水,加大养鱼成本,而且水温低,升温慢,含氧量少,要让水质肥沃需要一定时间。

我国南方地区池塘养蟹用水,一般是河水、湖水或库水等地表水;北方地区绝大部分使用的是地下水,通常是采用深井水。

二、水质要求

为了防止和控制渔业水域水质污染,保证河蟹的正常生长、繁殖和成蟹的质量,对河蟹养殖用水也是有要求的,至少应符合国家渔业养殖用水标准(表1)。

表1　渔业水质标准　　　　　　　　　　　　　　毫克/升

项目	标准值
色、臭、味	不得使鱼、虾、贝、藻类带有异色、异臭、异味
漂浮物质	水面不得出现明显油膜或浮沫
悬浮物质	人为增加的量不得超过10,而且悬浮物质沉积于底部后,不得对鱼、虾、贝类产生有害的影响
pH	淡水6.5~8.5,海水7.0~8.5
溶解氧	连续24小时中,16小时以上必须大于5,其余任何时候不得低于3,对于鲑科鱼类栖息水域冰封期其余任何时候不得低于4
生化需氧量(5天,20℃)	不超过5,冰封期不超过3
总大肠菌群	不超过5 000个/升(贝类养殖水质不超过500个/升)
汞	≤0.000 5
镉	≤0.005
铅	≤0.05
铬	≤0.1

续表1

项目	标准值
铜	$\leqslant 0.01$
锌	$\leqslant 0.1$
镍	$\leqslant 0.05$
砷	$\leqslant 0.05$
氰化物	$\leqslant 0.005$
硫化物	$\leqslant 0.2$
氟化物(以 F^- 计)	$\leqslant 1$
非离子氨	$\leqslant 0.02$
凯氏氮	$\leqslant 0.05$
挥发性酚	$\leqslant 0.005$
黄磷	$\leqslant 0.001$
石油类	$\leqslant 0.05$
丙烯腈	$\leqslant 0.5$
丙烯醛	$\leqslant 0.02$
六六六(丙体)	$\leqslant 0.002$
滴滴涕	$\leqslant 0.001$

三、河蟹养殖渔业水质保护

(1)任何企、事业单位和个体经营者排放的工业废水、生活污水和有害废弃物,必须采取有效措施,保证最近渔业水域的水质符合本标准

(2)未经处理的工业废水、生活污水和有害废弃物严禁直接排入鱼、虾、蟹类的产卵场、索饵场、越冬场和鱼、虾、蟹、贝、藻类的养殖场及珍贵水生动物保护区。

(3)严禁向渔业水域排放含病原体的污水;如需排放此类污

水,必须经过处理和严格消毒。

四、池塘水质的判断方法

"肥、活、嫩、爽"的水质是鱼类也是河蟹生长发育最佳的水质,如何及时地掌握并达到这种优良水质标准呢?经过多年来我国许多科技工作者和渔农的总结分析,通常采用以下的"四看"方法来判断水质。

1. 看水色

在池塘养殖生产中最希望出现的水色有两大类,一类是以黄褐色的水为主(包括姜黄、茶褐、红褐、褐中带绿等);另一类是以绿色水为主(包括黄绿、油绿、蓝绿、墨绿、绿中带褐等)。这两种水体均是典型的肥水型水质,它含有大量的鱼类易消化的浮游植物或浮游动物。但相比之下,黄褐色的水质优于绿色水。其水中滤食性鱼类易消化的藻类相对比绿色水多。黄褐色水的指标生物是隐藻类。在水生生物生态上又称鞭毛藻型塘。这是由于大量投饵和施放有机肥料后,水中丰富的溶解和悬浮有机物使兼性营养的鞭毛藻类在种间竞争中处于优势,加以经常加注新水,控制水质,使鞭毛藻类占绝对优势。这些藻类都是滤食性鱼类容易消化的种类,而且水色的日变化大。而绿色水中滤食性鱼类不易消化的藻类占优势。其指标生物为绿藻门的小型藻体,这种水的生物组成滤食性鱼类容易消化的藻类不易生长。

当然,在水体中投喂不同饲料和施入不同的肥料后,由于各种肥料所含养分有异,培育出的浮游生物种群和数量有差别,水体也会呈现不同的水色。例如:如果向池中施加适量的牛粪、马粪,池水则呈现淡红褐色;施入人粪尿,池水则呈深绿色;施加猪粪,池水呈酱红色;施加鸡粪时,池水呈黄绿色;螺蛳投得多的池,水色呈油绿色;水草、陆草投得多的池,水色往往呈红褐色。因此可以通过肥料(特别是有机肥料)的施加来达到改变水色、提高水质的目的,这也是池塘施肥养鱼的目的。

2. 看水色的变化

池水中鱼类容易消化的浮游植物具有明显的趋光性,形成水色的日变化。白天随着光照增强,藻类由于光合作用的影响而逐渐趋向上层,在下午 2 时左右浮游植物的垂直分布十分明显,而夜间由于光照的减弱,使池中的浮游植物分布比较均匀,从而形成了水体上午透明度大、水色清淡和下午透明度小、水色浓厚的特点。而鱼类不易消化的藻类趋光性不明显,其日变化态势不显著。另外,十天半月池水水色的浓淡也会交替出现。这是由于一种藻类的优势种群消失后,另一种优势种群接着出现,不断更新鱼类易消化的种类,池塘物质循环快,这种水称为"活水",另一方面,由于受浮游植物的影响,以浮游植物为食的浮游动物也随之出现明显的日变化和月变化的周期性变化。这种"活水"的形成是水体高产稳产的前提,是一种优良水质。

3. 看下风油膜

有些藻类不易形成水华,或因天气、风力影响不易观察,可根据池塘下风处(特别是下风口的塘角落)油膜的颜色、面积、厚薄来衡量水质好坏。一般肥水下风油膜多、较厚、性黏、发泡并伴有明显的日变化,即上午比下午多,上午呈褐色或烟灰色,下午往往呈现绿色,俗称"早红夜绿"。油膜中除了有机碎屑外,还含有大量藻类。如果下风油膜面积过多、厚度过厚且伴着阵阵恶心味、甚至发黑变臭,这种水体是坏水,应立即采取应急措施进行换冲水,同时根据天气情况,严格控制施肥量或停止投饵与施肥。

4. 看"水华"

在肥水的基础上,浮游生物大量繁殖,形成带状或云块状水华。水华是水域物理、化学和生物特性的综合反映而形成的。其实水华水是一种超肥状态的水质,一种浮游植物大量繁殖形成水华,就反映了该种植物所适应的生态类型及其对鱼类的影响,若继续发展,则对养鱼有明显的危害。因而水华水在水产养殖中应加以控制,人们总是力求将水质控制在肥水但尚未达到水华状态的标准上,但是,另一方面水华却能比较直观地反映了浮游生物所适宜的水的理化性质、生物特点以及它对鱼类生长、生存的影响与危害。加上水华看得清、捞得到、易鉴别,因而可把它作为判断池塘水质的一个理想指标。

五、调节水质

水是河蟹赖以生存的环境,也是疾病发生和传播的重要途径,因此水质的好坏直接关系到河蟹的生长、疾病的发生和蔓延。在河蟹整个养殖过程中水质调节非常重要,除前面提到的种植水草、移植螺蛳外应做到以下几点。

(1)定期泼洒生石灰,调节水的酸碱度,增加水体钙离子浓度,供给河蟹吸收。河蟹喜栖居在微碱性水体中,pH 7.5～8.5,自四月中旬至河蟹起捕前每 15～20 天每亩水深 1 米用 10～15 千克生石灰化水全池均匀泼洒,使池水始终呈微碱性。

(2)夏季水温高,水质极易败坏,应加强水质管理,可采取加深水位的,保持池塘正常水位在 1.5 米左右。

(3)适时加水、换水。从放种时 0.5～0.6 米始,随着水温升高,视水草长势,每 10～15 天加注新水 10～15 厘米,早期切忌一次加水过多。5 月上旬前保持水位 0.7 米,7 月上旬前保持水位 1.2 米,7 月上旬后保持水位 1.5 米。每 2～3 天加一次水,高温季节每天加水一次,形成微水流,促进河蟹蜕壳。另外如果遇到恶劣天气,水质变化时,要加大换水量,尽量加满池水。如发现河蟹往岸上爬的次数和数量增多、口吐泡沫,应立即换水并加大换水量。但是要注意的是在蜕壳高峰期不加水,雨后不加水。每次换水水深 20～30 厘米,先排后灌,换水时换水速度不宜过快,以免对河蟹造成强刺激。在进水时用 60 目双层筛网过滤。

（4）每隔7～10天,泼洒一次生石灰,每次每亩水面用生石灰15千克,这有澄清水质、增加水体钙质的作用。如常年周期施用益生菌制剂,则大大减少换水次数,甚至可以不换水。

（5）做好底质调控工作。在日常管理中做到适量投饵,减少剩余残饵沉底;定期使用底质改良剂（如投放过氧化钙、沸石等,投放光合细菌,活菌制剂）;晴天采用机械池内搅动底质,每两周一次,促进池泥有机物氧化分解。

第二节　　提供充足的溶解氧

溶解氧是养殖鱼、虾、蟹等水生动物生存的必要条件,溶解氧的多少影响着养殖水生动物种类的生存、生长和产量。

在河蟹的整个养殖过程确保溶氧充足是贯穿养殖生产与管理的一条主线,许多养殖户都有这样的体会:氧气可以说是河蟹成功养殖的命根子。因此如何采用有效的增氧措施,解决养殖池塘溶氧安全的问题,是每一位河蟹养殖户需要关注和研究的问题,也是提高池塘养殖单位产量和效益的重要手段。

一、河蟹对氧气的要求

鱼谚有"白天长肉,晚上掉膘",是十分形象化的解说。就是说在精养池塘里,白天在人工投喂饲料的条件下,河蟹可以吃得好,长得壮,但是由于密度大,以及其他有机耗氧量也大,导致水体里氧气不足,晚上河蟹就会消耗身上的肉,这就说明水体里的溶解氧对河蟹的养殖是多么重要。

我国渔业水质标准规定,一昼夜16小时以上水体的溶氧必须大于5毫克/升,其余任何时候的溶氧不得低于3毫克/升。我国湖泊、水库等大水体的溶解氧平均检测值大多在7.0毫克/升以上。特别是在水库中,由于库水经常交换及不同程度地流动,所以，水库水的溶氧充足、稳定而且变化小，分布也较均匀已成为水库溶氧的特点。故对于湖泊、水库等大水面，溶解氧并不是养蟹的主要矛盾；而对于池塘等静水小水体，溶解氧的多少往往是河蟹生长的主要限制因子。

二、池塘溶氧的补给

池塘溶氧的补给来源主要是依靠水生植物光合作用所产生的氧气以及大气的自然溶入，如果池塘还缺氧的话，那就必须依靠其他外源性氧气的补充，如池塘换水的增氧作用、增氧机的增氧作用或化学药品的放氧作用。在精养鱼池中，浮游植物光合作用产生大量的氧气，在水温较高的晴天，池水中浮游植物光合作用产氧占一昼夜溶氧总收入的90%左右，因此，可以这样说，在养殖时最经济最高效的溶解氧还是来自于池塘内部浮游生物的光合作用，当然光合作用产生的氧气的量的大小受光照的强度、水温的高低的影响变化。

大气中氧气在水中溶解量的大小主要受空气和水体的流动、水温、盐度、大气压等影响而变化，主要表现为：一是随着水温的升高而下降；二是随着盐度的增加呈指数的下降；三是大气压降低，溶解氧减少；四是水体流动性增加溶解氧增加；五空气流动性增加水中溶解氧增加。但总的来说，大气中扩散溶入水中的氧气是很少的，仅占10%左右，特别是在静水中，大气中的氧气只能溶于水的表层，而且大气中的氧气溶入池塘水中，主要在表层溶氧低的夜间和清晨进行。

在光照很好的白天，水生植物光合作用产生的氧气通常使上层水体的溶解氧达到过饱和，此时即使开动增氧机也不能使空气中的氧气溶解于水体之中。此时开动增氧机的作用是使上下水层的溶解氧进行调和。白天池塘底层溶解氧较低、上层水体的溶解氧因水生植物的光合作用产生的氧气而通常处于过饱和状态。这样,在白天的下午适当开1～3小时的增氧机使上下水层的溶解氧进行调和是非常必要的,而在太阳下山后的傍晚为了避免水中的氧气溢出切忌开动增氧机。

三、池塘水体溶解氧的消耗

池塘溶氧的消耗主要是三部分:第一部分是水中浮游生物呼吸作用,例如在没有光线的夜间水草和浮游植物不但不再进行光合作用,而且需要呼吸氧气来维持生命的活动;第二部分就是我们所养殖的虾蟹的呼吸作用,也是需要以消耗氧气为代价的,虾蟹耗氧量并不高,在水温30℃时,虾蟹耗氧量占一昼夜总支出的20%左右;第三部分是水中有机物在细菌的作用下进行的氧化分解过程,这种氧化分解是需要消耗大量的氧气的,俗称"水呼吸",据科研人员研究,这种耗氧要占一昼夜溶氧总支出的70%以上。另外还有池塘底部淤泥的耗氧,塘泥的理论耗氧值虽高,但由于池塘下层水缺氧,故实际耗氧量很低,绝大部分理论耗氧值以氧债形式存在。塘泥的实际耗氧量与底层水的溶氧条件呈正相关。

第三部分就是从水面表层自然散逸出去的氧气,尤其是在晴天白天约在11:00～17:00,上层过饱和溶氧向空气逸出的数量占一昼夜溶氧总支出的10%左右(图10)。

四、池塘溶解氧的变化规律

作为高产精养蟹池,水体的溶氧呈现出明显的水平变化、垂直变化、昼夜变化和季节变化规律。池塘里浮游生物越多,水质越肥,这种变化也越为显著。因此,对于精养蟹池而言,溶氧的这四种变化规律也最为突出,对河蟹生长的影响也最大。

1. 水平变化

由于风力的作用,池塘里浮游生物和有机物受风力大小和方向的影响,使其在水平分布上也呈不均匀状态,风力使池塘水面形

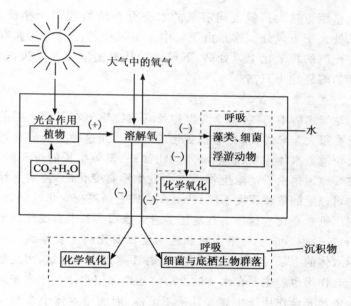

+:增加溶氧   —:减少溶氧

图 10   蟹池中影响溶氧含量的因子

成波浪和水花,从而增大了空气与水的接触面积,促进了空气与水的气体交换。当水体中的氧气多于空气时,风力使水中的氧气向空气中逸散,并促进池塘上下层水体溶解氧的交换;当水中氧气不足时,风力促进了空气中的氧气向水中的溶解,使水中的溶解氧增加。由于池塘的不同方位和位置所受风力的大小和方向不同,因此,风力除了促进池塘水体与空气的氧气的交换外,也使得池塘水平方向溶解氧的分布出现差异。具体表现为下风处比上风多,另外在进出水口,由于水流的作用,也会造成池塘里的浮游生物出现相应的水平变化。浮游生物的水平变化,是造成池塘溶氧水平变化的重要原因之一。因此,白天下风处浮游植物产氧和大气溶入的氧气都比上风高。风力越大,上、下风处的溶氧差距也越大。但夜间溶氧的水平分布恰恰与白天相反,是上风处大于下风处。这是由于集中在下风处的浮游生物和有机物在夜间的耗氧比上风处高,下风处的耗氧速度比上风快,故上风处的溶氧比下风高。

　　2. 垂直变化

　　池塘水体中的氧气、浮游生物及其他物质等在不同水层的分布是有很大差异的,即有垂直变化的差异。而这种垂向差异通常是决定池塘水体深度、底栖水产动物如虾、蟹等生长的重要因素。其主要原因是由于池塘生物昼夜会发生垂直变化的,特别是浮游植物对光照的依赖程度不同,从而在造成它们昼夜变化的同时,也呈现出垂直变化。这种垂直变化是造成池塘溶氧垂直变化的重要原因之一,也造成了池塘水色和透明度日变化的主要原因。对于池塘水体的上层,浮游生物通常分布在1米以上的区域,因此植物的光合作用也就主要在水体的上层。池塘底层水体由于光照的不足而依赖光合作用产生氧气几乎不可能,而底层水体中含有大量消耗氧气的生物体、有机物,所以底层的水体溶解氧是低于表层,随着池塘水深的增加,底层水体的溶解氧含量逐渐减少,直到为零。白天,池塘上层光照度大,浮游植物数量多,光合作用产氧量多;下层正相反,产氧少而有机物耗氧量大;加以白天由于水的热阻力,上下水层不易对流,致使上层高浓度的溶氧无法及时地向下层补充,下层溶氧条件进一步恶化,因此常常会出现尽管上层溶氧超饱和,在下层溶氧却很低,在夏季溶氧往往趋于零的现象,这就是为什么我们讲究在晴天中午开启增氧机的原因。

　　对于静水池塘在无增氧机的情况下,池塘的水深度不宜太深。而池塘水深过小又使得水体总量过少,这影响到池塘养殖容量和河蟹产量的提高。因此,通过使用增氧机或增加换水量是提高池塘承载量和河蟹产量的重要技术手段。

3.昼夜变化

水体中的浮游生物尤其是大量的浮游植物和水生植物都是依靠光照来完成光合作用的,既然是光合作用,就说明池塘里的生物离不开自然光照,而光照是有明显的昼夜变化的。在一天之中,晴天白天光照度强、水温也较高,浮游植物和水生植物光合作用产氧量高,较多的氧气溶解于水体中,主要在水体的上层,因此,从早晨开始池塘水体的溶解氧含量逐渐增加,往往在晴天下午使表层水体溶氧超过饱和度,在中午 1:00 至 2:00 时溶解氧的含量达到最大值,此时水体溶解氧主要来源于光合作用,空气中的氧气难以溶解于水体之中。到夜间浮游植物和水生植物光合作用停止,池塘水体的氧气主要来源于空气在水中的溶解氧,池中只进行各种生物的呼吸作用,而大气溶入表层水的氧气又不多,此时,水体对氧气的消耗大于溶解氧的产生量,致使池水溶氧明显下降,水体溶解氧逐渐降低,至黎明前的 5:00 至 6:00 下降到最低,这就使溶氧产生了明显的昼夜变化。一般来说,浮游植物数量越多,天气晴朗,溶氧的昼夜差异也越大。晴天池塘水体的溶解氧含量大于阴天。对于换水对池塘水体的溶解氧的增加只有在进入池塘的新水的溶解氧大于目标池塘水体溶解氧时才成为可能。

4.季节变化

由于池塘里的生物受水温的影响非常大,因此在不同的季节里,精养池塘里的生物就会有明显的变化规律,而这些浮游生物除了白天能产生氧气外,在夜间则要呼吸消耗氧气,因此精养鱼池里的氧气也呈现出明显的季节变化。

由于夏秋季节水温高,水温也相应地慢慢升高,浮游生物和微生物的新陈代谢强,加上各种营养一般也比较丰富,因此精养池塘里的浮游生物生长繁殖快,导致水质变肥,另一方面,这些浮游生物是需要氧气来维持生命的,因此在夏秋季节白天产氧能力强,夜间耗氧能力也强。冬春季节,水温低,则产生相反的结果。

　　上述四个变化规律以溶氧的昼夜和垂直变化密切,在生产上也最为重要。它们是同时产生,互相关联又互相制约,显示了池塘溶氧在时间和空间上的变化情况。在下午3:00,上层溶氧达到最高峰时,恰恰是下层溶氧达最低值,缺氧水层向上延伸。夜间,上层水温随气温的下降而变冷,故产生密度流,池水中层、下层的溶氧逐渐得到补充,致使上层溶氧逐步下降,至清晨5:00上层溶氧下降到最低点。此时上下水层的溶氧差异基本消失,整个池水溶氧条件最差。

五、溶解氧对河蟹的影响

　　就像水对人重要性一样,氧气是也是河蟹赖以生存的首要条件。在池塘的生态系统中,水中的溶解氧的多少是水质好坏的一项重要指标。在正常施肥和投饵的情况下,水中的溶氧量不仅会直接影响河蟹的食欲和消化吸收能力,而且溶氧关系到好气性的细菌生长繁殖。在缺氧情况下,好气性细菌的繁殖受到抑制,从而导致沉积在塘底的有机物(动植物尸体和残剩饵料等)为厌气性细菌所分解,生成大量危害河蟹的有毒物质和有机酸,使水质进一步恶化。充足的溶氧量可以加速水中含氮物质的硝化作用,使对河蟹生长有害的氨态氮、亚硝酸态氮转变成无害的硝酸态氮,为浮游植物所利用。促进池塘物质的良性循环,起到净化水质的作用。因此必须通过各种途径来及时补充水体里的溶解氧,来满足鱼类的需求,这些途径有换水、机械增氧、化学增氧等方法。

　　溶氧在加速池塘物质循环、促进能量流动、改善水质等方面起重要作用。池塘有机物分解成简单的无机盐,主要依靠好气性微生物,而好气性微生物在分解有机物的过程中要消耗大量氧气。在精养蟹池这种特定条件下,溶氧已成为加速池塘物质循环、促进能量流动的重要动力。因此,在养蟹生产中,改善池水溶氧条件,是获得高产稳产的重要措施。而改善水质必须紧紧抓住池塘溶氧这个根本问题。所以养蟹池塘水质调控的重要内涵就是改善水中的溶解氧条件。这就要根据溶解氧的变化规律和影响溶解氧变化的各种因素,设法改善池塘氧气条件,只有这样才能保持水质良好,促进河蟹高产稳产。

六、改善池塘水体的氧气

改善池塘溶氧条件应从增加溶氧和降低池塘有机物耗氧两个方面着手,采取以下措施:

1. 在增加池塘溶氧条件方面

(1)保持池面良好的日照和通风条件。

(2)适当扩大池塘面积,以增大空气和水的接触面积。

(3)施用无机肥料,特别是施用磷肥,以改善池水氮磷比,促进浮游植物生长。

(4)及时加注新水,以增加池水透明度和补偿深度;经常及时地加水是培育和控制优良水质必不可少的措施,对调节水体的溶氧和酸碱度是有利的。对蟹池而言,合理注水有 4 个作用:首先增加水深,提高水体的容量;其次是增加了池水的透明度,有利于河蟹的生长发育;再次是能有效地降低藻类(特别是蓝藻、绿藻类)分泌的抗生素;最后就是通过注水能直接增加水中溶解氧,促使池水垂直、水平流转,增进河蟹的食欲。平时每 2 周注水 1 次,每次 15 厘米左右;高温季节每 4～7 天注水 1 次,每次 30 厘米左右;遇到特殊情况,要加大注水量或彻底换水。总之,当水体颜色变深时就要注水。

(5)适当泼洒生石灰。使用生石灰,不仅可以改善水质,而且对防治蟹病也有积极作用。一般每亩用量 20 千克,用水溶化后迅速全池泼洒。

(6)合理使用增氧机,特别是应抓住每一个晴天,在中午将上层过饱和氧气输送至下层,以保持溶氧平衡。

目前,随着养鱼事业的发展,增氧机的使用已经十分普遍,对增氧机能改良水质、提高河蟹产量和养殖经济效益的作用已予以了肯定,但怎样科学合理地使用增氧机,充分发挥增氧机的效能并不是人人都了解得十分清楚。使用增氧机对池塘水体进行增氧是改善池塘水质、底质、提高池塘生产能力最为有效的手段之一。增氧机增氧的基本原理是通过机械对水体的搅动增加水体与空气的接触表面积,使更多的氧气进入水体之中,同时,由于水体的搅动增加了氧气在不同水层的分布,使不同区域的水质有混匀的作用。

增氧机具有增氧、搅水和曝气等3方面的功能。在池塘养蟹中,高产塘必须使用增氧机,可以这样说,增氧机是目前最有效的改善水质、提高产量的专用养殖机械之一。目前我国已生产出喷水式、水车式、管叶式、涌喷式、射流式和叶轮式等类型的增氧机,从改善水质防止浮头的效果看,以叶轮式增氧机最为合适,增氧效果最好,在成鱼池养殖中使用也最广泛。据水产专家试验表明,使用增氧机的池塘净产增长14％左右。

2. 在降低池塘有机物耗氧方面

(1)根据季节、天气合理投饵施肥,减少不必要的饲料溶失在水里腐烂,从而可以有效地防止水体里溶解氧的减少。

(2)每年需清除含有大量有机物质的塘泥,这就可以大量减少淤泥所消耗的氧气。

(3)采用水质改良机在晴天中午将池底塘泥吸出作为池边饲料地的肥料,既降低了池塘有机物耗氧,又充分利用了塘泥;也可将吸出的塘泥喷洒于池面,利用池水上层的氧盈及时降低氧债,保持溶氧平衡。

(4)有机肥料需经发酵后在晴天施用,以减少中间产物的存积和氧债的产生。

七、常用增氧机的种类

常用的增氧设备包括叶轮式增氧机、水车式增氧机、射流式增氧机、吸入式增氧机、涡流式增氧机、增氧泵、涌喷式增氧机、喷雾式增氧机、微孔曝气装置等。

1. 叶轮式增氧机

叶轮增氧机是通过电动机带动叶轮转动搅动水体,将空气和上层水面的氧气溶于水体中的一种增氧设备。叶轮增氧机具有增氧、搅水、曝气等综合作用,是采用最多的增氧设备。叶轮增氧机的动力效率可达 2 千克氧气/(千瓦·时)以上,一般养鱼池塘可按 0.5~1 千瓦/亩配备增氧机。

2. 水车式增氧机

水车增氧机是利用两侧的叶片搅动水体表层的水,使之与空气增加接触而增加水体溶氧的一种增氧设备。水车增氧机的最大特点是可以造成养殖池中的定向水流,便于满足河蟹养殖需要和清理沉积物。其增氧动力效率可达 1.5 千克/(千瓦·时)以上,每亩可按 0.7 千瓦的动力配备增氧机。

3. 射流式增氧机

射流式增氧机也叫射流自吸式增氧机,是一种利用射流增加水体交换和溶氧的增氧设备。与其他增氧机相比,具有其结构简单、能形成水流和搅拌水体的特点。射流式增氧机的增氧动力效率可达 1 千克/(千瓦·时)以上,并能使水体平缓地增氧,不损伤鱼体,适合鱼苗池增氧使用。缺点是设备价格相对较高,使用成本也较高。

4. 吸入式增氧机

吸入式增氧机的工作原理是通过负压吸收空气,并把空气送入水中与水形成涡流混合,再把水向前推进进行增氧。吸入式增氧机有较强的混合力,尤其对下层水的增氧能力比叶轮式增氧机强。比较适合于水体较深的池塘使用。

5. 涡流式增氧机

涡流式增氧机由电机、空气压送器、空心管、排气桨叶和漂浮装置组成,能将空气送入中下层水中形成气水混合体,高速旋转形成涡流使上下层水交换。涡流式增氧机主要用于北方冰下水体增氧,增氧效率较高。

6. 增氧泵

增氧泵是将压缩空气通过导管末端的气泡石被分成无数的小气泡,这样就增大了和水的接触面积,增加氧气的溶解速度。增氧泵具有轻便、易操作及单一的增氧功能,一般适合水深在 0.7 米以下,面积在 0.6 亩以下的蟹苗、蟹种培育池或河蟹水泥养殖池中使用。

7. 微孔曝气装置

这是一种利用压缩机和高分子微孔曝氧管相配合的曝气增氧装置,在后文将有专门的阐述。曝气管一般布设于池塘底部,压缩空气通过微孔逸出形成细密的气泡,增加了水体的汽水交换界面,随着气泡的上升,可将水体下层水体中的粪便、碎屑、残饲以及硫化氢、氨等有毒气体带出水面。微孔曝气装置具有改善水体环境,溶氧均匀、水体扰动较小的特点。其增氧动力效率可达 1.8 千克/千瓦小时以上。微孔曝气装置特别适用于虾、蟹等甲壳类品种的养殖。

八、增氧机的作用

在高产池塘里合理使用增氧机,在生产上具有以下作用:

1. 有效地促进饵料生物的增殖

促进池塘内物质循环的速度,能充分利用水体。开动增氧机可增加浮游生物 3.7～26 倍,绿藻、隐藻、纤毛虫的种类和数量显著增加。

2.增氧作用

增氧机可以使池塘水体溶解氧 24 小时保持在 3 毫克/升以上,16 小时不低于 5 毫克/升。据测定,一般叶轮式增氧机每千瓦小时能向水中增氧 1 千克左右。如负荷水面小,例如 1~1.5 千瓦/亩时,解救浮头的效果较好。在负荷面积较大时,可以使增氧机周围保持一个较高的溶解氧区,使浮头的鱼吸引到周围,达到救鱼目的。在浮头发生时,开启增氧机,可直接解救浮头,防止池塘进一步恶化为泛池现象。

3.搅水作用

叶轮增氧机有向上提水的作用,白天可以借助机械的力量造成池水上下对流,使上层水中的溶氧传到下层去,增加下层水的溶氧。而上层水在有光照条件下,通过浮游植物的光合作用可继续向水中增氧。这样不仅可以大大增加池水的溶氧量,减轻或消除翌日晨浮头的威胁,而且有利于池底有机物的分解。因此科学开启机器,能有效地预防浮头,稳定水质。

4.曝气作用

增氧机的曝气作用能使池水中溶解的气体向空气中逸出,会把底层在缺氧条件下产生的有毒气体,如硫化氢、氨、甲烷等加速向空气中扩散。中午开机也会加速上层水中高浓度溶氧的逸出速度,但由于增氧机的搅水作用强,液面更新快,这部分逸出的氧量相对并不高,大部分溶氧通过搅拌作用会扩散到下层。

5.提高产量

增氧机可增加鱼种放养密度和增加投饵施肥量,从而提高产量。在相似的养殖条件下,使用增氧机强化增氧的鱼池比对照池可净增产 13.8%~14.4%,使用增氧机所增加的成本不到因溶氧不足而消耗饲料费用的 5%。

6.防病

有利于防治鱼病尤其是预防一些鱼类的生理性疾病效果更显

著等。

因此,增氧机增加水中溶氧后,能可以提高放养密度,增加投饵施肥量,从而增加产量、节约饲料、改善水质、防治鱼病;增氧机运行时间越长越好,更能发挥增氧机的综合功能,增加放养密度提高单产。

九、增氧机使用的误区

增氧机已经在全国各地的精养鱼池中得到普及推广,在许多高产蟹池里也得到了相当程度的重视,蟹池里的配备率也非常高,但是不可否认,还有许多养殖户在增氧机的使用上还很不合理,还是采用"不见兔子不撒鹰,不见浮头不开机"的方法,把增氧机消极被动地变成了"救鱼机"、"救蟹机",只是在危急的情况下救鱼救蟹,而不是用在平时增氧养殖。还有一个误区就是增氧机的使用时间短,每年只在高温季节使用,平时不使用,从而导致增氧机的生产潜力没有充分发挥出来。

十、科学使用增氧机

1. 开机时间上要科学

开启增氧机讲究晴天中午开,阴天清晨开,连绵阴雨半夜开、傍晚不开,浮头早开,如有浮头迹象立即开机,鱼类主要生长季节坚持每天开。

2. 运转时间上要科学

半夜开机时长,中午开机时间短;天气炎热开机时间长,天气凉爽开机时间短;池塘面积大或负荷水面大开机时间长,池塘面积小或负荷水面小开机时间短。

最适开机时间和长短,要根据天气、鱼的动态以及增氧机负荷等灵活掌握。池塘载鱼量在 500 千克/亩的池塘在 6～10 月份生产旺季,每天开动增氧机两次:下午 1～2 时开 1～2 小时,凌晨

1～8 时开 5～6 小时。

　　值得注意的是,由于池塘水体大,用水泵或增氧机的增氧效果比较慢。浮头后开机、开泵,只能使局部范围内的池水有较高的溶氧,此时开动增氧机或水泵加水主要起集鱼、救鱼的作用。因此,水泵加水时,其水流必须平水面冲出,使水流冲得越远越好,以便尽快把浮头鱼引集到这一路溶氧较高的新水中以避免死鱼。在抢救浮头时,切勿中途停机、停泵,否则反而会加速浮头死鱼。一般开增氧机或水泵冲水需待日出后方能停机停泵。

十一、池塘微孔增氧

1.微孔增氧的概念

　　池塘微孔增氧技术就是池塘管道微孔增氧技术,也称纳米管增氧,是近几年涌现出来的一项水产养殖新技术,是国家重点推荐的一项新型渔业高效增氧技术,有利于推进生态、健康、优质、安全养殖。

　　微孔管增氧装置是利用三叶罗茨鼓风机通过微孔管将新鲜空气从水深 1.5～2 米的池塘底部均匀地在整个微孔管上以微气泡形式溢出,微气泡与水充分接触产生气液交换,氧气溶入水中,能大幅度提高水体溶解氧含量,达到高效增氧目的,提高产量的目的,现已广泛应用于水产养殖上。

2.池塘微孔增氧的类型及设备

　　(1)点状增氧系统　又称短条式增氧系统,就像气泡石一样进行工作,在增氧时呈点状分布,具有用微孔管少,成本低,安装方便的优点。它的主要结构是由三部分组成,就是主管—支管—微孔曝气管。支管长度一般在 50 米以内,在支管道上每隔 2～3 米有固定的接头连接微孔曝气管,而微管也是较短的,一般在 15～50 厘米。

　　(2)条形增氧系统　就是在增氧时呈长条形分布,比点状增氧效率更高一点,当然成本也要高一点,需要的微管也多一点,曝气管总长度在 60 米左右,管间距 10 米左右,每根微管 30～50 厘米,同时微孔曝气管距池底 10～15 厘米,不能紧贴着底泥,每亩配备鼓风机功率 0.1 千瓦。

(3)盘形增氧系统　这是目前使用效率最高的一种微孔增氧系统,也是制作最复杂的系统,在增氧时,氧气呈盘子状释放,具有立体增氧的效果。使用时用 4～6 毫米直径钢筋弯成盘框,曝气管固定在盘框上,盘框总长度 15～20 米,每亩装 3～4 只曝气盘,盘框需固定在池底,离池底 10～15 厘米。每亩配备鼓风机功率 0.1～0.15 千瓦。

无论是哪种微管增氧系统,它们都需要主机,是为池塘的氧气提供来源的,因此需要选择好。一般选择罗茨鼓风机,因为它具有寿命长、送风压力高、送风稳定性和运行可靠性强的特点,功率大小依水面面积而定,15～20 亩(2～3 个塘)可选 3 千瓦一台,30～40 亩(5～6 个塘)可选 5.5 千瓦一台。总供气管架设在池塘中间上部,高于池水最高水位 10～15 厘米,并贯穿整个池塘,呈南北向。总管后面一般接上支管,然后再接微管。

3.微孔增氧的合理配置

在池塘中利用微孔增氧技术养殖河蟹时,微孔系统的配置是有讲究的,根据相关专家计算,1.5 米以上深的每亩精养塘需 40～70 米长的微孔管(内外直径 10 和 14 毫米)。在水体溶氧低于 4 毫克/升时,开机曝气 2 个小时能提高到 5 毫克/升以上。

4.微管的布设技巧

利用微孔增氧技术,强调的是微管的作用,因此微管的布设也是很有讲究的,养蟹池塘水深正常蓄水在 1 米,要求微管布在离池底 10 厘米处,也可以说要布设在水平线下 90 厘米处,这样我们可用两根长 1.2 米以上的竹竿,把微孔管分别固定在竹竿的由下向上的 30 厘米处,而后再向上在 90 厘米处打一个记号,再后两人各抓一根竹竿,各向池塘两边把微孔管拉紧后将竹竿插入塘底,直至打记号处到水平为止。在布设管道时,一定要将微管底部固定好,不能出现管子脱离固定桩,浮在水面的情况发生,这样就会大大降低了使用效率。要注意的是充气管在池塘中安装高度尽可能保持一致,底部有沟的池塘,滩面和沟的管道铺设宜分路安装,并有阀门单独控制。如果塘底深浅不在一个水平线上,则以浅的一边为准布管。

在微管设置时要注意不要和水草紧紧地靠在一起,最好是距离水草10厘米左右,以免过大的气流将水草根部冲起,从而对水草的成活率造成影响。

5.使用方法

在河蟹池塘里布设微管的目的是增加水体的溶氧,因此增氧系统的使用方法就显得非常重要。

一般情况下,我们是根据水体溶氧变化的规律,确定开机增氧的时间和时段。4～5月份,在阴雨天半夜开机增氧;6～10月份的高温季节每天开启时间应保持在6小时左右,每天下午4时开始开机2～3小时,日出前后开机2～3小时,连续阴雨或低压天气,可视情况适当延长增氧时间,可在夜间9:00～10:00开机,持续到第2天中午;养殖后期,勤开机,促进河蟹的生长。

另外在晴天中午开1～2小时,搅动水体,增加低层溶氧,防止有害物质的积累;在使用杀虫消毒药或生物制剂后开机,使药液充分混合于养殖水体中,而且不会因用药引起缺氧现象;在投喂饲料的2小时内停止开机,保证河蟹吃食正常。

十二、采用生物培植氧源

有些养殖户认为只要勤开增氧机可以解决溶氧安全的问题,也有些养殖户在蟹池里也埋设了微孔增氧管,认为只要定时、科学地开启增氧设备,就可以高枕无忧了,其实,这种理解是有失偏颇的。增氧机的真正作用是搅水、曝气、增氧,主要是通过动力作用来推动水体循环,把水草和藻类所产的溶氧通过水流循环载入塘底,增加塘底溶氧量,将底层的有机物进行生物合成转化为营养盐类通过水流循环供水草和藻吸收,促进水草和藻类的生长,还可将底层有害的物质通过水体循环交换至水层表面释放挥发。至于增氧方面,增氧机本身并不制造氧气,它所起的作用只是将空气中少量的氧气导入水体,因此增氧机的有限增氧功能并不是主要的氧源。

还有一些养殖户认为,可以通过向水体中泼洒增氧剂,如过碳酸钠、过硼酸钠、过氧化钙、双氧水等来补充外源氧的方式来解决水体溶氧缺乏的问题。这是可以的,确实可以起到一定的增氧作用,也是高产精养鱼塘经常用来紧急增氧的有效药物,但是用增氧剂等化学物品来增氧只是短期的行为,而且是一种治标不治本的应急做法。也许对于鱼池可以使用,但是对于蟹池却并不适用,这是因为化学增氧剂的过量使用后,蟹池内的水草及藻类会大量死亡,养殖池塘的生态环境被彻底的破坏,水质、底质失去活性功能,自净功能丧失,在养殖后期蟹池的水色很难培养,水草很难修复,更为严重的是池塘里的亚硝酸盐、重金属等有害物质屡见超标,结果是导致蟹病频发,养殖效益很不理想。

生产实验表明,养蟹池塘里由于种植了大量的水草,加上人为进行肥水培藻的作用,因此蟹池水体中80%以上的溶解氧都是水草、藻类产生的,因此培育优良的水草和藻相,就是培植氧源的根本做法。

如何利用生物来培植氧源呢?最主要的技巧就是加强对水质的调控管理,适时适当使用合适的肥料培育水草和稳定藻相。一是在刚刚放养蟹种的时候,注重“肥水培藻,保健养种”的做法;二是在养殖的中后期的时候注意强壮、修复水草,防止水草根部腐烂、霉变;三是在巡塘的时候,加强观察,观察的内容包括蟹的健康情况,同时也应该观察水草和藻相是否正常,水体中的悬浮颗粒是否过多? 藻类是不是有益的藻类? 是否有泡沫? 水质是不是发黏且有腥臭味? 水色浓绿、泡沫稀少,藻相是否经久不变? 等等,一旦发现问题,都必须及时采取相应的措施进行处理。具体的处理方法请参考相关章节。可以这样说,保护健康的水草和藻相,就是保护池塘氧源的安全,就是确保养蟹成功的命根子。

第三节　肥水培藻

一、肥水培藻的重要性

肥水培藻是河蟹养殖中的一个新话题,实际上就是在放苗前通过施基肥来达到让水肥起来同时用来培育有益藻相,这在以前的河蟹养殖中并没有引起重视。但是随着河蟹养殖技术的日益发展,人们越来越重视这个问题了,认为肥水培藻是河蟹养殖过程中的一个至关重要的环节,这环节做的好坏不仅关系到蟹种的成活率,蟹种的健康状况,而且还关系到养殖过程中河蟹的抗应激和抗病害的能力及河蟹回捕率的高低,更关系到养殖产量乃至养殖成败。因此我们在这里特别建议各位养殖户朋友一定要重视这个技术措施。

肥水就是通过向池塘里施加基肥的方法来培育良好的藻相。良好的藻相具有三个方面的作用。一是良好的藻相能有效地起到解毒、净水的作用,主要是有益藻群能吸收水体环境中的有害物质,起到净化水体的效果;二是有益藻群可以通过光合作用,吸收水体内的二氧化碳,同时向水体里释放出大量的溶解氧,据测试,水体中 70%左右的氧是有益藻类和水草产生的;三是有益藻类自身或者是以有益藻类为食的浮游动物,它们都是蟹种喜食的天然优质饵料。

生产实践表明,水质和藻相的好坏,会直接关系到河蟹对生存环境的应激反应。例如河蟹生活在水质爽活、藻相稳定的水体中,水体里面的溶氧和pH通常是正常稳定的,而且在检测时,会发现水体中的氨氮、硫化氢、亚硝酸盐、甲烷、重金属等一般不会超标,河蟹在这种环境里才能健康生长,才能实现养大蟹、养好蟹、养优质蟹的目的。反之,如果水体里的水质条件差,藻相不稳定,那么水中有毒有害的物质就会明显增加,同时水体中的溶氧偏低,pH不稳定,直接导致河蟹容易应激生病。

二、培育优良的水质和藻相的方法

培育优良的水质和藻相的方法的关键是施足基肥,如果基肥不施足,肥力就不够,营养供不上,藻相活力弱,新陈代谢的功能低下,水质容易清瘦,不利于蟹苗、蟹种的健康生长,当然河蟹也就养不好,这是近几年来很多成功的养殖户用自己的辛苦钱摸索出来的经验。

现在市场上对于河蟹养殖时的培育水质的肥料都是用的生物肥或有机肥或专用培藻膏,各个生产厂家的肥料名称各异,但是培肥的效果却有很大差别。本书介绍的一些肥料和药品是一部分目前在市场上比较实用有效的专用水产生化肥和用于河蟹养殖的药品,本书并没有专门为这些公司生产的药物和肥料做广告的义务和想法,如果各地有其他类似的药物,也可以采用,具体的用法和用量请见说明书,如不按操作规则和药物使用量使用,造成的后果与我们无关,作者特此在此申明。例如可采用1包酵素钙肥＋1桶六抗培藻膏＋1包特力钙混合加水后,全池泼洒,可泼洒8～10亩。2天后,用粉剂活菌王来稳定水色,具体使用量为1包可肥水1～2亩。

勤施追肥保住水色是培育优良水质和藻相的重要技巧,可在投种后一个月的时间里勤施追肥,追肥可使用市售的专用肥水膏和培藻膏。具体用量和用法是这样的,前 10 天,每 3～5 天追一次肥,后 20 天每 7～10 天追一次肥,在施肥时讲究少量多次的原则,这样做既可保证藻相营养的供给,也可避免过量施肥造成浪费,或者导致施肥太猛,水质过浓,不便管理。在生产上,追肥通常采用六抗培藻膏或藻幸福追肥,六抗培藻膏每桶用 8～10 亩,藻幸福每桶用 6～8 亩,然后用黑金神和粉剂活菌王维持水色,用量为 1 包黑金神配 2 包粉剂活菌王浸泡后用 8～10 亩。

三、肥水培藻的难点和对策

我们在为养殖户进行"科技入户"服务时,在指导他们运用施基肥来肥水培藻时,经常会遇到养蟹池里肥水困难或根本水就肥不起来的麻烦事,经过认真的分析、比较、研究和判断后,我们总结了有十种情况极易导致肥水培藻效果不佳,现将这些情况进行科学总结、提炼,方便读者朋友以后在河蟹养殖中如果遇到这些情况时能快速做出科学的判断和处理方法。

1. 低温寡照时的肥水培藻

在低温寡照时,肥水培藻效果不好。这种情况主要发生在早春时节,是河蟹养殖刚刚开始进入生产期的时候通常会发生。由于气温低,导致池塘里的水温低,加上早春的自然光照弱,另外在冬闲季节清塘消毒的空塘时间过长,这种因素叠加在一起,共同起作用时,导致蟹池里的清塘药残难以消除,水体中有机质缺乏,会对肥水培藻产生不利影响。而大多数养殖户只知道看表面现象,并不会究其根源,因此看到池水还是不肥,就一味地盲目施肥,甚至施猛肥、施大肥,直接将大量的鸡粪施在河蟹塘里,当然结果是肯定的,不会有太明显的效果。而更严重的是这些大量的鸡粪施入池塘里,容易导致养殖中后期塘底会产生大量的泥皮、青苔、丝状藻,从而引发了池塘水质出问题、底质出问题,最终导致河蟹病害横行。

　　池塘水温太低时施肥效果不明显,已经成为一个共识,除了上述的原因外,还有两方面的原因,一个是当水温太低时,藻类的活性受到抑制,它们的生长发育也受到抑制,这时候如果采用单一无机肥或有机无机复混肥来肥水培藻,一般来说都不会有太明显的效果。另一方面,在水温太低时,池塘里刚施放进去的肥料养分易受絮凝作用,向下沉入塘底,由于底泥中刚刚被清淤消毒过,底层中的有机质缺乏,导致这些刚刚到达底层中的养分易渗漏流失,有的养分结晶于底泥中,水表层的藻类很难吸收到养分,所以肥水培藻很困难。

　　采取的对策:

　　(1)解毒　用生产厂家的净水药剂来解毒,使用量请参照说明书,在早期低温时可适当加大用量10%,常见的有净水王等,参考用量为每瓶3～5亩;

　　(2)及时施足基肥　在解毒后第二天就可以施基肥了,这时的基肥与常规的农家肥是有区别的,它是一种速效的生化肥料,按5～8亩将1包酵素钙肥和2瓶藻激活配1桶六抗培藻膏使用,也可以配合使用其他生产厂家的相应肥料;

　　(3)勤施追肥　在肥水3天后,就开始施用追肥,由于水温低,肥水难度大,用常规的施肥养鱼技术来肥水很难见效。这时的施肥是专用的生化追肥,可参考各生产厂家的药品和用量,这里举一个市场上常使用的配方。按8～10亩将1包卓越黑金神和2瓶藻激活配合1桶藻幸福或者1桶六抗培藻膏追肥。

　　值得注意的是,采用这种技术来施肥,虽然成本略高,但肥水和稳定水色的效果明显,有利于早期河蟹的健康养殖,为将来的养殖生产打下坚实的基础。

　　2.重金属含量超标时的肥水培藻

　　水体中的常规重金属含量超标,影响肥水效果,超标可以通过水质测试剂来检测出来。这些过多的重金属可以与肥料中的养分结合并沉积在池底,从而造成肥水培藻的效果不好。

采取的对策:

(1)立即解毒　用生产厂家的净水药剂来解毒;

(2)施足基肥　在解毒后第二天就可以施基肥了,可以配合使用生产厂家的相应专用生化肥料,具体的使用配方可请教相关技术人员;

(3)勤施追肥　在肥水3天后开始施用追肥,追施专用的生化追肥,可参考各生产厂家的药品和用量。

3.亚硝酸盐偏高时的肥水培藻

水体里的亚硝酸盐偏高,会影响肥水培藻的效果,可以用水质测试仪快速测定出来的,测试时简单方便。

采取的对策:

(1)立即降低水体里的亚硝酸盐的含量　即可用化学药剂快速下降,也可配合用生物制剂一起来降低亚硝酸盐。这里举一个目前常用的药物及用法,可采用亚硝快克配合六抗培藻膏降亚硝酸盐,方法是将亚硝快克与六抗培藻膏加10倍水混合浸泡3小时左右全池泼洒,每亩水面1米水深将亚硝快克1包加六抗培藻膏1千克使用。

(2)施基肥　在施用降亚硝酸盐的第二天开始施加基肥,也是用的生化肥料。可按5~8亩将1包酵素钙肥和2瓶藻激活加1桶六抗培藻膏加水混合全池均匀泼洒;

(3)追施肥　在用基肥肥水3~4天,开始施追肥,可参考各地市上可售的肥料,例如用卓越黑金神浸泡后配合藻激活、藻幸福或者六抗培藻膏追肥并稳定水色。

4.pH过高或过低时的肥水培藻

当蟹池里的pH过高或过低时,也会影响水体肥水培藻效果。

采取的对策:

(1)调整pH　当pH偏高时,用生化产品将pH及时降下来。

例如可按 6～8 亩计算施用药品,将六抗培藻膏 1 桶、净水王 2 瓶、红糖 2.5 千克混在一起降 pH;当 pH 偏低时,直接用生石灰兑水后趁热全池泼洒来调高 pH,石灰的用量根据 pH 的情况酌情而定,一般用量为 8～15 千克/亩。待 pH 调至 7.8 以下,施基肥和追施肥。

(2)施足基肥　待 pH 调至 7.8 以下时,最好能到 7.5 就施基肥了,也是用生化肥料,按 5～8 亩将 1 包酵素钙肥和 2 瓶藻激活配 1 桶六抗培藻膏使用,也可以配合使用其他生产厂家的相应肥料;

(3)勤施追肥　在肥水 3 天后,就开始施用生化追肥,可参考各生产厂家的药品和用量。这里举一个市场上常使用的配方,按 8～10 亩将 1 包卓越黑金神和 2 瓶藻激活配合 1 桶藻幸福或者 1 桶六抗培藻膏追肥。

5. 药残过大时的肥水培藻

在向蟹池里施加的药物如杀虫药、消毒药等的残留过大,影响肥水效果。

这是在早期对河蟹池塘进行消毒时,消毒的药剂量过大,造成池塘里的毒性虽然换水两三次了,但是仍然有一定的残余,这时肥水就会影响消毒效果。

采取的对策:

(1)曝晒　在河蟹池塘消毒清塘后,如果发现池塘里还有残余药物时,这时就要排干池塘里的水,再适当延长空塘曝晒时间,一般为一周左右,然后再进水。

(2)及时解毒　可用各种市售的鱼塘专用解毒剂来进行解毒,用量和用法请参考说明。

(3)及时施用基肥和施用追肥　鱼使用方法均同第一种情况下的用法。

6.用深井水做水源时的肥水培藻

这是在河蟹精养区里经常发生,主要是在这一养殖区内,由于水源的进排水系统并不完善,造成了水源已经受到了一定程度的污染,许多养殖户就自己打了自备深井水作为养殖水源,这种深进水虽然避免了养殖区里的相互交叉感染,但是这种水源一方面缺少氧气,却富含矿物质,另一方面对肥水培藻也有一定的影响。

采取的对策:

(1)曝气增氧　在池塘进水后,开启增氧机曝气3天,来增加池塘水体里的溶解氧。

(2)解除重金属　用特定的药品来解除重金属,用量和用法请参考使用说明。例如可用净水王解除重金属,每瓶2~3亩。

(3)引进新水　在解除重金属3小时后,引进5厘米的含藻新水。

(4)及时施用基肥和施用追肥　使用方法均同第一种情况下的用法。

7.水源受污染时的肥水效果

如果在养蟹过程中引用水源不当,主要是引用了已经受污染的水源,直接影响肥水效果。

这种情况主要发生在两种地方,一种是靠近工业区的养殖池,附近的水源已经被工业排出的废水污染了,还有一种情况就是在高产养殖区,由于用水是共同的途径,有的养殖户不小心或者是无意间将池塘里的养殖水源直接排进了进水渠道,结果导致养殖小区里相互污染。

采取的对策:

(1)解毒　用特定的药品来解毒,用量和用法请参考使用说明。

(2)引进新水　在解毒3小时后,引进5厘米的含藻新水。

(3)及时施用基肥和施用追肥　使用方法均同前文。

8.老底蟹池的肥水培藻

就是底质老化,底部的矿物质和微量元素缺乏,影响肥水效果。这种情况主要发生在常年养殖而且没有很好地清淤修整的池塘,导致池塘里的底质老化,有利于藻类生长发育的矿物质和微量元素缺乏,而对藻类生长有抑制作用的矿物质却大量存在,当然肥水效果就不好。

采取的对策:

(1)解毒　用特定的药品来解毒,用量和用法请参考使用说明。例如可用解毒超爽或净水王解毒,每瓶3～4亩。

(2)及时施用基肥和施用追肥　使用方法均同前文。

9.蟹池浑浊时的肥水培藻

就是池塘浑浊,影响肥水培藻的效果。这种情况发生的原因很多,发生的季节和时间也很多,尤其是在大雨后的初夏时节更易发生。主要表现池塘里是白浪滔天,池水严重浑浊,水体中的有益藻类严重缺乏,这时候施肥效果几乎没有。

采取的对策:

(1)解毒　用特定的药品来解毒,用量和用法请参考使用说明。

(2)引进新水　在解毒3小时后,引进5厘米的含藻新水。

(3)及时施用基肥和施用追肥　使用方法均同前文。

值得注意的是,发生这种情况时,最好施肥要在晴天的上午10时左右施用。

10.青苔影响肥水培藻效果

就是塘底有青苔、泥皮、丝状藻时,影响肥水效果。这种情况几乎发生在河蟹的整个生长期,尤其是以早春的青苔和初秋的泥皮最为严重。

采取的对策:

(1)灭青苔、泥皮、丝状藻　如果发现塘底青苔和丝状藻太多,这时可先用人工尽可能捞干净,然后再采取生化药品来处理,既安全,效果又明显。不要直接用硫酸铜等化学药品来消除青苔和丝状藻,这是因为化学物品虽然对青苔和丝状藻及泥皮效果明显,但是对蟹种会产生严重的药害,另外硫酸铜等化学物品对肥水不利,也对已栽的水草不利,故不宜采用。生化物品的用量和用法请参考使用说明,各地均有销售。这里介绍一种使用较多的一例,仅供参考:先将黑金神配合粉剂活菌王加藻健康(无须加红糖)混合浸泡 3~12 小时后全池均匀泼洒,生化药品的用量是 1 包黑金神加 2 包粉剂活菌王可用 3~5 亩的水面。

(2)及时施用基肥和施用追肥 使用方法均同前文。

11. 新塘里肥水培藻效果不理想。

这种情况发生在刚刚开挖还没有养殖的新塘里,由于是刚开挖的池塘,底池基本上是一片黄土或白板泥,没有任何淤泥,水体中少有藻类和有机质,因此用常规的方法和剂量来肥水培藻效果肯定不理想。

采取的对策:

(1)引进藻源 引进 3~5 厘米的含藻种的水源,也可以直接购买市售的藻种,经过活化后投放到池塘里,用量可增加 10%左右。

(2)促进有益藻群的生长 可泼洒特定的生化药品来促进有益藻群的生长,用量和用法请参考使用说明。这里介绍一例,仅供参考,可以泼洒卓越黑金神和粉剂活菌王,用法是黑金神 1 包、粉剂活菌王 2 包、藻健康 1 包加水混合浸泡,可以泼洒 3~5 亩。

(3)及时施用基肥和施用追肥 使用方法均同前文。

现在河蟹养殖上,大家基本上都重视了肥水培藻的环节,这是因为只有肥水培藻的工作做好了,才能有效地提高蟹种的成活率,才能保障养殖产量和效益。我们在肥水时也有可能会遇到上述十一种情况中的一种,也许还有其他的情况,我们还没有总结到,但我们一定要坚持走肥水培藻、科学养蟹的路子。使用以上的方法，也许方法上有些麻烦，成本上有些偏高，但是效果是良好的。许多养殖户的事例已经说明，如果春季的肥水培藻工作做不好，在后面的养蟹问题就会出现很多。尤其是病害会很快猖獗。因此，我们务必认真做好每一个细节，千万不可"偷工减料"。

第四节　水质养护与水色防控

一、养殖前期的水质养护

在用有机肥和化学肥料或者是生化肥料培养好水质后，在放养蟹种的第四天，可用相应的生化产品为池塘提供营养来促进优质藻相的持续稳定，这是因为在藻类生长繁殖的初期对营养的需求量较大，对营养的质量要求也较高，当然这些藻类快速繁殖，在水里是优势种群，它们的繁殖和生长会消耗水体中大量的营养物质，此时如果不及时补施高品质的肥料养分，水色很容易被消耗掉，而呈澄清样，藻相因营养供给不足或者营养不良而出现"倒藻"现象。另一方面蟹池里的水色过度澄清会导致天然饵料缺乏，水中溶氧偏低，蟹种很快就会出现游塘伏边等应激反应，这时蟹种的活力减弱，免疫力也随之下降，直接影响蟹种第一次蜕壳的成活率，最终影响回捕率。

保持藻相的方法很多，只要用对药物和措施得当就可以了，这里介绍一种方案，仅供参考。在放养蟹种的第三天用黑金神浸泡1夜，到了第四天上午配合使用藻幸福或者六抗培藻膏追肥，用量为1包卓越黑金神加1桶藻幸福或者1桶六抗培藻膏，可以泼洒7～8亩。

二、养殖中后期的水质养护

水质的好与坏,优良水质稳定时间的长与短,取决于水草、菌相(指益生菌)、藻相是否平衡,是否有机共存于池塘里。如果水体中缺菌相,就会导致水质不稳定;如果水体中缺藻相,就会导致水体易浑浊,主要是水中悬浮颗粒多;如果水体中缺水草,河蟹就好像少了把"保护伞",所以养一塘好水,就必须适时地定向护草、培菌、培藻。

根据水质肥瘦情况,应酌情将肥料与活菌配合使用。如水色偏瘦,可采取以肥料为主以活菌为辅进行追肥。追肥时既可以采用生物有机肥或有机无机复混肥,但是更有效的则是采用培藻养草专用肥,这种肥料可全溶化于水,既不消耗水中溶氧,又容易被藻类吸收,是理想的追施肥料。相应的肥料市面上有售。

如水质过浓,就要采取净水培菌措施,使用药物和方法请参考各生产厂家的药品。这里介绍一例,可先用六控底健康全池泼洒一次,第二天再用灵活 100 加藻健康泼洒,晚上泼洒纳米氧,第三天左右,蟹池的水色就可变得清爽嫩活。

三、危险水色的防控和改良

河蟹养到中后期,塘底的有机质除了耗氧腐败底质外,也对水草、藻类的营养有一定作用,可以部分促进水草、藻类生长。在中后期,我们更要做好的是防止危险水色的发生,并对这种危险水色进行积极的防控和改良。

1. 青苔水

蟹池中青苔大量繁衍对河蟹苗种成活率和养殖效益影响极大。造成青苔在蟹池中蔓延的主要原因有:①人为诱发:主要是早期蟹池水位较浅和光照较强所致,在水草发芽期和早期生长阶段,为保证水草能够获得足够的光照正常发芽和生长,养蟹户通常将水位控制在 10～20 厘米,长时间保持较低的水位,将导致青苔暴发。②水源中有较多的青苔:蟹池在进水时,水源中的青苔随水流进入池塘,在适宜的条件如水温、光照、营养等条件适宜时,会大量繁衍。③大量施肥:养殖户发现水草长势不够理想或发现已有青苔发生,采用大量施无机肥或农家肥的方式进行肥水,施肥后青苔生长加快,直至全池泛滥。④过量投喂:河蟹养殖过程中投喂饲料过多,剩余饲料沉积在池底,发酵后引起青苔滋生。⑤清塘不彻底:若上一年蟹池发生过青苔危害,第二年养蟹前又未清塘或晒塘,则青苔发生率很高。此外,防止蟹病时乱用药物造成水质污染,过量施用碳酸氢铵、磷肥和未经发酵的有机肥使蟹池生态受到破坏,或在移植水草时将青苔带入蟹池,均会造成青苔泛滥。

对策:青苔大量发生后,由于蟹池中有大量的水草需要保护,因此常用的硫酸铜及含除草剂类药物的使用受到限制,因此青苔的控制应重在预防。常见的预防措施有:①种植水草和放养蟹苗前干塘曝晒 1 个月以上;②清塘时每亩蟹池用生石灰 75～100 千克化浆全池泼洒;③消毒清塘 5 天后,必须用相应的药物进行生物净化,不仅消除养殖隐患,同时还消除青苔和泥皮;④种植水草时要加强对水草和螺蛳的养护,促进水草生长,适度肥水,防止青苔发生;⑤种植水草后采用低水位催芽,随着水草生长及时加高水位,长江流域在 4 月中下旬时池水水位不低于 40 厘米,5 月中旬时不低于 60 厘米;⑥合理投喂,防止饲料过剩,饲料必须保持新鲜。

2. 老绿色(或深蓝绿色)水

池水中微囊藻(蓝藻的一种)大量繁殖,水质浓浊,透明度在 20 厘米左右。在池塘下风处,水表层往往有少量绿色悬浮细末,若不及时处理,池水迅速老化,藻类易大量死亡,河蟹在此水体中易发病,生长缓慢,活力衰弱、蟹体瘦瘦。

对策：一是立即换排水；二是可全池泼洒解毒药剂，减轻微囊藻对河蟹的毒性。

3. 灰绿、灰蓝或暗绿色

池水中绿藻大量死亡形成，死亡的藻类漂浮于水面，水面有油污状物，水质浓浊，色死，有黏滑感，增氧机打起的水花为浅绿色，易有泡沫，泡沫拖尾长，很难消失，这说明有害藻类的浓度大，并开始死亡。河蟹在此环境中极易生病，表现为减料明显，空肠空胃，如不及时得到妥善的改良处理，就会发生严重病害。

对策：一是立即换排水；二是可全池泼洒解毒药剂，减轻毒性；三是在解毒后进行改底，方法同前文。

4. 白浊色水（乳白色）

此种水色中主要含有害微生物和纤毛虫、轮虫、桡足类等浮游动物及黏土微粒或有机碎屑。这种水质属致病性的水体。

对策：处理方法同酱红色或砖红色水。

5. 土黄浊白色水

为雨水冲刷塘基上细黏土入池所致。

对策：一是全池泼洒净水剂，让池水由浑浊慢慢转为清澈；二是对池水进行解毒处理；三是引进 3～5 厘米的含藻新水；四是用生化肥料对池塘进行追肥和施肥，方法同前文。

6. 酱红色或砖红色

池水在阳光照射下呈砖红色，且藻类在水中分布不均匀，成团成缕。此种水色的池水有大量鞭毛藻类（裸甲藻、多甲藻等）和原生动物（如夜光虫等）繁殖，这些生物也是主要的赤潮生物。

这种水色已经不适应绿藻或硅藻繁殖所需要的条件，在高温季节最易出现，死亡的藻类散发出臭味，池水有黏性感，底质酸化，水体严重缺氧，pH 下降，这种水色下的河蟹死亡率极高，对生产危害极大。

对策:一是立即换排水,有可能的话可换全池的 4/5 水;二是换水后第二天引进 3~5 厘米的含藻新水;三是全池泼洒生物制剂如芽孢杆菌等,用量与用法请参考说明;四是如果无法大量换水时,要立即用解毒药对水体先进行解毒;然后用改底药进行改底。

7. 黄泥色

又称泥浊水,主要是由于蟹塘底质老化,底泥中有害物质含量超标,底泥丧失应有的生物活性,遇到天气变化就容易出现泥浊现象。还有一种造成黄色水的原因是,池塘中含黄色鞭毛藻,池中积存太久的有机物,经细菌分解,使池水 pH 下降时易产生此色。养殖户大多采取聚合氯化铝、硫酸铝钾等化学净水剂处理,但是只能有一时之效,却不能除根。

对策:这种水质要耐心地渐进处理。①及时换水,增加溶氧,如 pH 太低,可泼洒生石灰调水;②引进 10 厘米左右的含藻水源;③用肥水培藻的生化药品在晴天上午 9 时全池泼洒,目的是培养水体中的有益藻群;④待肥好水色、培起藻后,再追肥来稳定水相和藻相,此时将水色由黄色向黄中带绿—淡绿—翠绿转变。

8. 分层水

分层水的种类比较多,有水体表层呈带状或云团状水色不同的分层;有水体上层水浓下层水清的分层;有水体表面洁净,但中下层水很混浊的分层。这些分层水质容易导致蟹池里的溶氧分层、pH 分层、盐度分层。造成水体有分层现象的主要原因是气候恶劣,底质恶化,气压低,水面张力大,导致水体上下层交换能力差而形成的;还有一种就是蟹池的底质变坏,池塘内的微生态循环受阻,或者是用药施肥不当而导致生态循环被破坏所引起的。

对策:一是在气压低或阴雨天前后,可泼洒破坏水面张力的药物,来促进恢复水体上下层的生态循环;二是全池泼洒生石灰,7天后选择天晴再施培藻的生物药品,全池泼洒,具体药物使用请参考药物说明书,可有效解决水体分层的问题。

9.澄清色水

①塘底长青苔,青苔大量繁殖消耗掉池中的养料,使池水严重变瘦,池中的浮游生物繁殖不起来造成。②受重金属污染而造成浮游生物无法生长。

对策:一是按前文对付青苔的处理方法来处理;二是立即解毒,除去重金属的危害;三是进行追肥,具体的方法请见前文。

10.油膜水

①水质恶化,底部恶化产生大量有毒物质,导致大量浮游生物死亡,尤其是藻类的大量死亡,在下风口水面形成一层油膜。②大量投喂冰鲜野杂鱼、劣质饲料,从而形成残饵等物质漂浮在水面上。③水草腐烂、霉变产生的烂叶、烂根和岸边垃圾等漂浮在水中与水中悬浮物构成一道混合膜。

对策:

一是要加强对蟹池的巡塘,关注下风口处,把烂草、垃圾等漂浮物打捞干净。

二是排换水 5～10 厘米后,使用改底药物全池泼洒,改良底部。

三是在改底后的 5 小时内,施用市售的药品全池泼洒,破坏水面膜层。例如使用绿康露,用量为 1 瓶用 3～5 亩。

四是在破坏水面膜层后的第三天用解毒药物进行解毒,解毒后泼洒相关药物来修复水体,强壮水草,净化水质。

11.黑褐色与酱油色水

这种水色的池水中含大量的鞭毛藻、裸藻、褐藻等,这种水色一般是管理失常所致,如饲料投喂过多,残饵增多;没有发酵彻底的肥料施用太大或堆肥,导致溶解性及悬浮性有机物增加,水质和底质均老化,增氧机打起的水花为浅黑色,水黏滑,易起泡,很难消失。在投饵失当,底质恶化的老化池易发生。这种环境下的河蟹有应激反应,发病率极高。

对策:一是立即换水一半左右;二是换水后第二天引进 3～5 厘米的含藻新水;第三是全池泼洒生物制剂如芽孢杆菌等,用量与用法请参考说明;四是如果无法大量换水时,要立即用解毒药对水体先进行解毒;然后用改底药进行改底。

诀窍五:养护底质

对于河蟹养殖来说,"溶氧是核心,健草是基础,培藻是前提,护水是关键,养底是重点",这已经是养蟹人的共识了,在这里一看就明白,水质、底质、水草、藻相、溶氧互相关联,互相影响,因此,增氧、养水、护草、改底、培藻协调管理很重要。本节将重点讲述水质和底质的养护与改良。

要想养好一池"肥、活、嫩、爽"的优良水质,必先培出优良的藻相和健壮的水草。而要想水色优良和保持藻相稳定,蟹池底质的改良和养护不可麻痹大意。

一、底质对河蟹生长和疾病的影响

河蟹是典型的底栖类生活习性,它们的生活生长都离不开底质,因此底质的优良与否会直接影响河蟹的活动能力,从而影响它们的生长、发育,甚至影响它们的生命,进而会影响养殖产量与养殖效益。

底质,尤其是长期养殖池塘的底质,往往是各种有机物的集聚之所,这些底质中的有机质在水温升高后会慢慢地分解。在分解过程中,它一方面会消耗水体中大量的溶解氧来满足分解作用的进行;另一方面,在有机质分解后,往往会产生各种有毒物质,如硫化氢、亚硝酸盐等,结果就会导致河蟹因为不适应这种环境而频繁地上岸或爬上草头,轻者会影响它们的生长蜕壳,造成上市河蟹的规格普遍偏小,价格偏低,养殖效益也会降低,严重的则会导致池塘缺氧泛塘,甚至河蟹中毒死亡。

底质在河蟹养殖中还有一个重要的影响就是会改变它们的体

色,从而影响出售时的卖相。河蟹的体色是与它们的生活环境相适应的,而且也会随着生活环境的改变而改变,例如在黄色壤土这种底质中生长的河蟹,养成的河蟹与在湖泊中生产的河蟹极其相似,呈现出青壳白脐、金爪黄毛、肉质品味好的优势,品相非常好。而在淤泥较多的黑色底质中养出的河蟹,常常一眼就能看出是"黑底蟹"、"铁壳蟹"等,它们的具体特征就是甲壳灰黑,脐腹部有黑斑,肉松味淡,商品价值非常低。

二、底质不佳的原因

河蟹塘池底变黑发臭的原因,主要有以下几点造成的:

1. 清塘不彻底

在冬春季节清塘不彻底,过多的淤泥没有及时清理出去,造成底泥中的有机物过多,这是底质变黑的主要原因之一。

2. 蟹池设计不科学

一些养殖河蟹的池塘设计不合理,开挖不科学,水体较深,上下水体形成了明显的隔离层,造成池塘底部长期缺氧,从而导致一些嫌气性细菌大量繁殖,水体氧化能力差,水体中有毒有害物质增多,底质恶化,造成底部有臭气。

3. 投饵不讲究

一些养殖户投饵不科学,饲料利用率较低、长期投喂过量的或者是投喂蛋白质含量过高的饲料,这些过量的饲料并没有被河蟹及时摄食利用,从而沉积在底泥中,另一方面就是河蟹新陈代谢产生的大量粪便也沉积在底泥中,为病原微生物的生长繁殖提供条件,一方面消耗池水中大量的氧气,同时还分解释放出大量的硫化氢、沼气、氨气等有毒有害物质,使底质恶臭。

4. 用药不恰当

在养殖过程中,随着水产养殖密度的不断增大,以消耗大量高蛋白饲料及污染池塘自身和周边环境为代价来维持生产的养殖模式,破坏了池塘原有的生态平衡。加上养殖户为了防治鱼病,大量使用杀虫剂,消毒剂,抗生素等药物,甚至农药鱼用,并且用药剂量越来越高。这样,在养殖过程中,养殖残饵、粪便、死亡动物尸体和杀虫剂、消毒剂、抗生素等化学物在池底沉淀,形成黑色污泥,污泥中含有丰富的有机质,厌氧微生物占主导地位,严重破坏了底质的微生态环境,导致各种有毒有害物质恶化底质,从而危害养殖河蟹。还有一些养殖户并不遵循科学养殖的原理,用药不当,破坏了水体的自净能力,经常使用一些化学物质或聚合类药物,例如大量使用沸石粉、木炭等吸附性物质为主的净水剂,这些药物在絮凝作用的影响下沉积于底泥中,从而造成池底变黑发臭。

5.青苔影响底质

五是在养殖前期,由于青苔较多,许多养殖户会大量使用药物来杀灭青苔,这些死亡后的青苔并没有被及时地清理或消解,而是沉积于底泥中;另外在养殖中期,河蟹会不断地夹断水草,这些水草除了部分漂浮于水面之外,还有一部分和青苔以及其他水生生物的尸体一起沉积于底泥中,随着水温的升高,这些东西会慢慢地腐烂,从而加速底质变黑发臭。

一般情况下,池塘的底质腐败时,水草会大量腐烂,水体和底质中的重金属含量明显超标,河蟹会产生黑底板现象;如果这些黑底板的河蟹在生长过程中,长期缺乏营养或营养达不到需求,这时会渐渐地由黑底板发展为锈底板,黑壳蟹也会变成铁壳蟹。

三、底质与疾病的关联

在淤泥较多的池塘中,有机质的氧化分解会消耗掉底层本来并不多的氧气,造成底部处于缺氧状态,形成所谓的"氧债"。在缺氧条件下,嫌气性细菌大量繁殖,分解池塘底部的有机物质而产生大量有毒的中间产物,如 NH_3、NO_2^-、H_2S、有机酸、低级胺类、硫醇等。这些物质大都对河蟹有着很大的毒害作用,并且会在水中不断积累,轻则会影响河蟹的生长,饵料系数增大,养殖成本升高。重则会提高河蟹对细菌性疾病的易感性,导致河蟹中毒死亡。

另一方面,当底质恶化,有害菌会大量繁殖,水中有害菌的数量达到一定峰值时,河蟹就可能可能发病。如河蟹甲壳的溃烂病、肠炎病等。

四、科学改底的方法

1.用微生物或益生菌改底

提倡采用微生物型或益生菌来进行底质改良,达到养底护底的效果。充分利用复合微生物中的各种有益菌的功能优势,发挥它们的协同作用,将残饵、排泄物、动植物尸体等影响底质变坏的隐患及时分解消除,可以有效地养护了底质和水质,同时还能有效地控制病原微生物的蔓延扩散。

2.快速改底

快速改底可以使用一些化学产品混合而成的底改产品,但是从长远的角度来看,还是尽量不用或少用化学改底产品,建议使用微生物制剂的改底产品,通过有益菌如光合细菌、芽孢杆菌等的作用来达到底改的目的。

3.间接改底

在河蟹养殖过程中,一定要做好间接护底的工作,可以在饲料中长期添加大蒜素、益生菌等微生物制剂,因为这些微生物制剂是根据动物正常的肠胃菌群配制而成,利用益生菌代谢的生物酶补充河蟹体内的内源酶的不足,促进饲料营养的吸收转化,降低粪便中的有害物质的含量,排出来的芽孢杆菌又能净水,达到水体稳定、及时降解的目的,全方面改良底质和水质。所以不仅能降低河蟹的饵料系数,还能从源头上解决河蟹排泄物对底质和水质的污染,节约养殖成本。

4.采用生物肥培养有益藻类

定向培养有益藻类,适当施肥并防止水体老化。养殖池塘不怕"水肥",而是怕"水老",因为"水老"藻类才会死亡,才会出现"水变",水肥不一定"水老"。可以定期使用优质高效的水产专用肥来保证肥水效率,如"生物肥水宝"、"新肽肥(池塘专用)"等。这些肥水产品都能被藻类及水产动物吸收利用,不污染底质。

5.对瘦底池塘的改底

底瘦的池塘通常是新塘或清淤翻晒过的养殖池塘,池塘底部有机质少,微生态环境脆弱,不利于微生物的生长繁殖。

(1)底瘦,水瘦的池塘　藻类数量少,饵料生物缺乏,溶氧量往往比较低,水体易出现浑浊或清水。针对这种情况,如果大量浮游动物出现,局部杀点浮游动物。可施 EM 菌,补充底部和水体的营养物质,调节底部菌群平衡,建立有利于水质的微生物群落。浑浊的水体,应先用净水产品来处理,并在肥水同时连续使用增氧产品 2～3 晚,保证肥水过程中水体溶氧充足。

(2)底瘦,水肥的池塘　活物饵料丰富,藻类数量多,水体的溶氧丰富。底部供应的营养不足,这样的水质难以维持,容易出现倒藻。可施用有机肥来补充底肥,并加 EM 菌补充底部营养和有益菌群的数量,以促使底层为良性。

6.对肥底池塘的改底

(1)底肥,水肥的池塘　水体黏稠物质多,自净能力差,底层溶氧不足,底泥发臭。先使用净水产品净化水质或开增氧机,提高底泥的氧化还原电位。促进有益菌的繁殖,水肥的池塘要防止盲目用药,改用降解型底质改良剂代替吸附性底质改良剂。可施用 EM 菌和物类的底改产品定向培养有益藻类防止水体老化。

(2)底肥,水瘦的池塘　水体营养不足,藻类生长受限制,水体溶氧量低,底层易出现"氧债",敌害微生物易繁殖。这种情况,需要底层充气,提高底泥的氧化还原电位,可施 EM 菌来促进有益菌的生长繁殖,同时施净水产品调节水质,降解水体中的毒素,提供丰富的营养,培养有益藻类。防止盲目使用杀虫剂,消毒剂。

五、养蟹中后期底质的养护与改良

河蟹养到中后期,投喂量逐步增加,吃得多,拉得也多,因此河蟹排泄物越来越多,加上多种动植物的尸体累加沉积在池塘底部,塘底的负荷逐渐加大。这些有机物如果不及时采取有效的措施进行处理的话,会造成底部严重缺氧,这是因为这些有机质的腐烂至少要耗掉总溶氧的 50% 以上,在厌氧菌的作用下,就容易发生底部泛酸、发热、发臭,滋生致病原,从而造成河蟹爬边、边、上岸、爬草头等应激反应。另一方面在这种恶劣的底部环境下,一些致病菌特别是弧菌容易大量繁殖,从而导致河蟹的活力减弱,免疫力下降,这些底部的细菌和病毒交叉感染,使河蟹容易暴发细菌性与病毒性并发症疾病,最常见的就会发生颤抖病、黑鳃、烂鳃等病症。这些危害的后果是非常大、非常严重的,应引起养殖户的高度重视。

因此在河蟹养殖 1 个月后,就要开始对池塘底质做一些清理隐患的工作。所谓隐患,是指剩余饲料、粪便、动植物尸体中残余的营养成分。消除的方法就是使用针对残余营养成分中的蛋白质、氨基酸、脂肪、淀粉等进行培养驯化的具有超强分解能力的复合微生物底改与活菌制剂,如一些市售的底改王、水底双改、黑金神、底改净、灵活 100、新活菌王、粉剂活菌王等。既可避免底质腐败产生很多有害物质,还可抑制病原菌的生长繁殖。同时还可以将这些有害物质转化成水草、藻类的营养盐供藻类吸收,促进水草、藻类的生长,从而起到增强藻相新陈代谢的活力和产氧能力,稳定正常的 pH 和溶解氧。实践证明,采取上述措施处理行之有效。

一般情况下,蟹塘里的溶氧量在凌晨 1 点至早晨六点是最少的时候，这时不能用药来改底；在气压低、闷热无风天的时候，即使在白天泼洒药物，也要防止河蟹应激反应和池塘缺氧，如果没有特别问题时，建议在这种天气不要改底；而在晴天中午改底效果比较好，能从源头上解决养殖池塘溶解氧低下的问题，增强水体的活性。中后期改底每 7～10 天进行一次，在高温天气（水温超过30℃）每 5 天 1 次，但是底改产品的用量稍减，也就是掌握少量多次的原则。这是因为塘底水温偏高时，底部的有机物的腐烂要比平时快 2～3 倍，所以改底的次数相应地要增加。

六、关于底改产品的忠告

关于底改产品的选用，现在市场上销售的同类产品或同名产品实在太多，本人建议养殖户要做理性的选择，不要被概念的炒作所迷惑。例如有些生产厂家打出了"增氧型底改"、"清凉型底改"的底改产品，其实这类底改大多是以低质滑石粉为材料做成的吸附型产品，用户只是凭表面直观的感觉判断其作用效果。不可否认的是用了这类产品后，表面看起来水体中的悬浮颗粒少了，水清爽了一些，殊不知这些悬浮颗粒被吸附沉积到塘底，就会加重塘底的"负荷"，一旦塘底"超载"，底质就会恶化。加上这些颗粒状的底改产品，沉入塘底后需要消耗大量的氧气来溶散，所以从本质上讲，这类产品使用后不仅增氧效果不明显，反之还会降低底部溶氧，这就是为什么这些底改用得越多，黑鳃、肝脏坏死等症状不仅得不到控制，反而会越来越严重的最主要原因，这类情况我们在基层为养殖户做科技服务时早已司空见惯了。所以使用产品时，理智的选择是关键，不要被"概念"迷惑。否则用了产品，花了成本，效果却大打折扣。

诀窍六:种草养螺

俗话说"要想养好蟹,应先种好草"、"蟹大小,多与少,看水草",由此可见,水草很大程度上决定着河蟹的规格和产量,这是因为水草不仅是河蟹不可或缺的植物性饵料,并为河蟹的栖息、蜕壳、躲避敌害提供良好的场所,更重要的是水草在调节养殖塘水质,保持水质清新,改善水体溶氧状况上作用重大,然而目前许多养殖户由于水草栽种品种不合理,养殖过程中管理不善等问题,不但没有很好地利用水草的优势,反而因为水草存塘量过少、水草腐烂等使得池塘底质、水质恶化、河蟹缺氧上草甚至出现死亡现象。因此,在养蟹过程中栽植水草是一项不可缺少的技术措施。

第一节　水草的作用

在池塘养蟹中,水草的多少,对养蟹成败非常重要,这是因为水草为河蟹的生长发育提供极为有利的生态环境,提高苗种成活率和捕捞率,降低了生产成本,对河蟹养殖起着重要的增产增效的作用。据调查,池塘种植水草的河蟹产量比没有水草的池塘的河蟹产量增产20%,规格增大15~25克/只,效益增加300~500元,因此种草养蟹显得尤为重要。水草在河蟹养殖中的作用具体表现在以下几点:

一、模拟生态环境

河蟹的自然生态环境离不开水草,"蟹大小,看水草",说的就是水草的多寡直接影响河蟹的生长速度和肥满程度;在池塘中种植水草可以模拟和营造生态环境,使河蟹产生"家"的感觉,有利于河蟹快速适应环境和快速生长。

二、提供丰富的天然饵料

水草营养丰富,富含蛋白质、粗纤维、脂肪、矿物质和维生素等河蟹需要的营养物质。水草茎叶中往往富含维生素 C、维生素 E 和维生素 B 等,这可以弥补投喂谷物和配合饲料多种维生素的不足。此外,水草中还含有丰富的钙、磷和多种微量元素,其中钙的含量尤其突出,能够补充蟹体对矿物质的需求。

池中的水草一方面为河蟹生长提供了大量的天然优质的植物性饵料,降低了生产成本,河蟹经常食用水草,能够促进消化,促进胃肠功能的健康运转。另一方面河蟹喜食的水草还具有鲜、嫩、脆的特点,便于取食,具有很强的适口性。同时水草还能诱集并有利于大量的浮游生物、水蚯蚓、水生昆虫、小鱼虾、螺、蚌、蚬贝以及底栖动物等的繁衍,为河蟹提供天然饵料的作用。

三、净化水质

河蟹喜欢在水草丰富、水质清新的环境中生活,在池中栽植水草,水草通过光合作用,能有效地吸收池塘中的二氧化碳、硫化氢和其他无机盐类,降低水中氨氮,减轻池水富营养化程度,增加透明度、净化水质的作用,使水质保持新鲜、清爽,有利于河蟹快速生长,为河蟹提供生长发育的适宜生活环境。另外水草对水体的 pH 也有一定的稳定作用。

四、增加溶氧

通过水草的光合作用,增加水中溶解氧含量,为河蟹的健康生长提供良好的环境保障。

五、隐蔽藏身

河蟹只能在水中作短暂的游泳,平时均在水域底部爬行,特别是夜间,常常爬到各种浮叶植物上休息和嬉戏,因此水草是它们适宜的栖息场所。

栽种水草,还可以减少河蟹相互格斗,是提高各期河蟹成活率的一项有力保证。更重要的是河蟹蜕壳时,喜欢在水位较浅、水体安静的地方进行,因为浅水水压较低,安静可避免惊扰,这样有利于河蟹顺利蜕壳。

在池塘中种植水草,形成水底森林,正好能满足河蟹这一生长特性,因此它们常常攀附在水草上,丰富的水草既为河蟹提供安静的环境,又有利于河蟹缩短蜕壳时间,减少体能消耗,同时,河蟹蜕壳后成为"软壳蟹",需要几小时静伏不动的恢复期,待新壳渐渐硬化之后,才能开始爬行、游动和觅食,而这一段时间,软壳蟹缺乏抵御能力,极易遭受敌害侵袭,水草可起隐蔽作用,使其同类及老鼠、水蛇等敌害不易发现,减少敌害侵袭而造成的损失。

六、提供攀附

幼蟹有攀爬习性,水草为幼蟹提供了攀附物。另外水草还可以供河蟹蜕壳时攀缘附着、固定身体,缩短蜕壳时间,减少体力消耗。

七、调节水温

养蟹池中最适应河蟹生长的水温是 20～28℃,当水温低于20℃或高于 28℃时,都会使河蟹的活动量减少,摄食欲望下降,活动变慢。如果水温进一步变化,河蟹多数会潜入泥底或进入洞穴中穴居,影响它的快速生长。在池中种植水草,在冬天可以防风避寒,在炎热夏季水草可为河蟹提供一个凉爽安定的生长空间,能遮住阳光直射,使河蟹在高温季节也可正常摄食、蜕壳、生长,同时适宜凉爽的低温环境能相应地延长其生长期,对控制河蟹性早熟起重要作用。

八、预防疾病

科研表明,水草中的喜旱莲子草能较好地抑制细菌和病毒,河蟹摄食旱莲子草即可防治些疾病。

九、提高成活率

水草可以扩展立体空间,有利于疏散河蟹密度,防止和减少局部河蟹密度过大而发生格斗和残食现象,避免不必要的伤亡,另一方面水草易使水体保持水体清新,增加水体透明度,稳定 pH 使水体保持中性偏碱,有利于河蟹的蜕壳生长,提高河蟹的成活率。

十、提高品质

池塘通过栽植水草,一方面能够使河蟹经常在水草上活动、摄食,蟹体易受阳光照射,有利于钙质的吸引沉积,促进蜕壳生长;另一方面,水草特别是优质水草,能促进河蟹的体表的颜色与之相适应,同时也使水质净化,水中污物减少,使养成的河蟹体色光亮,提高品质,这就是为什么湖泊水库的河蟹有"金爪、黄毛、青壳、白肚"之美誉;再一个方面就是河蟹常在水草上活动,能避免它长时间在底泥或洞穴中栖居,造成河蟹体色灰暗的现象,使河蟹的体色更光亮,更有市场竞争力,保证较高的销售价格。

十一、有效防逃

水草较多的地方,常常富积大量的河蟹喜食的鱼、虾、贝、藻等鲜活饵料,使它们产生安全舒适的家的感觉,一般很少逃逸。因此蟹池种植丰富优质的水草,是防止河蟹逃跑的有效措施。

十二、消浪护坡

种植水草时,对河蟹池塘具有消浪护坡的功能,防止池埂坍塌的作用。

第二节　水草的种类和种植

水生植物的种类很多,分布较广,在养蟹池中,适合河蟹需要的种类主要有苦草、轮叶黑藻、金鱼藻、水花生、浮萍、伊乐藻、眼子菜、青萍、槐叶萍、满江红、篝藻、水车前、空心菜等。下面简要介绍几种常用水草的特性。

一、伊乐藻

1.伊乐藻的优点

是从引进日本的一种水草,原产美洲,是一种优质、速生、高产的沉水植物。伊乐藻的优点是发芽早,长势快,它的叶片较小,不耐高温,只要水面无冰即可栽培,水温 5℃ 以上即可萌发,10℃ 即开始生长,15℃ 时生长速度快,当水温达 30℃ 以上时,生长明显减弱,藻叶发黄,部分植株顶端会发生枯萎。在寒冷的冬季能以营养体越冬,在早期其他水草还没有长起来的时候,只有它能够为河蟹生长、栖息、蜕壳和避敌提供理想场所,伊乐藻植株鲜嫩,叶片柔软,适口性好,其营养价值明显高于苦草、轮叶黑藻,是河蟹喜食的优质饲料,非常适应河蟹的生长,河蟹在水草上部游动时,身体非常干净,符合优质蟹"白肚"的要求。伊乐藻具有鲜、嫩、脆的特点,是河蟹优良的天然饲料。在长江流域通常以 4～5 月份和 10～11 月份生物量达最高。

2.伊乐藻的缺点

伊乐藻的缺点是不耐高温,而且生长旺盛。当水温达到30℃

时,基本停止生长,也容易臭水,因此这种水草的覆盖率应控制在20%以内,养殖户可以把它作为过渡性水草进行种植。

3.伊乐藻的种植和管理

(1)栽前准备 池塘清整:排水干池,每亩用生石灰150~200千克化水趁热全池泼洒,清野除杂,并让池底充分冻晒半个月,同时做好池塘的修复整理工作。

注水施肥:栽培前5~7天,注水30厘米左右深,进水口用60目筛绢进行过滤,每亩施腐熟粪肥300~500千克,既作为栽培伊乐藻的基肥,又可培肥水质。

(2)栽培时间 根据伊乐藻的生理特征以及生产实践的需要,我们建议栽培时间宜在11月至次年1月中旬,气温5℃以上即可生长。如冬季栽插须在成蟹捕捞后进行,抽干池水,让池底充分冻晒一段时间,再用生石灰、茶子饼等药物消毒后进行。如果是在春季栽插应事先将蟹种用网圈养在池塘一角,等水草长至15厘米时再放开,否则栽插成活后的嫩芽能被蟹种吃掉,或被蟹的巨螯掐断,甚至连根拔起。

(3)栽培方法 沉栽法:每亩用15~25千克的伊乐藻种株,将种株切成20~25厘米长的段,每4~5段为一束,在每束种株的基部粘上有一定黏度的软泥团,撒播于池中,泥团可以带动种株下沉着底,并能很快扎根在泥中。

插栽法:一般在冬春季进行,每亩的用量与处理方法同上,把切段后的草茎放在生根剂的稀释液中浸泡一下,然后像插秧一样插栽,一束束地插入有淤泥的池中,栽培时栽得宜少,但距离要拉大,株行距为1米×1.5米。插入泥中3~5厘米,泥上留15~20厘米,栽插初期保持水位以插入伊乐藻刚好没头为宜,待水草长满后逐步提高水位。种植时要留2~3米的空白带,使蟹池形成"十"字形或"井"字形无草区,作为日后蟹的活动空间,便于鱼、蟹活动,避免水草布满全池,影响水流。如果伊乐藻一把把地种在水里,会导致植株成团生长,由于河蟹爱吃伊乐藻的根茎,河蟹一夹就会断根漂浮而死亡,这一点点重要,在栽培时要注意防止这种现象的发生。栽插初期池塘保持30厘米深的水位,待水草长满全池后逐步加深池水。

踩栽法:伊乐藻生命力较强,在池塘中种株着泥即可成活。每亩的用量与处理方法同上,把它们均匀撒在塘中,水位保持在5厘米左右,然后用脚轻轻踩一踩,让它们粘着泥就可以了,10天后加水。

(4)管理　水位调节:伊乐藻宜栽种在水位较浅处,栽种后10天就能生出新根和嫩芽,3月底就能形成优势种群。平时可按照逐渐增加水位的方法加深池水,至盛夏水位加至最深。一般情况下,可按照"春浅,夏满、秋适中"的原则调节水位。

投施肥料:在施好基肥的前提下,还应根据池塘的肥力情况适量追施肥料,以保持伊乐藻的生长优势。

控温:伊乐藻耐寒不耐热,高温天气会断根死亡,后期必须控制水温,以免伊乐藻死亡导致大面积水体污染。

控高:伊乐藻有一个特性就是当它一旦露出水面后,它会折断而导致死亡,败坏水质,因此不要让它疯长,方法是在5~6月份不要加水太高,应慢慢地控制在60~70厘米,当7月份水温达到30℃,伊乐藻不再生长时再加水位到120厘米。

二、苦草

在蟹池中种植苦草有利于观察饵料摄食,监控水质,是目前我国池塘养蟹的最主要的水草资源之一。

1.苦草的特性

苦草又称为扁担草、面条草,是典型的沉水植物,高40~80厘米。地下根茎横生。茎方形,被柔毛。叶纸质,卵形,对生,叶片长3~7厘米,宽2~4厘米,先端短尖,基部钝锯齿。苦草喜温暖,耐荫蔽,对土壤要求不严,野生植株多生长在林下山坡、溪旁和沟边。含较多营养成分,具有很强的水质净化能力,在我国广泛分布于河流、湖泊等水域,分布区水深一般不超过 2 米,在透明度大、淤泥深厚,水流缓慢的水域,苦草生长良好。3～4 月份,水温升至 15℃以上时,苦草的球茎或种子开始萌芽生长。在水温 18～22℃时,经4～5 天发芽,约 15 天出苗率可达 98％以上。苦草在水底分布蔓延的速度很快,通常 1 株苦草 1 年可形成 1～3 米^2 的群丛。6～7月份是苦草分蘖生长的旺盛期,9 月底至 10 月初达最大生物量,10 月中旬以后分蘖逐渐停止,生长进入衰老期。

2. 苦草的优缺点

苦草的优点是河蟹喜食、耐高温、不臭水;缺点是容易遭到破坏,特别是高温期给河蟹喂食改口季节,如果不注意保护,破坏十分严重。有些以苦草为主的养殖水体,在高温期不到一个星期苦草全部被蟹夹光,养殖户捞草都来不及。如捞草不及时的水体,甚至出现水质恶化,有的水体发臭,出现"臭绿莎",继而引发河蟹大量死亡。

3. 苦草的栽培与管理

(1)栽种前准备　池塘清整:排水干池,每亩用生石灰 150～200 千克化水趁热全池泼洒,清野除杂,并让池底充分冻晒半个月,同时做好池塘的修复整理工作。

注水施肥:栽培前 5～7 天,注水 30 厘米左右深,进水口用 60目筛绢进行过滤,每亩施草皮泥、人畜粪尿与磷肥混合至 1 000～1 500 千克作基肥,和土壤充分拌匀待播种,既作为栽培苦草的基肥,又可培肥水质。

草种选择:选用的苦草种应籽粒饱满、光泽度好,呈黑色或黑褐色,长度 2 毫米以上,最大直径不小于 0.3 毫米,以天然野生苦草的种子为好,可提高子一代的分蘖能力。

浸种:选择晴朗天气晒种 1～2 天,播种前,用池塘清水浸种

12 小时。

(2)栽种时间　有冬季种植和春季种植两种,冬季播种时常常用干播法,应利用池塘晒塘的时机,将苦草种子撒于池底,并用耙耙匀;春季种植时常常用湿播法,应用潮湿的泥团包裹草籽扔在池塘底部即可。

(3)栽种方法　播种:播种期在 4 月底至 5 月上旬,当水温回升至 15℃以上时播种,用种量(实际种植面积)15～30 克/亩。精养塘直接种在田面上,播种前向池中加新水 3～5 厘米深,最深不超过 20 厘米。大水面应种在浅滩处,水深不超过 1 米,以确保苦草能进行充分的光合作用。选择晴天晒种 1～2 天,然后浸种 12小时,捞出后搓出果实内的种子。清洗掉种子上的黏液,将种子与半干半湿的细土或细沙(按 1：10)混合撒播,采条播或间播均可,下种后薄盖一层草皮泥,并盖草,淋水保湿以利于种子发芽。搓揉后的果实其中还有很多种子未搓出,也撒入池中。在正常温度18℃以上,播种后 10～15 天即可发芽。幼苗出土后可揭去覆盖物。

插条:选苦草的茎枝顶梢,具 2～3 节,长约 10～15 厘米作插穗。在 3～4 月或 7～8 月按株行距 20 厘米×20 厘米斜插。一般约一周即可长根,成活率达 80%～90%。

移栽:当苗具有两对真叶,高 7～10 厘米时移植最好。定植密度株行距 25 厘米×30 厘米或 26 厘米×33 厘米。定植地每亩施基肥 2 500 千克,用草皮泥、人畜粪尿、钙镁磷混合混料最好。还可以采用水稻“抛秧法”将苦草秧抛在养蟹水域。

(4)管理　水位控制:种植苦草时前期水位不宜太高,太高了由于水压的作用,会使草籽漂浮起来而不能发芽生根。苦草在水底蔓延的速度很快,为促进苦草分蘖,抑制叶片营养生长,6 月中旬以前,池塘水位控制在 20 厘米以下,6 月下旬水位加至 30 厘米左右,此时苦草已基本满塘,7 月中旬水深加至 60～80 厘米,8 月初可加至 100～120 厘米。

设置暂养围网:这种方法适合在大水面中使用。将苦草种植区用围网拦起,待水草在池底的覆盖率达到 60% 以上时,拆除围网。

密度控制:如果水草过密时,要及时去头处理,以达到搅动水体、控制长势、减少缺氧的作用。

肥度控制:分期追肥 4～5 次,生长前期每亩可施稀粪尿水 500～800 千克,后期可施氮、磷、钾复合肥或尿素。

加强饲料投喂:当正常水温达到 10℃ 以上时就要开始投喂一些配合饲料或动物性饲料,以防止苦草芽遭到破坏。当高温期到来时,在饲料投喂方面不能直接改口,而是逐步地减少动物性饲料的投喂量,增加植物性饲料的投喂量,以让河蟹有一个适应过程。但是高温期间也不能全部停喂动物性饲料,而是逐步将动物性饲料的比例降至日投喂量的 30% 左右。这样,既可保证河蟹的正常营养需求,也可防止水草遭到过早破坏。

捞残草:每天巡塘时,经常把漂在水面的残草捞出池外,以免破坏水质,影响池底水草光合作用。

三、轮叶黑藻

1. 轮叶黑藻的特性

轮叶黑藻,又名节节草、温丝草,因每一枝节均能生根,俗有"节节草"之称,是多年生沉水植物,茎直立细长,长 50～80 厘米,叶带状披针形,广布于池塘、湖泊和水沟中。冬季为休眠期,水温 10℃ 以上时,芽苞开始萌发生长,前端生长点顶出其上的沉积物,茎叶见光呈绿色,同时随着芽苞的伸长在基部叶腋处萌生出不定根,形成新的植株。轮叶黑藻的再生能力特强,待植株长成又可以断枝再植。轮叶黑藻可移植也可播种,栽种方便,并且枝茎被河蟹夹断后还能正常生根长成新植株而不会死亡,不会对水质造成不良影响,而且河蟹也喜爱采食。因此,轮叶黑藻是河蟹养殖水域中极佳的水草种植品种。

2.轮叶黑藻优点

喜高温、生长期长、适应性好、再生能力强,河蟹喜食,适合于光照充足的池塘及大水面播种或栽种。轮叶黑藻被河蟹夹断后能节节生根,生命力极强,不会败坏水质。

3.轮叶黑藻的种植和管理

(1)栽前准备　池塘清整:排水干池,每亩用生石灰150～200千克化水趁热全池泼洒,清野除杂,并让池底充分冻晒半个月,同时做好池塘的修复整理工作。

注水施肥:栽培前5～7天,注水30厘米左右深,进水口用60目筛绢进行过滤,每亩施粪肥400千克作基肥。

(2)栽培时间　大约在6月中旬为宜。

(3)栽培方法　移栽:将鱼池留10厘米的淤泥,注水至刚没泥。将轮叶黑藻的茎切成15～20厘米小段,然后像插秧一样,将其均匀地插入泥中,株行距20×30厘米。苗种应随取随栽,不宜久晒,一般每亩用种株50～70千克。由于轮叶黑藻的再生能力强,生长期长,适应性强,生长快,产量高,利用率也较高,最适宜在蟹池种植。

枝尖插杆插植:轮叶黑藻有须状不定根,在每年的4～8月份,处于营养生长阶段,枝尖插植3天后就能生根,形成新的植株。

营养体移栽繁殖:一般在谷雨前后,将池塘水排干,留底泥10～15厘米,将长至15厘米轮叶黑藻切成长8厘米左右的段节,每亩按30～50千克均匀泼洒,使茎节部分浸入泥中,再将池塘水加至15厘米深。约20天后全池都覆盖着新生的轮叶黑藻,可将水加至30厘米,以后逐步加深池水,不使水草露出水面。移植初期应保持水质清新,不能干水,不宜使用化肥,可用生化产促进定根健草。

　　芽苞种植:每年的 12 月到翌年 3 月是轮叶黑藻芽苞的播种期,应选择晴天播种,播种前池水加注新水 10 厘米,每亩用种 500～1 000 克,播种时应按行、株距 50 厘米将芽苞 3～5 粒插入泥中,或者拌泥沙撒播。当水温升至 15℃时,5～10 天开始发芽,出苗率可达 95%。

　　整株种植:在每年的 5～8 月,天然水域中的轮叶黑藻已长成,长达 40～60 厘米,每亩蟹池一次放草 100～200 千克,一部分被蟹直接摄食,一部分生须根着泥存活。

　　(4)加强管理　水质管理:在轮叶黑藻萌发期间,要加强水质管理,水位慢慢调深,同时多投喂动物性饵料或配合饲料,减少河蟹食草量,促进须根生成。

　　及时除青苔:轮叶黑藻常常伴随着青苔的发生,在养护水草时,如果发现有青苔滋生时,需要及时消除青苔,具体的清除清苔的方法请见前文。

四、金鱼藻

　　1.金鱼藻的特性

　　金鱼藻,又称为狗尾巴草,是沉水性多年生水草,全株深绿色。长 20～40 厘米,群生于淡水池塘、水沟、稳水小河、温泉流水及水库中,尤其适合在大水面养蟹中栽培,是河蟹的极好饲料。

　　2.金鱼藻的优缺点

　　优点是耐高温、蟹喜食、再生能力强;缺点是特别旺发,容易臭水。

　　3.金鱼藻的种植和管理

　　金鱼藻的栽培有以下几种方法:

　　(1)全草移栽　在每年 10 月份以后,待成蟹基本捕捞结束后,可从湖泊或河沟中捞出全草进行移栽,用草量一般为每亩 50～100 千克。这个时候进行移栽,因为没有河蟹的破坏,基本不需要进行专门的保护。

（2）浅水移栽　这种方法宜在蟹种放养之前进行，移栽时间在4月中下旬，或当地水温稳定通过11℃即可。首先浅灌池水，将金鱼藻切成小段，长度10～15厘米，然后像插秧一样，均匀地插入池底，亩栽10～15千克。

（3）深水栽种　水深1.2～1.5米，金鱼草藻的长度留1.2米，水深0.5～0.6米，草茎留0.5米。准备一些手指粗细的棍子，棍子长短视水深浅而定，以齐水面为宜。在棍子入土的一头离10厘米处用橡皮筋绷上3～4根金鱼藻，每蓬嫩头不超过10个，分级排放。移栽时做到深水区稀，浅水区密，肥水池稀，瘦水池密，急用则密，等用则稀的原则，一般栽插密度为深水区1.5米×1.5米栽1蓬，浅水区1米×1米栽1蓬，以此类推。

（4）专区培育　在池塘、湖泊或河沟的一角设立水草培育区，专门培育金鱼藻。培育区内不放养任何草食性鱼类和河蟹。10月份进行移栽，到次年4～5月份就可获得大量水草。每亩用草种量50～100千克，每年可收获鲜草5 000千克左右，可供25～50亩水面用草。

（5）隔断移栽　每年5月份以后可捞新长的金鱼藻全草进行移栽。这时候移栽必须用围网隔开，防止水草随风漂走或被河蟹破坏。围网面积一般为10～20米^{2}1个，每亩2～4个，每亩草种量100～200千克。待水草落泥成活后可拆去围网。

（6）栽培管理　水位调节：金鱼藻一般栽在深水与浅水交汇处，水深不超过2米，最好控制在1.5米左右。

水质调节：水清是水草生长的重要条件。水体浑浊，不宜水草生长，建议先用生石灰调节，将水调清，然后种草，发现水草上附着泥土等杂物，应用船从水草区划过，并用桨轻轻将水草的污物拨洗干净。

及时疏草：当水草旺发时，要适当把它稀疏，防止其过密后无法进行光合作用而出现死草臭水现象。可用镰刀割除过密的水草,然后及时捞走。

清除杂草:当水体中着生大量的水花生时,应及时将它们清除,以防止影响金鱼藻等水草的生长。

五、空心菜

1. 空心菜的特性

空心菜,又名蕹菜、竹叶菜,开白色喇叭状花,梗中心是空的,故称"空心菜"(图11)。空心菜种植在池边或水中,既可以为河蟹提供遮阳场所,它的茎叶和根须又能被河蟹摄食。

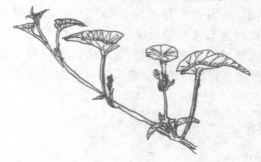

图 11　空心菜

2. 空心菜的栽种与管理

空心菜对土壤要求不严,适应性广,无论旱地水田,沟边地角都可栽植。

(1)土埂斜坡栽培法　在距池底 1～1.5 米的地带种植,时间一般在 4 月中、下旬。先将该地带的土地翻耕 5～10 厘米,亩施腐熟有机肥 2 500～3 000 千克或人粪尿 1 500～2 000 千克、草木灰 50～100 千克,与土壤混匀后耙平整细,然后采用撒播方法来播种。播种前首先对种子进行处理,即用 50～60℃ 温水浸泡 30 分钟,然后用清水浸种 20～24 小时,捞起洗净后放在 25℃左右的温度下催芽,催芽期间要保持湿润,每天用清水冲洗种子 1 次,待种子破皮露白点后即可播种。亩用种量 6～10 千克。撒播后,将种子用细土覆盖,以后定期浇灌,以利于出苗。一般 7 天左右即可出,出苗后要定期施肥,以促进空心菜植株快速生长,施肥以鸡粪为好。当气温升高,空心菜生长旺盛,枝叶繁茂,随着水位上涨,其茎蔓及分枝会自然在水面及水中延伸,在池塘四周的水面形成空心菜的生态带。可以根据蟹池的需要控制其覆盖水面面积在20％～30％即可。

(2)水面直接栽培法　当空心菜长达 20 厘米左右时,节下就会生长出须根,这时剪下带须根的苗即可作为供蟹池栽培用的种苗,先将这些茎节放在靠近岸边的浅水区,它们会慢慢地生根并迅速生长、蔓延。蟹池以空心菜植株长大后覆盖水面面积不超过 30％为宜。若超过此面积时,可以作为蔬菜或青饲料及时采收。

六、菱角

1.菱角的特性

一年生草本水生植物,叶片非常扁平光滑,具有根系发达、茎蔓粗大、适应性强、抗高温的特点,菱角藤长绿叶子,茎为紫红色,开鲜艳的黄色小花。

2.菱角的种植

(1)直播栽培菱角　在 2 米以内的浅水中种菱,多用直播。一般在天气稳定在 12℃以上时播种,例如长江流域宜在清明前后 7 天内播种,而京、津地区可在谷雨前后播种。播前先催芽,芽长不要超过 1.5 厘米,播时先清池,清除野菱、水草、青苔等。播种方式以条播为宜,条播时,根据菱池地形,划成纵行,行距 2.6～3 米,每亩用种量 20～25 千克。

（2）育苗移栽菱角 在水深 3～5 米地方,直播出苗比较困难,即使出苗,苗也纤细瘦弱,产量不高,此时可采取育苗移栽的方法。一般可选用向阳、水位浅、土质肥、排灌方便的池塘作为苗地,实施条播。育苗时,将种菱放在 5～6 厘米浅水池中利用阳光保温催芽,5～7 天换一次水。发芽后移至繁殖田,等茎叶长满后再进行幼苗定植,每 8～10 株菱盘为一束,用草绳结扎,用长柄铁叉住菱束绳头,栽植水底泥土中,栽植密度按株行距 1 米×2 米或 1.3 米×1.3 米定穴,每穴种 3～4 株苗。

（3）球茎抛植 每年的 3 月份前后,也可在渠底或水沟中,挖取菱的球茎,带泥抛入池中,让其生长,它的根或茎就会生长在底泥中,叶能漂浮水面。

（4）栽培管理 除杂草:要及时清除菱塘中的槐叶萍、水鳖草、水绵、野菱等,由于菱角对除草剂敏感,必要时进行手工除草。

水质管理:生长过程中水层不宜大起大落,否则影响分枝成苗率。移栽后到 6 月底,保持菱塘水深 20～30 厘米,增温促蘖,每隔 15 天换一次水。7 月份后随着气温升高,菱塘水深逐步增加到 45～50 厘米。在盛夏可将水逐渐加深到 1.5 米,最深不超过 2 米。

七、茭白

茭白为水生植物,株高 1～2 米,叶互生,性喜生长于浅水中,喜高温多湿,生育初期适温 15～20℃,嫩茎发育期 20～30℃。

茭白用无性繁殖法种植,长江流域于 4～5 月间选择那些生长整齐,茭白粗壮、洁白、分蘖多的植株作种株。宜栽在四周的池边或浅滩处,栽种时应连根移栽,要求秧苗根部入水在 10～12 厘米,每亩 30～50 棵即可。

八、水花生

水花生是挺水植物,水生或湿生多年生宿根性草本,茎长可达1.5～2.5米,其基部在水中萌生蔓延,原产于南美洲,我国长江流域各省水沟、水塘、湖泊均有野生。水花生适应性极强,喜湿耐寒,适应性强,抗寒能力也超过水葫芦和水雍菜等水生植物,能自然越冬,气温上升到10℃时即可萌芽生长,最适气温为22～32℃。5℃以下时水上部分枯萎,但水下茎仍能保留在水下不萎缩。

在移栽时用草绳把水花生捆在一起,形成一条条的水花生柱,平行放在池塘的四周。许多河蟹尤其是小老蟹会长期待在水花生下面,因此要经常翻动水花生,一是让水体能动起来,二是防止水花生的下面发臭,三是减少河蟹的隐蔽,促进生长。

九、水葫芦

水葫芦是一种多年生宿根浮水草本植物,高约0.3米,在深绿色的叶下,有一个直立的椭圆形中空的葫芦状茎,因它浮于水面生长,又叫水浮莲。又因其在根与叶之间有一像葫芦状的大气泡又称水葫芦。水葫芦茎叶悬垂于水上,蘖枝匍匐于水面。花为多棱喇叭状,花色艳丽美观。叶色翠绿偏深。叶全缘,光滑有质感。须根发达,分蘖繁殖快,管理粗放,是美化环境、净化水质的良好植物。喜欢在向阳、平静的水面,或潮湿肥沃的边坡生长。水葫芦喜温,在0～40℃的范围内均能生长,13℃以上开始繁殖,20℃以上生长加快,25～32℃生长最快,35℃以上生长减慢,43℃以上则逐渐死亡。

由于水葫芦对其生活的水面采取了野蛮的封锁策略,挡住阳光,导致水下植物得不到足够光照而死亡,破坏水下动物的食物链,导致水生动物死亡。此外,水葫芦还有富集重金属的能力,死后腐烂体沉入水底形成重金属高含量层,直接杀伤底栖生物。因此有专家将它列为有害生物，所以我们在养殖河蟹时，可以利用，但一定要掌握度，不可过量。

在水质良好、气温适当、通风较好的条件下株高可长到50厘米，一般可长到20～30厘米，可在池中用竹竿、草绳等隔一角落，进行培育。一旦当水葫芦生长得过快，池中过多过密时，就要立即清理。

十、青萍

青萍我国南北均有分布，生长于池塘、稻田、湖泊中，以色绿、干燥、完整、无杂质者为佳。

可根据需要随时捞取，也可在池中用竹竿、草绳等隔一角落，进行培育。只要水中保持一定的肥度，它们都可生长良好。若水中不大，可用少量化肥，化水泼洒，促进其生长发育。

十一、芜萍

芜萍是多年生漂浮植物，椭圆形粒状叶体，没有根和茎，长约0.5～8毫米，宽0.3～1毫米，生长在小水塘、稻田、藕塘和静水沟渠等水体中。

芜萍的培育方法同青萍。

第三节　种草技术

一、水草的合理搭配

河蟹喜欢的水草种类有伊乐藻、苦草、眼子菜、轮叶黑藻、金鱼藻、凤眼莲、水浮莲和水花生等，以及陆生的草类，水草的种植可根据不同情况而有一定差异。养殖河蟹的水域包括池塘、低洼田以及大水面的湖汊，要求水草在蟹池中的分布均匀，种类不能单一，要适当搭配,沉水性、浮水性、挺水性水草要合理,一般情况下,水草覆盖面积占蟹池的 1/3~1/2,其中深水处种沉水植物及一部分浮叶植物,浅水区为挺水植物。蟹池实行复合型水草种植(指水草品种至少在两种以上),不但河蟹品质得到明显提高,而且养殖产量平均增加 20% 以上。

　　一是沿池四周浅水处 10%~20% 面积种植水草,即可供河蟹摄食,同时为蟹提供了隐蔽、栖息的理想场所,也是河蟹蜕壳的良好地方;二是在池塘中央可提前栽培伊乐藻或菹草;三是移植水花生或凤眼莲到水中央;四是临时放草把,方法是把水草扎成团,大小为 1 米^2 左右,用绳子和石块固定在水底或浮在水面,每亩可放 25 处左右,也可用草框把水花生、空心菜、水浮莲等固定在水中央。但所有的水草总面积要控制好,一般在池塘种植水草的面积以不超过池塘总面积的 2/3 为宜,否则会因水草过度茂盛,在夜间使池水缺氧而影响河蟹的正常生长(图 12)。

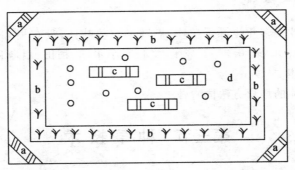

a.池塘四角,种浮草等飘浮植物　b.池塘四周的环形沟,种伊乐藻等沉水植物　c.池塘中心空旷地带的塘间水埂　d.池塘养殖区,可适当种植各种水草　○:小圆圆处可种植苦草、藻草等

图 12　水草的合理搭配

二、品种选择与搭配

（1）根据河蟹对水草利用的优越性，确定移植水草的种类和数量，一般以沉水植物和挺水植物为主，浮叶和漂浮植物为辅。

（2）根据河蟹的食性移植水草，可多栽培一些河蟹喜食的苦草、轮叶黑藻、金鱼藻，其他品种水草适当少移植，起到调节互补作用，这对改善池塘水质、增加水中溶氧、提高水体透明度有很好的作用。

（3）一般情况下，养殖河蟹不论采取哪种养殖类型，池塘中水草覆盖率都应该保持在50％左右，水草品种在两种以上。

三、种植类型

1. 池塘或稻田型

在蟹池中种植水草应以沉水性植物为主，浮水性植物为辅，我们建议选择伊乐藻、苦草、轮叶黑藻的搭配模式。三者的栽种比例是伊乐藻早期覆盖率应控制在20％左右，苦草覆盖率应控制在20％～30％，轮叶黑藻的覆盖率控制在40％～50％。三者的栽种时间次序为伊乐藻—苦草—轮叶黑藻。三者的作用是伊乐藻为早期过渡性和食用水草，为河蟹早期生长提供一个栖息、蜕壳和避敌的理想场所；苦草为食用和隐藏性水草，可把它作为河蟹的"零食"，以保证河蟹有充足的植物性饲料来源；轮叶黑藻则作为池塘或稻田养殖类型的主打水草，为河蟹的中后期生长提供一个避暑、栖息、蜕壳和避敌的理想场所。注意事项是，伊乐藻要在冬春季播种，高温期到来时，将伊乐藻草头割去，仅留根部以上10厘米左右，防止其死亡后腐烂变质臭水死蟹；苦草种子要分期分批播种，错开生长期，防止遭河蟹一次性破坏；轮叶黑藻可以长期供应。

2. 河道或湖泊型

在这种类型中以金鱼藻或轮叶黑藻为主，苦草、伊乐藻为辅。

金鱼藻或轮叶黑藻种植在浅水与深水交汇处,水草覆盖率控制在40%～50%。苦草种植在浅水处,覆盖率控制在10%左右。伊乐藻覆盖率控制在20%左右。不论哪种水草,都以不出水面,不影响风浪为好。

四、栽培技术

栽植水草可在蟹种放养前进行,也可在养殖过程中随时补栽。无论何种水草都要保证不能覆盖整个池面,至少留有池面的1/3作为河蟹自由活动的空间。栽植的水草应随取随栽,决不能在岸上搁置过久,影响成活。蟹池水草,可因地制宜地采取下列几种栽植方法:

1. 栽插法

适用于带茎水草,这种方法一般在河蟹放养之前进行,首先浅灌池水,将伊乐藻、轮叶黑藻、金鱼藻、茨茨草、水花生等带茎水草切成小段,长度20～25厘米,也可以把切段后的水草用生根剂的稀释液浸泡一下,然后像插秧一样,均匀地插入池底。若池底坚硬,可事先疏松底泥;池底淤泥较多,可直接栽插。我们在生产中摸索到一个小技巧,就是可以简化处理,先用刀将带茎水草切成需要的长度,然后均匀地撒在塘中,塘里保留5厘米左右的水位,用脚或用带叉形的棍子用力踩或插入泥中即可。

2. 抛入法

适用于菱、睡莲等浮叶植物,先将塘里的水位降至合适的位置,然后将莲、菱、荇菜、莼菜、芡实、苦草等的根部取出,露出叶芽,用软泥包紧根后直接抛入池中,使其根茎能生长在底泥中,叶能漂浮水面即可。

3. 播种法

适用于种子发达的水草,目前最为常用的就是苦草了。播种时水位控制在15厘米,先将苦草籽用水浸泡一天,将细小的种子搓出来,然后加入 10 倍的细沙壤土,与种子拌匀后直接撒播,为了将种子能均匀地撒开,沙壤土要保持略干为好。每亩水面用苦草种子 30～50 克。种子播种后要加强管理,使之尽快形成优势种群,提高水草的成活率。

4.移栽法

适用于茭白、慈姑等挺水植物,先将池塘降水至适宜水位,将蒲草、芦苇、茭白、慈姑等连根挖起,最好带上部分原池中的泥土,移栽前要去掉伤叶及纤细劣质的秧苗,移栽位置可在池边的浅滩处或者池中的小高地上,要求秧苗根部入水在 10～20 厘米,进水后,整个植株不能长期浸泡在水中,密度为每亩 45 棵左右,否则会大量占用水体,反而造成不良影响。

5.培育法

适用于青萍、芜萍等浮叶植物,它们的根比较纤细,这类植物主要有瓢莎、青萍、浮萍、水葫芦等,在池中用竹竿、草绳等隔一角落,也可以用草框将浮叶植物围在一起,进行培育,可根据需要随时捞取。只要水中保持一定的肥度,它们都可生长良好。若水中肥度不大,则可施用有机肥或生化肥泼洒,促进其生长发育。

五、栽培小技巧

一是水草在蟹池中的分布要均匀,不宜一片多一片少。

二是水草种类不能单一,最好使挺水性、漂浮性及沉水性水草合理分布,保持相应的比例,以适应河蟹多方位的需求,沉水植物为河蟹提供栖息场所,漂浮植物为河蟹提供饵料,挺水植物主要起护坡作用。

三是无论何种水草都要保证不能覆盖整个池面,至少留有池面 1/2 作为河蟹自由活动的空间。

四是栽种水草主要在蟹种放养前进行,如果需要也可在养殖过程中随时补栽。补栽时的水草应随取随栽,决不能在岸上搁置过久,影响成活。在栽培中要注意的是判断池中是否需要栽种水草,应根据具体情况来确定。

第四节　水草的养护

许多养殖户对于水草,只种不管,认为水草这种东西在野塘里到处生长,不需要加强管理,其实这种观念是错误的,如果对不草不加强管理的话,不但不能正常发挥水草作用,而且一旦水草大面积衰败时会大量沉积在池底,然后就是腐烂变质,极易污染水质,进而造成河蟹死亡。

河蟹养殖的不同时期对蟹池里的水草要求是不一样的。

一、养殖前期的水草养护

河蟹养殖前期对水草的要求是种好草:

(1)要求塘口多种草、种足草;

(2)要求塘口种上河蟹适宜的水草;

(3)要求种的草要成活,要萌发,要能在较短时间内形成水下森林。

二、养殖中期的水草养护

河蟹养殖中期对水草的要求是管好草:

(1)蟹池水色过浓而影响水草进行光合作用的,应及时调水至清新状态或降低水位,从而增强光线透入以水中的机会,增强水草的光合作用;

(2)如果蟹池的水质浑浊、水草上附着污染物的,应及时清洗水草,对于水面较大的蟹池,可以使用相应的药物泼洒,对水草上的污物进行分解;

(3)一旦发现蟹池里的水草有枯萎现象或缺少活力的,应及时用生化肥料或其他肥料进行追肥，同时要加强对水草的保健。

三、养殖后期的水草养护

河蟹养殖后期对水草的要求是控好草：

（1）控制水草的疯长，水草在池塘里的覆盖率维持在 50 左右就可以了；

（2）加强台风期的水草控制，在养殖后期也是台风盛行的时候，在台风到来前，要做好水位的控制，主要是适当降低水位，避免较大的风力把水草根茎拨起而离开池底，造成枯烂，污染水质；

（3）对水草超出水面的，在 6 月初割除老草头，让其重新生长出新的水草，形成水下森林。

第五节　蟹池水草疯长的应对措施

一、控制水草疯长的原因

随着水温的渐渐升高，蟹池里的水草生长速度也不断加快，在这个时期，如果蟹池中水草没有得到很好的控制，就会出现疯长现象。而且疯长后的水草会出现腐烂现象，直接导致水质变坏，水中严重缺氧，将给河蟹养殖造成严重危害。对水草疯长的蟹池，可以采取多种措施加以控制。

二、人工清除

这个方法是比较原始的，劳动力也大，但是效果好，适用于小型的蟹池。具体措施就是随时将漂浮的水草及腐烂的水草捞出。对于池中生长过多过密的水草可以用刀具割除，也可以用绳索上挂刀片，两人在岸边来回拉扯从而达到割草的目的。每次水草的割除量控制在水草总量的 1/3 以下。还有一种割草的方法就是在蟹池中间割出一些草路,每隔 8～10 米就可以割出一条 2 米左右的草路,让河蟹有自由活动的通道。

三、缓慢加深池水

一旦发现蟹池中的水草生长过快时,这时应加深池水让草头没入水面 30 厘米以下,通过控制水草的光合作用来达到抑制生长的目的。在加水时,应缓慢加入,让水草有个适应的过程,不能一次加得过多,否则会发生死草并腐烂变质的现象,从而导致水质恶化。

四、补氧除害

对于那些水草过多而疯长的池塘,如果遇到天气闷热、气压过低的天气时,既不要临时仓促割草,也不要快速加换新水,以免搅动池底,让污物泛起。这时先要向水体里投放高效的增氧剂,既可以是化学增氧剂,也可以用生化增氧产品,目的是补充水体溶解氧的不足;同时使用药物来消除水体表面的张力和水体分层现象,促使蟹池里的有害物质转化为无害的有机物或气体溢出水面,等天气和气压状况好转后,再将疯长的水草割去,同时加换新水。

五、调节水质

在养殖第一线的养殖户肯定会发现一个事实,那就是水草疯长的池塘,水里面的腐烂草屑和其他污物一般都很多,这是水质不好的表现,如果不加以调控的话,很可能就会进一步恶化。特别是在大雨过后及人工割除的情况下,现象更是明显,而且短期内水质都会不好,这时就要着手调节水质。

调节水质的方法很多,可以先用生石灰化水全池泼洒,烂草和污物多的地方要适当多洒,第二天上午使用解毒剂进行解毒,然后再施用追肥。

第六节　加强水草管理

一、水草老化的原因及处理

1.水草老化的原因

蟹池经过一段时间的养殖后,由于水体中肥料营养已经被水草和其他水生动植物消耗得差不多了,出现营养供应不足,导致水质不清爽。

2.水草老化的危害

在水草方面体现在一是污物附着水草,叶子发黄;二是草头贴于水面上,经太阳暴晒后停止生长;三是伊乐藻等水草老化比较严重,出现了水草下沉、腐烂的情况。水草老化对河蟹养殖的影响就是败坏水质、底质,从而影响河蟹的生长。

3.水草老化的对策

一是对于老化的水草要及时进行"打头"或"割头"处理;二是促使水草重新生根、促进生长。可通过施加肥料或生化肥等方面来达到目的。这里介绍一例,仅供参考:可用1桶健草养螺宝加1袋黑金神用水稀释后全池泼洒可用8～10亩。

二、水草过密的原因及处理

1.水草过密的原因

蟹池经过一段时间的养殖,随着水温的升高,水草的生长也处于旺盛期,于是有的池塘里就会出现水草过密的现象。

2.水草过密的危害

水草过密对河蟹造成的影响一是过密的水草会封闭整个蟹池表面,造成池塘内部缺少氧气和光照,河蟹会缺氧而死亡;二是过密的水草会大量吸收池塘的营养,从而造成蟹池的优良藻相无法保持稳定,时间一长就会造成河蟹疾病频发;三是水草过密,河蟹有了天然的躲避场所,它们就会躲藏在里面不出来,时间一长就会造成大量的懒蟹,从而造成整个池塘的河蟹产量下降,规格降低。

3.水草过密的对策

一是对过密的水草强行打头或刈割,从而起到稀疏水草的效果;

二是对于生长旺盛、过于茂盛的水草要进行分块,有一定条理的"打路"处理,一般 5～6 米打一宽 2 米的通道以加强水体间上、下水层的对流及增加阳光的照射,有利于水体中有益藻类及微生物的生长,还有利于河蟹的行动、觅食,增加河蟹的活动空间;

三是处理水草后,要在蟹池中全池泼洒防应激、抗应激的药物,来缓解河蟹因改变光照、水体环境带来的应激反应。具体的药物和用量请参考当地的渔药店。

三、水草过稀的原因及处理

在养殖过程中,温度越来越高,河蟹越长越大,而蟹池里的水草却越来越稀少,这在河蟹养殖中是最常见的一种现象。经过分析,我们认为影响水草过稀的情况有下面几种情况,不同的情况对河蟹造成的影响是不同的,当然处理的对策也有所不同。

(1)由水质老化浑浊而造成的　蟹池里的水太浑浊,水草上附着大量的黏滑浓稠的污泥物,这些污泥物在水草的表面阻断了水草利用光能进行光合作用的途径,从而阻碍了水草的生长发育。

对策:一是换注新水,促使水质澄清;二是先清洗水草表面的污泥,然后再用促使水草重新生根、促进生长。可通过施加肥料或生化肥等方面来达到目的。

(2)水草根部腐烂、霉变而引起的　养殖过程中由于大量投饵或使用化肥、鸡粪等导致底部有机质过多,水草根部在池底受到硫化氢、氨、沼气等有害气体和有害菌侵蚀下造成根部的腐烂、霉变，进而使整株水草枯萎、死亡。

对策：一是对已经死亡的水草，要及时捞出，减少对蟹池的污染；二是对池水进行解毒处理，用相应的药物来消除池塘里硫化氢、氨等毒性；三是做好河蟹的保护工作，可内服大蒜素（0.5%）、护肝药物（0.5%）、多维（1%），每天1次，连续3～5天，防止河蟹误食已经霉变的水草而中毒；四是用药物对已腐烂、霉变的水草进行氧化分解，达到抑制、减少有害气体及有害菌的作用，从而保护健康水草根部不受侵蚀腐烂、霉变。这类药物目前市场上属于新品种，并不多见，例如六控底健康就可以用来解决此类情况，具体的用量和用法请参考说明。

（3）水草的病虫害而引起的   春夏之交是各种病虫繁殖的旺盛期，这些飞虫将自己的受精卵产在水草上孵化。这些孵化出来的幼虫需要能量和营养，水草便是最好的能量和营养载体，这些幼虫通过噬食水草来获取营养，导致水草慢慢枯死，从而造成蟹池里的水草稀疏。

对策：由于蟹池里的水草是不能乱用药物的，尤其是针对飞虫的药物有相当一部分是菊酯类的，对河蟹有致命伤害，因此不能使用。针对水草的病虫害只能以预防为主，可用经过提取的大蒜素制剂与食醋混合后喷洒在水草上，能有效驱虫和溶化分解虫卵。大蒜素制剂和食醋的用量请参考说明书。

（4）综合因素引起的   主要是在高温季节、高密度、高投饵、高排泄、高残留、低气压、低溶氧，水质、底质容易变坏，对水草的健康生长带来不良影响，是河蟹养殖的高危期。

对策：每5～7天在水草生长区和投饵区抛洒底部改良剂或漂白粉制剂，目的是解决水质通透，防止底质腐败，消除有毒有害物质如亚硝酸盐、氨氮、硫化氢、甲烷、重金属、有害腐败病菌等，保护水草健康。

(5)河蟹割草而引起的　所谓河蟹割草就是河蟹用大螯把水草夹断,就像人工用刀割的一样,养殖户把这种现象就叫河蟹割草。

蟹池里如果有少量河蟹割草属于正常现象,如果在投喂后这种现象仍然存在,这时可根据蟹池的实际情况合理投放一定数量的螺蛳,有条件的尽量投放仔螺蛳。

蟹池里如果河蟹大量割草,那就不正常了,可能是河蟹是饲料不足或者河蟹开始发病的征兆。一是针对饲料不足时可多投喂优质饲料;二是配合施用追肥,来达到肥水培藻的目的,也可使用市售的培藻产品来按说明泼洒,以达到培养藻类的效果。

第七节　保 健 养 螺

一、蟹池中放养螺蛳的作用

螺蛳是河蟹很重要的动物性饵料,螺蛳的价格较低,来源广泛,全国各地的几乎所有的水域中都会自然生存大量的螺蛳,向蟹池中投放螺蛳一方面可以改善池塘底质、净化底质,另一方面可以补充动物性饵料,具有明显降低养殖成本、增加产量、改善河蟹的品质的作用,从而提高养殖户的经济效益,所以这两点至关重要。

螺蛳不但稚嫩鲜美,而且营养丰富,利用率较高,是河蟹最喜食的理想优质鲜活动物性饵料。据测定,鲜螺体中含干物质5.2%,干物质中含粗蛋白55.35%,灰分15.42%,其中含钙5.22%,磷0.42%,盐分4.56%,含有赖氨酸2.84%,蛋氨酸和胱氨酸2.33%,同时还含有丰富的维生素B和矿物质等营养物质,此外螺蛳壳中除含有少量蛋白质外,其矿物质含量高达88%左右,其中含钙37%,钠盐4%,磷0.3%,同时还含有多种微量元素。所以在饲养过程中,螺蛳既能为河蟹的整个生长过程,提供源源不断的、适口的,富含活性蛋白和多种活性物质的天然饵料,可促进河蟹快速生长,提高成蟹上市规格;同时螺蛳壳与贝壳一样是矿物质饲料,主要能提供大量的钙质,对促进河蟹的蜕壳能起到很大的辅助作用。

在河蟹养殖池中,适时适量投放活的螺蛳,利用螺蛳自身繁殖力强、繁殖周期短的优势,任其在池塘里自然繁殖,在河蟹池塘里大量繁殖的螺蛳以吃食浮游动物残体和细菌、腐屑等为食,因此能有效地降低池塘中浮游生物含量,可以起到净化水质、维护水质清新的作用,在螺蛳和水草比较多的池塘里,我们可以看到水质一般都比较清新、爽嫩,原因就在这里。

二、螺蛳的选择

螺蛳可以在市场上直接购买,而且每年在养殖区里都会有专门贩卖螺蛳的商户,但是对于条件许可、劳动力丰富的养殖户,我们建议最好是自己到沟渠、鱼塘、河流里捕捞,既方便又节约资金,更重要的是从市场上购买的螺蛳不新鲜,活动能力弱。

如果是购买的螺蛳,要认真挑选,要注意选择优质的螺蛳,可以从以下几点来选择。

首先是要选择螺色青淡、壳薄肉多、个体大、外形圆、螺壳无破损、厣片完整者。

其次是要选择活力强的螺蛳,可以用手或其他东西来测试一下,如果受惊时螺体能快速收回壳中,同时厣片能有力地紧盖螺口,那么就是好的螺蛳。反之则不宜选购。

第三就是要选择健康的螺蛳,螺蛳又是虫病菌或病毒的携带和传播者,因此,保健养螺又是健康养蟹的关键所在。螺体内最好没有蚂蟥(也就是水蛭)等寄生虫寄生,另外购买螺蛳,要避开血吸虫病易感染地区,如江西省进贤县、安徽省无为县等地区。

第四就是选择的螺蛳壳要嫩、光洁,壳坚硬不利于后期河蟹摄食。

　　第五就是引进螺蛳不能在寒冷结冰天气,避免冻伤死亡,要选择气温相对高的晴好天气。

三、螺蛳的放养

　　螺蛳群体呈现出"母系氏族"雌螺占绝大多数,占 75%～80%,雄螺仅占 20%～25%。在生殖季节,受精卵在雌螺育儿囊中发育成仔螺产出。每年的 4～5 月份和 9～10 月份是螺蛳的两次生殖旺季。螺蛳是分批产卵型,产卵数量随环境和亲螺年龄而异,一般每胎 20～30 个,多者 40～60 个,一年可生 150 个以上,产后 2～3 个星期,仔螺重达 0.025 克时即开始摄食,经过一年饲养便可交配受精产卵,繁殖后代。根据生物学家的调查,繁殖的后代经过 14～16 个月的生长又能繁殖仔螺。因此许多养殖户为了获得更多的小螺蛳,通常是在清明前每亩放养鲜活螺蛳 200～300 千克,以后根据需要逐步添加。

　　从近几年众多河蟹养殖效益非常好的养殖户那里得到的经验总结,我们建议还是分批放养为好,可以分三次放养,总量在 350～500 千克/亩。

　　第一次放养是在投放蟹种后的 1 周后,投放螺蛳 50～100 千克/亩,量不宜太大,如果量大水质不易肥起来,就容易滋生青苔、泥皮等。投放螺蛳应以母螺蛳占多数为佳,一般雌性大而圆,雄性小而长,外形上主要从头部触角上加以区分,雌螺左右两触角大小相同且向前伸展;雄螺的右触角较左触角粗而短,末端向内弯曲,其弯曲部分即为生殖器。

　　第二次放养是在清明前后,也就是在 4 月到 5 月份之间,投放 200～250 千克/亩,在循环沟里少放,尽量放在蟹塘中间生在水草的板田上。

　　第三次投放是在 6～7 月份,放养量为 100～150 千克/亩。有条件的养殖户最好放养仔螺蛳,这样更能净化水质,利于水草的生长。到了 6～7 月份螺蛳开始大量繁殖,仔螺蛳附着于池塘的水草上,仔螺蛳不但稚嫩鲜美,而且营养丰富,利用率很高,是河蟹最适口的饵料,正好适合河蟹生长旺期的需要。

四、保健养螺

首先是在投放螺蛳前 1 天,使用合适的生化药品来改善底质,活化淤泥,给螺蛳创造良好的底部环境,减少螺蛳在池塘中所携带有害病菌。例如可使用六控底健康 1 包,用量为 3～5 亩/包。

其次是在投放时应先将螺蛳洗净,并用对螺蛳刺激性小的药物对螺体进行消毒,目的是杀灭螺蛳身上的细菌及寄生虫,然后把螺蛳放在新活菌王 100 倍的稀释液中浸泡 1 个晚上。

第三是在放养螺蛳的三天后使用健草养螺宝(1 桶用 8～10 亩)来肥育螺蛳,增加螺蛳肉质质量和口感,为河蟹提供优良的饵料、增强体质。以后将健草养螺宝配合钙质如生石灰等,定期使用。

第四就是在高温季节,每 5～7 天可使用改水改底的药物,控制虫病毒和病菌在螺蛳体内的寄生和繁殖,从而大大减少携带和传播。

第五就是为了有利于水草的生长和保护螺蛳的繁殖,在蟹种入池前最好用网片圈蟹池面积的 30% 作暂养区,地点在深水区,待水草覆盖率达 40%～50%、螺蛳繁殖已达一定数量时撤除,一般暂养至 4 月份,最迟不超过 5 月底。

诀窍七:科 学 混 养

第一节 蟹池混养的基础

蟹池混养是我国池塘养殖的特色,也是提高池塘河蟹产量的重要措施之一。在池塘中进行多种鱼、虾、蟹类或多种规格的混养,可充分发池塘水体和鱼种、蟹种的生产潜力,合理地利用饵料和水体,发挥养殖鱼虾蟹类之间的互利作用,降低养殖成本,提高产量。

一、混养的优点

混养是根据鱼、虾、蟹类的生物学特点,主要是利用它们的栖息习性、食性、生活习性等的差异性,充分运用它们相互有利的一面,尽可能地限制和缩小它们有矛盾的一面,让河蟹、青虾、龙虾以及不同种类和同种异龄鱼类在同一空间和时间内一起生活和生长,从而发挥"水、种、饵"的生产潜力。

混养的优点如下:第一,可以合理和充分利用饵料和水体;第二,能够发挥养殖鱼虾蟹之间的互利作用,获得丰收;第三,对于提高社会效益和经济效益具有重要意义。

二、蟹池混养的方式

蟹池里养殖的是河蟹,河蟹平时是在池塘四周的水草丛中生活,也可以在池塘底部栖息,而对于池塘中间的水体,有相当一部分是没有被完全利用的。

　　我国目前养殖的鱼类，从其生活空间看，可相对分为上层鱼类、中下层鱼类和底层鱼类 3 类。上层鱼类如鲢鱼、鳙鱼，中下层鱼类如草鱼、鳊鱼、鲂鱼等，底层鱼类如青鱼、鲤鱼、鲫鱼、鲮鱼、非洲鲫鱼等。从食性上看，鲢鱼、鳙鱼吃浮游生物和有机碎屑，草鱼、鳊鱼、鲂鱼主要吃草，青鱼主吃螺、蚬等软体动物，鲤鱼、鲫鱼（鲤也吃软体动物）能掘食底泥中的水蚯蚓、摇蚊幼虫以及有机碎屑，鲮鱼、非洲鲫鱼能吃有机碎屑及着生藻类。

　　因此，如果池塘单独养殖河蟹或鱼类的话，水体中的空间和饵料生物（如小鱼、小虾等）没有完全利用，因此完全可以混养河蟹这种底栖性、杂食的水生经济动物以及其他栖息水层和食性不太相同的淡水鱼，达到混养的效果。

　　蟹池的混养基本上可以分为两种，一种是以鱼为主，混养河蟹、青虾等采用这种混养方式时，河蟹可在家鱼亲鱼池、成鱼池中以及与其他鱼类混养，利用池塘野杂鱼虾、残饵为食，一般不需专门投饵，套养池面积不限。第二种就是以河蟹为主，混养少部分鱼。采用这种方式混养时，要着重加强对河蟹的管理，需要及时投喂，而且投喂的饲料和投饵技术是紧紧围绕着河蟹进行的。

三、混养池塘的条件与处理

　　池塘大小、位置、面积等条件应随主养鱼类而定，池底硬土质，无淤泥，池壁必须有坡度，且坡度要大于 3∶1。

　　混养河蟹的池塘必须是无污染的江、河、湖、库等大水体地表水作水源。也可用地下水，地下水有如下优点：有固定的独立水源；没有病原体的野杂鱼。没有污染。全年温度相对稳定。pH在 6.5～8.5，溶氧在 5 毫克/升以上，池塘中必要时要配备增氧机或其他增氧设备，浮游动物、底栖动物、小鱼、小虾丰富。

　　池塘要有良好的排灌系统，一端上部进水，另一端池底部排水，进排水口都要有防敌害、防逃网罩。

　　池塘底部应有约 1/5 底面积的沉水植物区,并有足够的人工隐蔽物,如废轮胎、网片、PVC 管、废瓦缸、竹排等。

四、防逃设施

　　河蟹混养的防逃设施也不可少。防逃设施有多种,常用的有两种,一是安插高 45 厘米的硬质钙塑板作为防逃板,埋入田埂泥土中约 15 厘米,每隔 100 厘米处用一木桩固定。注意四角应做成弧形,防止河蟹沿夹角攀爬外逃。第二种防逃设施是采用网片和硬质塑料薄膜共同防逃,用高 50 厘米的有机纱窗围在池埂四周,在网上内面距顶端 10 厘米处再缝上一条宽 25 厘米的硬质塑料薄膜即可(图 13)。

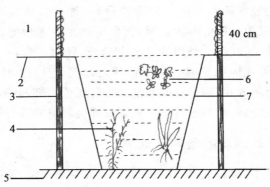

1.防逃设施　2.池埂地面　3.埂　4.水草　5.池底　6.漂浮水草　7.斜坡

图 13　池塘养蟹示意图

五、影响混养密度的因素

　　在蟹池里混养时,放养密度是有一定讲究的,在能养成商品规格的成蟹、成鱼或能达到预期规格扣蟹、鱼种的前提下,可以达到最高河蟹产量和鱼产量的放养密度，即为合理的放养密度。在一定的范围内，只要饲料充足，水源水质条件良好，管理得当，放养密度越大，产量越高。只有在混养基础上，密养才能充分发挥池塘和饲料的生产潜力。在池塘里养殖蟹、虾、鱼，放养密度与池塘条件、鱼的种类与规格、饵料供应和水质管理措施等有着密切关系：

1. 密度加大、产量提高的物质基础是饵料

合理的放养密度，要根据池塘的条件、饲料和肥料供应情况、扣蟹和鱼种的规格以及饲养水平等因素来确定。对摄食投喂饲料的河蟹、鱼类，密度越大，投喂饲料越多，则产量越高。但提高放养量的同时，必须增加投饵量，才能得到增产效果。所以对于饲料来源容易的池塘，则多放，密度可以提高，反之则少放。

2. 限制放养密度无限提高的因素是水质

在一定密度范围内，放养量越高，净产量越高。超出一定范围，尽管饵料供应充足，也难收到增产效果，甚至还会产生不良结果，其主要原因是水质限制，这些水质的限制因素包括溶氧是否充足、有机物质含量、还原性物质的含量、有毒物质的含量等。因此凡水源充足、水质良好、进排水方便的池塘，放养密度可适当增加，配备有增氧机的池塘可比无增氧机的池塘多放。

3. 池塘条件与放养密度也存在关系

总的来说，蟹池的条件好，包括蓄水能力、排灌水是否方便、水草是否丰盛、池埂是否完好等条件，只要这些条件好，就可以增加放养密度，反之则要降低密度。

4. 饲养管理措施与放养密度的关系

毫无疑问，饲养管理措施与放养密度之间有着密不可分的关系，管理水平高的池塘，密度可以加大，反之则要降低密度。

第二节　四大家鱼亲鱼或成鱼塘混养河蟹

一、池塘条件

池塘要选择水源充足、水质良好,水深为 1.5 米以上的成鱼养殖池塘。

二、放养蟹种的三改措施

为了达到养大蟹、养健康蟹的目的,在蟹种投放上应坚持"三改",改小规格为大规格放养、改高密度为低密度放养、改别处购蟹种为自育蟹种。尽量选择是土池培育的长江水系中华绒螯蟹蟹种,为保证蟹种质量可自选亲本到沿海繁苗场跟踪繁殖再回到内地自育自养。

三、放养时间

幼蟹的放养时间一般在 3 月中旬进行。

四、蟹种的放养规格

蟹种规格在 100～200 只/千克(即 6～10 克/只),放养密度一般为每亩放养 600～800 只。也有采用大规格蟹种放养的,蟹种规格 60～100 只/千克,放养密度 400～600 只/亩。

五、蟹种的放养

蟹种放养时水位控制在 50～60 厘米。放养时间 3 月底以前放养结束为宜。放养时先用池水浸 2 分钟后提出片刻,再浸 2 分钟提出,重复三次,接着用 3%～4%的食盐水溶液浸泡消毒 3～5 分钟后再放入池塘中。

为了便于以后的检查和投喂,可以将每池的放养情况做登记,如表2所示。

表 2　放养情况登记表

池号	面积(亩)	水深(米)	放养时间	品种	规格	数量	密度

六、饲料投喂

根据放养量池塘本身的资源条件来看,一般不需投饵,混养的河蟹以池塘中的野杂鱼和其他主养鱼吃剩的饲料为食,如发现鱼塘中确实饵料不足可适当投喂。

七、日常管理

(1)每天坚持早晚各巡塘一次,早上观察有无鱼浮头现象,如浮头过久,应适时加注新水或开动增氧机,下午检查鱼吃食情况,以确定次日投饵量,另外,酷热季节,天气突变时,应加强夜间巡塘,防止意外。

(2)适时注水,改善水质,一般 15～20 天加注新水一次,天气干旱时,应增加注水次数,如果鱼塘载体量高,必须配备增氧机,并科学使用增氧机。

(3)定期检查鱼生长情况,如发现生长缓慢,则须加强投喂。

(4)做好病害防治工作,蟹种下塘前要用 3% 的食盐水浸浴 10 分钟或用防水霉菌的药物浸浴。5、7、9 月份用杀虫药全池泼洒各一次,防止纤毛虫等寄生虫侵害。

这种模式在各地普遍采用,尤其适合于中小型养殖户,其优点是管理方便,不影响其他鱼类生长。

第三节　蟹鲌混养技术

一、池塘条件

可利用原有蟹池,也可利用养鱼塘加以改造。池塘要选择水源充足、水质良好,水深为 1.5 米以上,水草覆盖率达 35%。

二、准备工作

1. 清整池塘

主要是加固塘埂,利用冬闲季节,将池塘中过多淤泥清出,干塘冻晒,同时把浅水塘改造成深水塘,使池塘能保持水深达到 1.8 米以上。消毒清淤后,每亩用生石灰 75～100 千克化浆全池泼洒,将生石灰溶化后不得冷却即进行全池泼洒,以杀灭黑鱼、黄鳝及池塘内的病原体等敌害。

2. 进水

在蟹种或翘嘴红鲌鱼种投放前 20 天即可进水,水深达到 50～60 厘米。进水时可用 60 目筛绢布严格过滤。

3. 种草

投放蟹种前应移植水草,使河蟹有良好栖息环境。水草培植一般可播种苦草、移栽伊乐藻、轮叶黑藻、金鱼藻及聚草等。种植苦草,用种量每亩水面 400～750 克,从 4 月 10 日开始分批播种,每批间隔 10 天。播种期间水深控制在 30～60 厘米,苦草发芽及幼苗期,应投喂土豆等植物性饲料,减少河蟹对草芽的破坏。水草难以培植的塘口,可在 12 月份移植伊乐藻,行距 2 米,株距 0.5～1 米。整个养殖期间水草总量应控制在池塘总面积的 50%～70%。水草过少要及时补充移植,过多应及时清除,

4.投螺

放养螺蛳 500 千克/亩。

三、防逃设施

做好河蟹的防逃工作是至关重要的,具体的防逃工作和设施应和上文一样,另外在进出水口用铁丝网制成防逃栅,防止河蟹逃跑。

四、培育河蟹基础饵料

在消毒进水药物毒性消失后,就可补充投放天然饵料,在清明前投放鲜活螺蛳,每亩 300～400 千克。

五、放养时间

1.蟹种放养

蟹种放养工作应在 3 月 20 日之前完成。蟹种的选择应该优先考虑长江天然苗培育的蟹种,其次是种质优良的人工繁苗培育的蟹种。规格大小为 70～120 只/千克,每亩可放养 400～600 只。蟹种要求体色鲜亮,无残无病,活动力强,无第二性特征。

2.翘嘴红鲌的放养

翘嘴红鲌冬片放养时间为当年 12 月至翌年 3 月底之前。放养密度宜少不宜多,以水中野杂鱼为主要饵料时,池塘每亩放养 15 厘米规格的鲌鱼种,池塘每亩投放 200～300 尾。另外可放养 3～4 厘米规格夏花 500～1 000 尾,搭配放养白鲢鱼种 20 尾/亩,花鲢鱼种 40 尾/亩。

六、饲料投喂

1.饵料来源

鲌鱼饵料的来源有几个方面:一是水域中的野杂鱼和活螺蛳;二是水域中培育的饵料鱼;三是喂蟹吃剩的野杂鱼(死鱼);四是饲养管理过程中补充饵料鱼。在生长后期饵料鱼不足时,应补充足量饵料鱼供鲌鱼及河蟹摄食;五是投喂配合饵料;六是投放植物性饲料,以水草、玉米、蚕豆、南瓜为主。许多养殖户认为养殖河蟹不需要投喂,这种观念是非常错误的,实践表明,不投喂的河蟹个头小、性特征明显、成熟快、市场认可度低,价格也低。

2.投喂量

投喂量则主要根据河蟹、鲌两者体重计算,每日投喂 2~3 次,投饵率一般掌握在 5%~8%,具体视水温、水质、天气变化等情况调整。投喂饵料时翘嘴红鲌一般只吃浮在水面上的饲料,投放进去的部分饲料因来不及被鱼吃掉而沉入水底,而河蟹则喜欢在水底吃食,可以起到养殖大丰收的效果。

七、日常管理

1.水质管理

水质管理的方法主要是培植水草、药物消毒、及时换水等。水质要保持清新,时常注入新水,使水质保持高溶氧。水位随水温的升高而逐渐增加,池塘前期水温较低时,水宜浅,水深可保持在 50 厘米,使水温快速提高,促进河蟹蜕壳生长。随着水温升高,水深应逐渐加深至 1.5 米,底部形成相对低温层。水色要清澈,透明度在 35~40 厘米,夏季坚持勤加水,以改善水体环境,使水质保持高溶氧。水草生长期间或缺磷的水域,应每隔 10 天左右施一次磷肥,每次每亩 1.5 千克,以促进水生动物和水草的生长。

2.病害防治

对蟹、鲌病防治主要以防为主,防治结合,重视生态防病,以营造良好生态环境从而减少疾病发生。平时要定期泼洒生石灰、磷酸二氢钙以改善水质,如果发病,用药要注意兼顾河蟹、翘嘴红鲌对药物的敏感性,在整个养殖期间禁止使用敌百虫、敌杀死等杀虫药物。

3.做好投饵工作

饵料投喂前期河蟹放养后,宜投喂新鲜鱼、螺肉等精饲料,辅以投喂土豆等植物性饲料,投喂量占河蟹体重的 5％左右,随着河蟹的生长和水温的增高,投饵率也要相应增加,高温季节投饵以 2～3 小时吃完为度。

4.加强巡塘

一是观察水色,注意河蟹和鲌鱼的动态,检查水质,观察河蟹摄食情况和池中的饵料鱼数量。二是大风大雨过后及时检查防逃设施,如有破损及时修补,如有蛙蛇等敌害及时清除,观察残饵情况,及时调整投喂量,并详细记录养殖日记,以随时采取应对措施。

第四节　蟹鳜套养技术

一、清整池塘

1.抽水曝晒

利用冬季空闲时间进行清池,抽干池水,曝晒一个月(可适当冰冻)。

2.清淤

要及时清除淤泥,这对陈年池塘尤为重要,为了方便来年种植水草,宜留 10～15 厘米的淤泥层。

3.修坡固堤

要及时加固塘埂,维修护坡,使坡比达到 1：(2.5～3)。

4.做好消毒工作

每亩施干燥的生石灰 75 千克,并耙匀。也可用生石灰化水后趁热进行全池泼洒。

二、选择品种

1.鳜鱼的种类和生长性能

目前在自然流域中生长的鳜鱼种类较多,有大眼鳜、翘嘴鳜、斑鳜、暗鳜、石鳜和波纹鳜等,最常见的是大眼鳜、翘嘴鳜。根据生产经验和实际效果来看,翘嘴鳜具有明显的生长优势,应是第一优先品种,因此在选购种苗时一定要分清,以免产生而导致亏本。

2.大眼鳜和翘嘴鳜的区别

大眼鳜和翘嘴鳜两者的主要区别是在于眼的大小不同,大眼鳜眼大,占头长的 1/4 左右,很明显,因此许多渔民又称之为睁眼鳜;而翘嘴鳜的眼较小,仅占头部的 1/6 不到,因此渔民为了区别就称之为细眼鳜。从其他方面也能区别,例如大眼鳜背部较平,身体相对较修长,体形似鲤鱼的形状;而翘嘴鳜的背部隆起,显得体较高而显侧扁,身体呈菱形,有点像团头鲂。

三、鳜鱼的饵料要充足

1.鳜鱼饵料的准备

在投放鳜鱼苗种前,必须保证有充足的适口饵料鱼供应,可一次投足或分批投喂。如果饵料大小不适口、数量不充足,不但影响鳜鱼的生存、生长、发育,而且导致同类相残,弱肉强食。可人为地在池塘中投放鲜活的饵料鱼,时间是在 4 月初,此时水草基本上成活并恢复生长态势。每亩要选择性腺发育良好无病无伤的二冬龄鲤鲫鱼(雌雄性比控制在 2：1 为宜)5 千克。在下塘时,用 10 毫克/升的高锰酸钾溶液浸洗 5 分钟或 5％的食盐水溶液浸洗 30 秒,在水草茂盛区入池。待 5 月中旬前后,性腺发育良好的鲤鲫鱼会自然繁殖,为鳜鱼提供大量的鲜活饵料鱼。另一方面也可在每月或每 15 天根据鳜鱼的实际生长情况和池塘的储备量来定期定量地补充饵料鱼。

2. 集中诱饵

在自然条件下,鳜鱼通常利用体表的颜色和花纹,隐藏于水草或瓦砾缝隙之间,等被捕对象游近时再突然袭击。根据这一特点,可以在池塘边角上堆放一些树枝杂草或砖石瓦块,供鳜鱼栖息,同时常向这些区域投放有诱惑力的饵料,如菜饼等,以利于将饵料鱼和其他的野杂鱼引诱集中在一起,便于鳜鱼捕食。

四、河蟹的饵料

1. 水草的准备

在每年的 3 月初即可进行人工水草的储备,保持池塘的水深在 30～40 厘米,把伊乐藻或聚草分段后进行扦插,扦插时不能太疏也不宜太密,一般行距为 1 米,株距为 1.5 米。

2. 移植活的田螺

为了满足河蟹对动物性饵料的需求,在 4 月中旬,每亩投放鲜活的田螺 250～300 千克。

五、鱼种投放

鳜鱼种投放的规格力求在 10 厘米以上,每亩套作 20 尾,这样的大规格鱼种,经过一冬龄的养殖,即可达到 400 克左右的商品规格,保证当年投放,当年受益。苗种规格越大,成活率越高,生长越快,经济效益越好,但是规格大,投资和风险相应增大,所以适宜的规格在 10 厘米为宜。要求苗种体质健壮无病、无伤、无害,活动能力强。投放密度应根据饵料鱼的多寡以及养殖模式而决定。套养投放时,应以稀放为原则,以期当年受益。而且必须一次投足,规格大小应一致,以免发生"大吃小"的残食现象。

在苗种下塘时,先将苗种袋放入池中浸泡 10 分钟进行苗种试水试温,直到池、袋的水温一致后,加入 5% 的食盐水浸泡 5 分钟,然后将鱼苗缓缓倾入水草茂盛区。

六、蟹种的暂养与放养

蟹种全部选用上年培育的扣蟹,规格平均为 80～100 只/千克,要求规格整齐,附肢健全,无病、无伤、无害,活动能力强,应激反应快,亩放 400 只左右。4 月中旬入池,在进入大池前,先暂养在池塘进水口一侧,面积占池塘的 1/10。加强人工投喂,到 5 月中旬,当池塘的水草覆盖率超过 30% 时,撤去暂养围网,使扣蟹进入大塘区域饲养。

七、养殖模式多样化

鳜鱼单养不如套养,密养不如稀养,精养不如粗养。其中以稀放套养效果最佳,尤其是那些天然饵料丰富,河蟹和鳜鱼活动空间大的池塘,生长最快。

八、水质管理

鳜鱼和河蟹都喜欢清新的水质,对低溶氧的忍耐力较差,而且丰富的溶氧不但有助于河蟹的肥满,也有助于鳜鱼的生长,所以蟹鳜套作的池塘施肥不能太多太勤。因此我们在日常管理中重点加强水质的人为调控。

1. 加注新水增加溶氧

平均每 5～7 天注水一次,注水量为 20 厘米,每 15 天换水 1/3,高温季节每天先在排水口排水,再注入等量的新鲜水,保持每天水位改变幅度在 10 厘米左右。在盛夏高温季节,加大换水力度,每 3 天换冲水一次,同时要加足水位。

2.调节水中的酸碱度

在水深 1 米的情况下,每亩用 20 千克的生石灰化水后,趁热全池泼洒,调节水体 pH 在 7.2～8.0,时间每 15 天一次。

3.生物制剂调节

每月施用一次高效的生物制剂进行调节,如 EM 原露和活性硝化细菌,可提高水体的有效活性微生物,有效地保证了水质的优化。

4.开动增氧机

每天坚持早晚巡塘,查看水边鱼、虾、蟹活动情况,如果水质过肥,青虾和小河蟹在池边游动不安,要及时换冲水,或开动增氧机,因为鳜鱼对溶氧十分敏感,一旦发生泛塘现象,池内套养的鳜鱼几乎全部死光。

九、饲料投喂

鳜鱼的投饵主要是适时适量适口投喂饵料鱼,满足鳜鱼对饵料鱼的需求。它的饵料源在前面已经表述过。另外可根据饵料鱼的供应情况,可适当补充一些活的饵料鱼,方法是一次性投足。每 7 天为一投饵期,根据检测的生长速度数据、摄食状况、水温升降、饵料鱼的适口程度等条件,适当增减饵料鱼的投喂量。

根据河蟹的生长规律和生长特点,可以采取"中间粗、前后精,移螺植草"相结合的投喂方式。初期以小鱼和颗粒饵料为主,中期以投喂水草、南瓜、小麦、玉米和轧碎的田螺为主,后期则弱化颗粒饵料的投喂,增加鱼虾和田螺的投喂,以增加河蟹的肥满度。

十、疾病预防

"无病先防,有病早治"的原则对鳜鱼和河蟹尤为重要,一方面要不断改善生态环境,促进鳜鱼生长发育,增强自身对疾病的抵抗力,同时在运输、投饵、消毒等方面要严格把关,尽量杜绝外来病原菌的侵入和人为的损伤。治病时,施药的种类及浓度要慎重,因为鳜鱼对敌百虫、甲胺磷等药物特别敏感,很小的浓度就会致死。

另外河蟹对高浓度的硫酸亚铜溶液也有不良反应,因此尽量不施用有毒的化学药品,主要采取生态防治为主。一是严防菌种的引进关;二是抓好苗种的检疫关;三是加强对苗种的消毒关;四是抓好水质的调节关;五是抓好饵料的质量关。

十一、捕捞

由于鳜鱼有"趴窝"的习性,因此网捕效果不佳。捕捞时采取多方法同时进行,首先是用地笼捕河蟹,可以捕获 90% 左右的河蟹(也会捕捞少量的鳜鱼);其次是经过降水冲水刺激后,再用地笼捕,基本上能捕捞所有的河蟹。再次就是用网捕,可以捕去大部分的其他经济鱼类和野生鱼类;最后就是干塘一次性捕获鳜鱼,也可在干塘前用丝网进行捕捞,也能捕捞 40% 左右的鳜鱼。

第五节　河蟹与龙虾混养

由于河蟹会与龙虾争食、争氧、争水草,且两者都具有自残和互残的习性,传统养殖一直把龙虾作为蟹池的敌害生物,认为在蟹池中套养龙虾是有一定风险的,认为龙虾会残食正在蜕壳的软壳蟹。但是从我们地区养殖实践来看,养蟹池塘套养龙虾是可行的,并不影响河蟹的成活率和生长发育。

一、池塘选择

池塘选择以养殖河蟹为主,要求水源充足,水质清新、无污染,池底平坦,底质以砂石或硬质土底为好,无渗漏,进排水方便,池塘建有独立的进排水系统,进、排水口应用双层密网,防止蟹、虾、鱼外逃,同时也能有效地防止蛙卵、野杂鱼卵及幼体进入池塘危害蜕壳虾蟹;为了防止夏天雨季冲毁堤埂,可以开设一个溢水口,溢水口也用双层密网过滤,防止幼虾幼蟹乘机顶水逃走。另外还要求池塘的电力配套完备、交通便利、环境安静的地方。

　　池塘东西向,长方形,光照足,面积以 10～30 亩为宜,便于管理,水深保持在 1.5～2.0 米。对于面积 10 亩以下的河蟹池,应改平底形为环沟型或井字形,池塘中间要多做几条塘中埂,埂与埂间的位置交错开,埂宽 30 厘米即可,只要略微露出水面即可。对于面积 10 亩以上的河蟹池,应改平底形为交错沟形。这些池塘改造工作应结合年底清塘清淤时一起进行。按 1 台/10 亩配备自动投饵机;按 0.15 千瓦/亩配备微孔增氧设备。

二、防逃设施

　　河蟹、龙虾具有较强的逃逸能力,因此,在池塘四周建防逃设施是必不可少的一环。选用抗氧化的钙塑板,沿养殖池埂四周内侧埋设,钙塑板高 60～70 厘米,埋入土内 10～20 厘米压实,高出地面 50 厘米,板与板之间达头处应紧密,不留缝隙,每隔 1～2 米竖 1 根木桩或竹桩支撑固定并稍向池内倾斜,将板打孔后用细铁丝固定在桩上,四角做成圆弧形,防止龙虾沿夹角攀爬外逃。这种防逃设施能抗住较大的风灾袭击,是当前养殖者广泛使用的一种防逃设施。此外,在塘埂外侧,用高 1.2～1.5 米,底部埋入土内10 厘米,用木桩或竹桩固定的聚乙烯网片包围池塘四周,以防青蛙、鸭子等敌害生物跳入池内。

三、隐蔽设施

　　池塘中要有足够的隐蔽物,可以设置竹筒、瓦片、网片、砖块、石块、竹排、塑料筒、人工洞穴等隐蔽物体供其栖息穴居,一般每亩要设置 3 000 个以上的人工巢穴。

四、池塘清整、消毒

冬天干塘后清除杂草和池底淤泥,加固塘埂,做好平整塘底,清整塘埂的工作,使池底和池壁有良好的保水性能,尽可能减少池水的渗漏。同时对池塘四周的防逃设施进行严格检查,发现损坏及时修复。经修整过的池塘需冬冻曝晒 15～20 天,然后用 150～200 千克/亩生石灰加水调配成溶液后全池泼洒,并随即均匀翻耙底泥。生石灰清塘不仅能杀灭有害生物如鲶鱼、泥鳅、乌鳢、蛇、鼠等和各种病原体,而且能改善池底土质,而且还能补充蟹、虾发育生长所需的钙质。

五、注水施肥

待清塘药物药性消失后,注水施肥培育饵料生物。通常施复合肥 50 千克/亩、碳铵 50 千克/亩;有条件的应施发酵好的有机肥150～200 千克/亩,一次施足。因为发酵好的有机肥肥效慢,肥效长,对蟹、虾、鱼的生长无影响。

六、种植水草

河蟹、龙虾同属甲壳类,食性相似,也具有同类相残的特性。因此,种植水草是河蟹、龙虾养殖过程中的重要环节,是一项不可缺少的技术措施。"蟹大小,看水草"、"虾多少,看水草",在水草多的池塘养殖河蟹和龙虾的成活率就非常高。水草是龙虾和河蟹隐蔽、栖息、蜕壳生长的理想场所,以防被敌害发现,并减少相互残杀;通过光合作用增加水中含氧量,并可吸收水体中的有机质,防止水质富营养化,起到净化水质,减低水体的肥度,提高水体透明度,促使水环境清新有重要作用。同时,在养殖过程中,有可能发生投喂饲料不足的情况,由于河蟹和龙虾都会摄食部分水草,因此水草也可作为河蟹和龙虾的补充饲料,当然也是天然优质植物性饵料,能有效降低养殖成本。

通常蟹、虾、鳜混养池塘内,以种植伊乐藻、轮叶黑藻、苦草为主,水草面积占全池面积的 60%～70%,水草不足,要及时补充,水草过密,要人工割除,以确保养殖池塘有足够的受光面积。要保证蟹池中水草的种植量,水草覆盖面积要占整个池塘面积的 50% 以上,这样可将河蟹和龙虾相互之间的影响降到最低。龙虾和河蟹最好在蟹池中水草长起来后再放入。

七、投放螺蛳

螺蛳价格低,来源广,适量投放螺蛳让其自然繁殖,为河蟹、龙虾提供喜食的天然动物性饵料,有利于降低养殖成本。投放螺蛳一方面可以净化底质,另一方面可以补充动物性饵料,还有一点就是螺蛳肉被吃完后留下的壳可以为水体提供一定量的钙质,能促进河蟹和龙虾的蜕壳,所以池塘中投放螺蛳的这几点用处是至关重要,千万不能忽视。

螺蛳投放采用两次投放法,第一次投放时间为清明前后,投放量为 200～250 千克/亩。第二次投放时间为 8 月份,投放量为 100 千克/亩左右。

八、苗种的放养

石灰水消毒待 7～10 天水质正常后即可放苗。同一池塘放养的虾苗蟹种规格要一致,一次放足。

1. 蟹种的放养

选择以长江水系野生河蟹为亲本繁殖的蟹苗,经过自育或在本地培育而成的优质大规格扣蟹放养。要求蟹种一是体表光洁亮丽、体质健壮、附肢齐全、爬行敏捷、无伤无病、生命力强。二是规格整齐,扣蟹规格在 50～80 只/千克,扣蟹放养密度为 500～600 只。放养时间在 2 月底或 3 月初,也可选择在冬季放养。

2.龙虾的放养

要求放养的龙虾规格整齐一致、个体丰满度好,爬动迅速有力。龙虾的放养方式有两种:一种方式是将上年养殖的成虾留塘养殖,上其自然繁殖小虾苗,留塘成虾量为 8～12 千克/亩。2～3 年后,将不同塘口的雌雄龙虾进行交换放养,以免因近亲繁殖而影响龙虾种群的长势及抗病力。另一种方式是选择本地培育和湖区收购的幼虾放养。放养规格为 4～5 厘米,放养密度为 15 千克/亩左右。放养时间在 4～5 月。

3.鳜鱼的放养

选择经强化培育后的大眼鳜鱼苗放养。要求鳜鱼苗规格整齐、体质健壮、体表光滑、体色鲜艳、无伤无病。放养规格为 5～6 厘米 / 尾,放养密度为 10～15 尾/亩,具体放养密度视池内野杂鱼数量而定。放养时间在 5 月中旬至 6 月初。放养鳜鱼可充分利用池中的野杂鱼为饵料,实现低质鱼向高质鱼的转化。

4.其他鱼种的放养

3～4 月可投放规格为 6～8 尾 / 千克的鲢、鳙鱼种,放养密度为 30～50 尾/亩。放养滤食性鱼类,能充分利用养殖池塘水体中的浮游生物饵料和有机碎屑等资源,既可降低生产成本,增加收入,又可维护良好的水体生态环境,减少污染和病害的发生。具体亩放养情况见表 3。

表 3　亩放养苗种情况

品种	时间	数量	规格
河蟹	2～3 月	500～600 只	50～80 只/千克
龙虾	4～5 月	15 千克	4～5 厘米
鳜鱼	5～6 月	10～15 尾	5～6 厘米
鲢、鳙鱼	3～4 月	30～50 尾	6～8 尾/千克

上述苗种在放养前必须用 3％～5％的食盐水浸洗 10～15 分

钟,以杀灭苗种体表的寄生虫和致病菌。浸洗苗种所使用过的盐水需另行处理,切不可让其进入养殖池内。

九、合理投饵

河蟹和龙虾一样,都是食性杂,且比较贪食,喜食小杂鱼、螺蛳、黄豆,也食配合饲料、豆饼、花生饼、剁碎的空心菜及低值贝类等饲料,为了让河蟹和龙虾吃饱是避免河蟹和龙虾自相残杀和互相残杀的重要措施,因此要准确掌握池塘中河蟹和龙虾的数量,投足饲料。饲料投喂要掌握"两头精、中间粗"的原则。在大量投喂饲料的同时要注意调控好水质,避免大量投喂饲料造成水质恶化,引起虾、蟹死亡。鳜鱼以养殖池塘中的鲜活野杂鱼为饵;鲢、鳙鱼以养殖水体中的浮游生物、有机碎屑等资源为饵;所以这两种鱼类的饵料不必再作考虑。

十、水质管理

强化水质管理,保证溶氧充足,保持"肥、爽、活、嫩"。

(1)春季以浅水为主,水深控制在 0.5～0.8 米,这样有利于水温升高、水草生长、螺蛳繁殖及河蟹和龙虾的蜕壳生长。这段时间要注重培肥水质,适量施用一些基肥,培育小型浮游动物供龙虾摄食。

(2)夏、秋季经常注入新鲜水,每 15～20 天换一次水,每次换水 1/3。控制水深在 2 米左右,透明度保持在 35～40 厘米,这样有利于蟹、虾、鳜的摄食和快速生长。水质过肥时用生石灰消杀浮游生物,一般每 20 天用 10 千克/亩生石灰化水全池泼洒 1 次,既起到调节水质和消毒防病的作用,又能补充蟹、虾、鳜生长所需的钙质。也可采用光合细菌、枯草杆菌等微生物吸收水中和水底有毒物质硫化氢、铵盐等;使用底质改良剂,改善池底淤泥,分解淤泥中的硫化氢、氨氮等有害物质,提高溶氧,稳定 pH,以增加蟹、虾、鳜机体免疫力,促进其健康生长。

(3)增氧措施。根据水体溶氧变化规律,确定开机增氧时间和时段。一般3～5月份,阴雨天半夜开机,至日出停止;6～10月份下午开机2小时左右,日出前再开机1～2小时,连续阴雨或低压天气,夜间9:00至10:00开机,持续到次日中午;养殖后期勤开机,以利于增加蟹、虾、鳜的规格和品质。有条件的应进行溶氧检测,适时开机增氧,以保证水体溶氧在6～8毫克/升。

进入8月份,是河蟹、龙虾、鳜浮头季节,这时应该减少施肥,加强观察。如发现蟹、虾群集塘边,聚在草丛,惊动不应,光照不离,或发现鱼类头部浮出水面的现象应立即开机增氧,避免意外发生。

十一、其他的管理

一是坚持每天早晚各巡池一次,高温天气和闷热天气夜间增加一次巡池,检查蟹、虾、鳜的活动和摄食情况,检查防逃设施是否完好,检查有无剩饵,发现问题应及时采取措施,并做好塘口记录。

二是养殖期间要适时用地笼等将龙虾捕大留小,以降低后期池塘中龙虾的密度,保证河蟹生长。

三是加强蜕壳虾蟹的管理,通过投饲、换水等技术措施,促进河蟹和龙虾群体集中蜕壳。在大批虾蟹蜕壳时严禁干扰,蜕壳后及时添加优质饲料,严防因饲料不足而引发虾蟹之间的相互残杀。

第六节　河蟹和青虾套养

蟹虾套养适宜鱼虾,不仅可以增收增效,还可以改善蟹池生态环境,促进河蟹生长。

一、池塘要求

河蟹和青虾套养的池塘，面积以 10 亩左右，水深 1.2 米左右。

二、清池

清池前将水排至仅剩 10～20 厘米。可用生石灰、茶子饼、鱼滕精或漂白粉进行消毒，将它们化水后均匀洒于池面、洞穴中。

三、做好防逃设施

池塘四周要有二道坚固的防逃设施，第一道用铁丝网及聚乙烯网围住，第二道安装塑料薄膜。

四、培养饵料生物

为解决河蟹和青虾的部分生物饵料，促其快速生长，清池后进水 50 厘米，施肥繁殖饵料生物。无机肥按氮磷或投放，在一个月内每隔 5 天施一次，具体视水色情况而定，有机肥每亩施鸡粪 35～50 千克。使池水呈黄绿色或浅褐色，透明度 30～50 厘米为宜。

五、投放水草

配备良好的池塘生态环境，大量种植水草，品种应多种多样，如伊乐藻、苦草、黄草等，使水草覆盖率占养殖水面的 2/3 以上，有一些养殖户投放水花生，效果也很好，他们在蟹池一角放养一定数量的水花生，占池塘面积的 5%～10%。放养水花生有以下好处：①水花生可供河蟹栖居蜕壳；②可供河蟹摄食；③如池塘缺氧或用药物全池泼洒，河蟹均可爬在水花生上，以挽救生命。

六、苗种投放

建立蟹种培育基地，走自育自养之路，选购长江水系河蟹繁育的大眼幼体,培养二龄幼蟹,自己培育的蟹种,成蟹养殖回捕率可达 75% 以上,比外购种可高出 30%。3 月放养河蟹,规格为 100～120 只/千克,同时每亩套养 800～1 200 只/千克青虾苗 3～4 千克,5～6 月份陆续起捕上市,可亩产青虾 10 千克。

七、饵料投喂

河蟹套养青虾时,以投喂河蟹的饵料为主,使用高品质的河蟹专用颗粒饲料,采用"四看、四定",确定投饵量,生长旺季投饵量可占河蟹体重的 5%～8%,其他季节投饵量为 3%～5%,每天投饵量要根据当天水温和上一天摄食情况酌情增减,定点投喂在岸边和浅水区,投喂时间定在每天傍晚时分。

由于青虾摄食能力比河蟹弱,吃河蟹剩余饵料,清扫残饵,一方面防止败坏水质,另一方面可有效地利用饵料,不需要另外单独投喂饵料。当然了,套养的青虾本身还是可以作为河蟹饵料的。

八、饲养管理

一是防止缺氧,河蟹对池水缺氧十分敏感,因此在高温季节,每隔 1 周左右应注水一次,使水质保持"肥、活、爽"。

二是做好水质控制和调节,春季水位 0.6～0.8 米,夏秋季 1.0～1.5 米,春季每月换水一次,夏秋季每周换水一次,每次换水 2/5,换水温差不超过 3℃。每 15 天每亩用生石灰 10 千克调节水质,增加水中钙离子,满足河蟹蜕壳需要。

三是做好疾病防治工作,在养殖期间从 6 月份开始每月用 0.3 毫克/升强氯精全池泼洒一次。

第七节　河蟹套养沙塘鳢

沙塘鳢,俗称"虎头鲨",栖息于湖沼、河溪的底层及泥沙、碎石、水草、杂草相混杂的岸边浅水处，主要摄食虾类、小鱼和底栖动物，生活在淡水的种类也食水生昆虫。沙塘鳢个体虽小，但其含肉量高，肉质细嫩可口，为长江中、下游及南方诸省群众所喜爱，特别是经熏烤后烹食，别具风味，列为上品，特别是在上海世博会期间被列为招待外宾首选，被称为世博第一菜。

在自然水域中，沙塘鳢生长速度较慢，上市规格小，在一定程度上影响了市场发展。随着市场需求的不断扩大，沙塘鳢价格逐年上升。同时，沙塘鳢疾病少，饲料来源广，饲养管理简单，养殖效益好，所以发展沙塘鳢人工养殖的前景十分广阔。河蟹养殖池塘套养沙塘鳢是一种新的养殖模式，充分利用了沙塘鳢能与河蟹共存、互补的特点，在蟹池中套养沙塘鳢能够明显减少池塘野杂鱼引起的浑水现象发生、消除残饵对水体的影响，提高经济效益，同时对河蟹的品质、产量和规格的提高也有一定的促进作用。另外还具有生产成本低、投资少、饲料投喂少的优势，河蟹吃水草，沙塘鳢食小虾小杂鱼，花白鲢喝肥水，资源得到了充分利用，是一种生态养殖模式，从而提高了河蟹养殖效益，也为河蟹养殖模式开辟了一条新的路子。

一、池塘条件

混养池塘宜选择水源充足、水质清新无污染的池塘。面积5～8亩，池塘水深1.5米，常年保持水位0.8～1.2米，池塘护坡完整，坡比1∶2.5，南北朝向，最好长方形，土质为沙壤土，淤泥较少，注排水系统完善，能进能排，排灌分开，并配备微孔管道增氧设施一套。

二、防逃设施

另外池塘要有拦鱼设施及防逃设施，以防敌害侵入或鱼蟹逃走。防逃设施可以采用有机纱窗和硬质塑料薄膜共同防逃，用高

50 厘米的有机纱窗围在池埂四周,将长度为 1.5～1.8 米的木桩或毛竹,沿池埂将桩打入土中 50～60 厘米,桩间距 3 米左右,然后在网上部距顶端 10 厘米处再缝上一条宽 25 厘米的硬质塑料薄膜即可。

三、清塘

在蟹种和鱼种放养前,要彻底清塘消毒。抽干池水,拔除池边和池底的杂草,清除过多淤泥,使淤泥保持 10～15 厘米,巩固堤埂,曝晒池底。放种苗前 10 天每亩用生石灰 100～150 千克或漂白粉 25 千克兑水化浆后全池泼洒,以彻底消毒、除野、灭病原菌和敌害生物,并曝晒 15～20 天,使底泥中的有机物充分氧化还原,清除有害病原菌的目的。

四、种草

清塘消毒一周后用 60 目筛网过滤注水 20～30 厘米,种植复合型水草,即浅坡处种伊乐藻,池边种水葫芦,在池中心用种植轮叶黑藻和苦草(面积约 3 亩)相间轮植,并加设围栏设施,待水草的覆盖率达到 60%～70%时拆除。高温季节在较深的环沟处用绳索固定水花生带,以利沙塘鳢栖息、隐蔽和捕捉食物,还可改善水质。

五、施肥

3～4 月份,水草移植结束后,鱼苗下塘前 4～5 天施肥培肥水质,亩用经发酵消毒的有机肥 100 千克或生物有机肥 100 千克,半月后亩追施氮、磷肥 50 千克(视水质情况而定),既可促进水草生长,抑制青苔的发生,又可培育池塘中的浮游生物。

六、营造环境

沙塘鳢喜生活于池塘的底层，游泳能力较弱。因此，营造生态环境很重要，一般采取以 10 亩塘开四个天窗为好，也就是将池塘的草以 2 米×2 米成方形割除，再采取人工将沙袋（粗砂）投入塘底、然后解开沙袋将粗砂铺开，供沙塘鳢栖息。也可在池底铺瓦筒、瓦片、大口径竹筒、报废大轮胎或灰色塑料管等作为栖息隐蔽物。同时可以采用水泵进行循环抽水，人为造成河蟹养殖池塘水循环，增加池塘底部氧气。

七、苗种放养

1. 蟹种的投放

3 月 10 日前，在围栏外的河蟹暂养区，每亩放规格为 120 只/千克左右的自育蟹种 800～900 只。

2. 沙塘鳢的投放

目前在生产上，沙塘鳢的投放可以分为两种情况，各地可视具体情况而定，一种是直接放养沙塘鳢苗种，要求无病无伤、体质健壮、规格整齐、活力强，每亩放平均体长 3 厘米鱼苗 800 尾或 4 厘米鱼苗 500 尾；另一种方式就是放养沙塘鳢亲鱼，让它们自行繁殖来扩大种群，方法是在围栏内的水草保护区，每亩投放体型匀称、体质健壮、鳞片完整、无病无伤的沙塘鳢亲本 10 组（雌雄比为 1：3），雄性亲本规格在 80 克/只，雌性亲本规格在 70 克/只。同时在水草保护区内放置两条两端开口的地笼，作为人工鱼巢，有利沙塘鳢受精卵附着孵化，待 4 月底繁育期结束后取出地笼。

3. 青虾的放养

有条件还可以在池塘中适量放养一些青虾，在鱼苗放养之前 15～20 天投放抱卵虾，使其恰好在放养沙塘鳢苗时有幼虾供其摄食,另外还可以增加池塘养殖效益。

4.其他配养鱼的放养

3 月中旬,每亩可放养规格为 200 克/尾鲢鱼 50 尾、100 克/尾鳙鱼 10 尾调节水质。

5.放养的注意事项

放养时间选择晴天早晨或阴雨天进行,蟹种和虾苗下池前要连同运输箱一起用池水浸泡、提起静放,反复 3～4 次,待虾蟹的体表及鳃丝充分吸水,排出鳃腔内的空气后,多点投放,防止集中放养造成堆集死亡。放养时把虾蟹散放在离岸很近的浅水中,让其自行爬走。

虾蟹苗种和鱼种放养时必须先进行消毒,可用 30 克/升得食盐水浸浴 5 分钟或 15～20 毫克/升得高锰酸钾浸浴 15～20 分钟,浸浴时间应视鱼的忍耐程度灵活掌握。投放时要小心地从池边不离水面放鱼入池,对于活力弱、死伤残的鱼种应及时捞起。

八、水草管护

水草的管护是养殖管理过程中的一项重要工作,也是蟹池套养沙塘鳢技术的关键。草丛是沙塘鳢、蟹、虾生活生长的主要场所,因河蟹喜食伊乐藻、苦草、轮叶黑藻、黄丝草的根,故应采用增加饵料投喂量的方法予以保护,对遭到河蟹破坏的苦草应及时捞出,防止腐烂败坏水质。伊乐藻、轮叶黑藻高温季节生长较快,极易出现生长过密、封塘的现象,故应在高温季节来临时(5 月 25 日左右),运用割茬的方法,即用拖刀将伊乐藻、轮叶黑藻的上半段割除,也可用带齿的钢丝绳将伊乐藻、轮叶黑藻的上半段锯除,使其沉在水下 20 厘米左右。以增加水体的光照量,促进水草的光合作用。

九、饵料投喂

1. 前期投喂

前期采取施肥的方法，培育水体中的轮虫、枝角类、桡足类等浮游动物，为沙塘鳢夏花和虾蟹苗种提供适口饵料。沙塘鳢摄食需先进行驯化，在池塘四周浅水区设置的饲料台上投放小鱼、小虾和水丝蚓等，吸引沙塘鳢集中取食，然后逐渐将鱼糜和颗粒饲料掺在一起投喂，驯食开始几天，每天定时、定点投喂 6 次左右，以后每天逐渐减少投喂次数，最后减至每天 2 次，经过 10～15 天驯食即可正常投喂。饲料投喂要适量，以鱼吃饱为准，防止剩余饲料污染水质。

2. 中期投喂

中期饵料以河蟹、沙塘鳢均喜食的小杂鱼和颗粒饲料为主，并适当搭配南瓜、蚕豆、小麦和玉米等青饲料，以满足河蟹、沙塘鳢生长各阶段的摄食需求，有条件时，投喂河荡里捕捉的小鱼虾。投喂时间在上午 9 时和下午 4 时，投喂方式为沿池边浅滩定点投喂，投喂量以存塘沙塘鳢、虾蟹体重的 3％～6％ 计算，并视天气、沙塘鳢和虾蟹活动情况灵活掌握。另外投放的抱卵青虾使其自繁，也可以不断地为沙塘鳢的生长提供适口饵料。

3. 后期投喂

饲养后期用配合饲料投喂，蛋白质含量 28％～32％，每天投喂 2 次，一般上午 10 时，下午 5 时左右，上午投喂量占 30％，下午占 70％，以 2 小时吃完为宜，投喂饵料遵循"四定"和"四看"原则，并在池中设置食台，日投喂饲量要根据水温、天气变化、水温、生长情况和鱼的摄食情况及时调整投饵量。

十、水质调控

在河蟹池塘里套养沙塘鳢时，要求养殖过程中池水透明度控制在 35 厘米左右,池水不要过肥,溶解氧在 5 毫克/升以上,pH 7.5 左右。

1. 用生物方式来调节水质

滤食性的螺蛳不仅是河蟹的优质鲜活饵料,而且能净化池塘水质,提高水体透明度。因此,在做好水草管护工作的同时,每亩投放螺蛳 500 千克,以较好地稳定水质。

2. 通过定期换注水来调控水质

苗种放养初期,水深控制在 0.4～0.5 米;随着气温的不断升高,不断地换注水,并调高水位,一般 7～10 天注水一次,每次 10～20 厘米,到 5～7 月时,保证水深 0.5～1 米,8～10 月的高温期池塘水位保持在 1.2 左右,并搭棚遮阳或加大池水深度,做好防暑降温工作。

3. 用生物制剂来调控水质

为维持池塘良好水质,5～9 月份,每月每亩用一次底质改良剂 2 千克或亩用 EM 菌源露 500 毫升,兑水全池泼浇,并交替使用,这是通过用一些微生物制剂来调节水体藻相,用量、时间视水质情况可作适当调整。泼洒时及时开启微孔管道增氧设施,使池水保持肥、活、嫩、爽。

十一、病虫害防治

病虫害防治工作以河蟹为主,全年采取"防、控、消、保"措施。

1. 防

坚持以防为主,把健康养殖技术措施落实到每个生产环节。重点把握清塘彻底,定期加水、换水,定期消毒,定期应用微生物制剂,开启微孔管增氧,使池水经常保持肥沃嫩爽,营造良好的蟹、鱼、虾生态环境。5 月上旬亩用纤虫净 200 克泼洒消毒一次,同时内服 2% 的中草药和 1% 的痢菌净制成的药饵,连喂 3～5 天。

2.控

梅雨期结束后,是纤毛虫等寄生虫的繁殖高峰,要采取必要的防治措施,每月用纤虫净泼洒杀虫一次(150～200克/亩),亩用1%的碘药剂200毫升兑水泼洒全池,泼洒时要注意池塘增氧,并内服2%的中草药和1%的硫酸新霉素制成的药饵,连喂5～7天。

3.消

就是在养殖过程中,定期用生石灰、漂白粉、强氯精或其他消毒剂对水体进行消毒,以杀灭水体中病原体;同时定期测定pH、溶氧、氨氮、亚硝酸盐等,一旦发现水质异常,立即采取措施防止带来不必要损失。

4.保

水体消毒用药按药物的休药期规定执行,保证河蟹健康上市。

十二、日常管理

首先是做好塘口记录,每天早晨、中午和傍晚各巡塘一次,观察池塘水质变化、水草的生长以及池塘中蟹、鱼的摄食情况、生长情况和活动情况,遇到异常情况及时处理。

其次是在养殖期间及时清理饲料残渣,以保持池水的清新。及时排除进、出水口的污物,保持池塘水流畅通,暴雨后注意增氧和排水,同时注意检查池塘的防逃设施是否完好,防止河蟹和沙塘鳢外逃。

再次是疾病防治坚持"以防为主,防重于治"的方针。定期对水体和食台进行消毒,在高温季节投喂大蒜素和三黄粉等配制的药饵。

最后就是在收获季节到来时还需做好防盗工作。

十三、捕捞上市

11月下旬,根据市场行情用自制的地笼适时捕捞河蟹、青虾与鲢鳙鱼上市。沙塘鳢为低温鱼类,在冬季仍能保持正常生长,因此考虑到延长养殖时间,增大商品规格,提高产量及品质,可待到春节后捕捞上市。捕捞方法:可用抄网或网兜在水草下抄截,再用捕拖网在水底拖,最后干塘捕捉。挑选性腺发育成熟、体表正常、无鳞片脱落的沙塘鳢作为亲体,为来年保种,其余可暂养,适时销售。

这里有一点非常重要,希望能引起广大养殖户的关注,就是在池塘中养殖时,河蟹捕食不到沙塘鳢,但是当用地笼套捕河蟹时,钻入地笼的沙塘鳢会被河蟹残杀、摄食。因此,我们在进行河蟹捕捞时需用自制的带9股12号有节网笼梢的地笼,以利于钻入地笼的沙塘鳢逃脱,避免损失。

第八节　河蟹与黄颡鱼混养

一、池塘准备

一般情况下,适合养蟹的池塘都可以套养黄颡鱼。池塘面积10～30亩,坡比为1∶(2.5～3),保水性好,不渗漏,池底平整,以沙底或泥沙底为好。水深1～1.5米,水源充足,水质清新无污染,排灌方便。蟹种放养前1个月要做好清塘整修工作,加高加固池埂,彻底曝晒池底,每亩用生石灰150～200千克消毒,把好疾病预防第一关。

二、防逃设施

另外池塘要有拦鱼设施及防逃设施,以防敌害侵入或鱼蟹逃走。防逃设施可以采用有机纱窗和硬质塑料薄膜共同防逃,用高50厘米的有机纱窗围在池埂四周,将长度为1.5～1.8米的木桩或毛竹,沿池埂将桩打入土中 50～60 厘米,桩间距 3 米左右,然后在网上部距顶端 10 厘米处再缝上一条宽 25 厘米的硬质塑料薄膜即可。

三、种植水草

池塘清整完毕后,进水 20～30 厘米,进水口设置 60 目的筛绢网,防止野杂鱼进入。待水温逐步回升后种植水草,品种主要有轮叶黑藻、伊乐藻、苦草等沉水植物。轮叶黑藻、伊乐藻采取切茎分段扦插的方法,每亩栽草量 10～15 千克,行距 1～1.5 米,栽插于深水处;苦草用种子播种,将种子与泥土拌匀,在浅水处撒播或条播,每亩用量 100 克左右。全池水草覆盖率在50%～60%。

四、设置暂养区

在池中用内侧有防逃膜的网围——圆形或方形的区域,面积占全池 1/5 左右,作为河蟹苗种暂养区,一方面有利于蟹种集中强化培育,另一方面保证前期水草生长。

五、放养螺蛳

清明节前后,每亩投放螺蛳 200～250 千克,让其自然生长繁殖,为河蟹提供动物性饲料。8 月份再补投一次螺蛳,每亩投放量100 千克左右。

六、蟹种放养

3 月份,选择体质好、肢体健全、无病无伤的长江水系优质蟹种,规格为 100～200 只/千克,每亩水面放 400～600 只。

七、黄颡鱼放养

4月底到5月初,可以向蟹池里放养黄颡鱼。黄颡鱼的套养密度因池塘底层野杂鱼类的多寡而定,一般放养情况如下:放养 V 期幼蟹的池塘最好套养 2 厘米以上的夏花 500～600 尾/亩;放养规格为 100～200 只/千克的扣蟹池塘最好套养 100 尾/千克的黄颡鱼 200～300 尾/亩。套养密度太高,规格太大易争食,影响河蟹成活率及产品规格;套养密度太低,规格太小,影响黄颡鱼成活率,起不到增收目的。

八、饲料投喂

黄颡鱼主要担负清野作用,一般密度合理,不单独投喂。在做好水草、螺蛳等基础饲料培养的基础上,河蟹人工投喂饲料按照"两头精、中间青、荤素搭配、青精结合"的原则和"四定四看"的方法进行,河蟹性成熟前投喂"宜晚不宜早",性成熟后"宜早不宜晚"。因为在河蟹性成熟前,过早投喂,饲料易被野杂鱼争食,而在河蟹性成熟后,过晚投喂,则河蟹活动量加大,影响正常摄食。整个饲养过程中饲料安排各有侧重:前期特别是蟹种在暂养阶段,必须加强营养,增加动物性饲料,以全价颗粒料、小杂鱼为主;中期以植物性精料为主;后期为河蟹最后一次蜕壳和增重育肥阶段,以动物性饲料和全价颗粒料为主,以提高河蟹规格和产量。

九、水质管理

在养殖过程中,要做好水质调控工作,创造良好生态环境满足河蟹、黄颡鱼生长需要。

由于黄颡鱼易缺氧,尤其要注意水质管理。每 5～7 天注水一次,高温季节每天注水 10～20 厘米,特别是在河蟹蜕壳期,要勤注水，以促进河蟹正常蜕壳生长，使水质保持"新、活、嫩、爽"，正常透明度保持在 35 厘米左右。

每 8～10 亩配置 1 台增氧机，在高温季节晴天中午和黎明前勤开增氧机，保持良好水质和充足的溶氧，确保河蟹及套养品种的正常生长。

十、病害防治

病害防治遵循"预防为主、防治结合"的原则，坚持生态调节与科学用药相结合，积极采取清塘消毒、种植水草、自育蟹种、科学投喂、调节水质等技术措施，预防和控制疾病的发生。注重微生态制剂的应用，每 7～10 天用光合细菌、EM 原露等生物制剂全池泼洒一次，并全年用生物制剂溶水喷洒颗粒饲料投喂。

4～5 月份，用用药物杀纤毛虫一次；在梅雨结束后，高温来临之前，进行一次水体消毒和内服药饵；夏季，一般每隔 20 天左右用生石灰或消毒剂如二氧化氯等化水全池泼洒一次调控水质；在 9 月中下旬，补杀一次纤毛虫，并进行水体消毒和内服药饵。

要注意的是，黄颡鱼为无鳞鱼类，河蟹为甲壳类，对不同药物敏感性存在差异，用药一定要慎重，剂量要准确。用药最好在技术员指导下使用。新药最好在小面积试用后，再大面积使用，确保生产安全。

十一、日常管理

日常管理以河蟹为主，坚持早、中、晚三次巡塘，结合投喂饲料查看河蟹及套养品种的生长、病害、敌害情况，检查水源是否污染，维护防逃设施，及时捞除残渣剩料。

第九节　莲藕与河蟹立体养殖

一、混养优点

莲藕性喜向阳温暖环境,喜肥、喜水,适当温度亦能促进生长,在池塘中种植莲藕可以改良池塘底质和水质,为河蟹提供良好的生态环境,有利于河蟹健康生长。另外莲藕本身需肥量大,增施有机肥可减轻藕身附着的红褐色锈斑,同时可使水产生大量浮游生物(图14)。

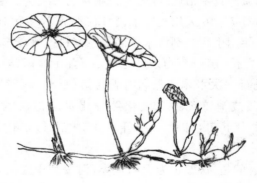

图 14　莲藕

河蟹是杂食性的,一方面它能够捕食水中的浮游生物和害虫,也需要人工喂食大量饵料,它排泄出的粪便大大提高了池塘的肥力,在蟹藕之间形成了互利关系,因而可以提高莲藕产量 25%以上。

二、藕塘的准备

莲藕池养河蟹,池塘要求选择光照好,水深适宜,水源充足,水质良好,水的 pH 6.5～8.5,溶氧不低于 4 毫克/升,没有工业废水污染,注排水方便,土层较厚,保水保肥性强,洪水不淹没,干旱时不缺水。面积 3～5 亩,平均水深 1.2 米,东西向为好。

藕池在施肥后要整平,淤泥 10 天以后泥质变硬时就可以开挖围沟、蟹坑,目的是在高温、藕池浅灌、追肥时为河蟹提供藏身之地及投喂和观察其吃食、活动情况。围沟挖成"田"字形或"目"字形,沟宽 50～60 厘米,深 30～40 厘米,在围沟交叉处或藕田四周适当挖几个蟹坑,坑深 0.8～1 米,开挖沟、坑所取出的泥土用来加高夯实池埂。

三、防逃设施

防逃设施简单,用硬质塑料薄膜埋入土中 20 厘米,土上露出 50 厘米即可。

四、施肥

种藕前 15～20 天,每亩撒施发酵鸡粪等有机肥 800～1 000 千克,耕翻耙平,然后每亩用 80～100 千克生石灰消毒。排藕后分两次追肥,第一次在藕莲生出 6～7 片荷叶正进入旺盛生长期时,第二次于结藕开始时,称为施催藕肥。一般第一次追肥多在排藕后 25 天左右,有 1～2 片立叶时亩施人粪尿 1 000～15 00 克。第二次追肥多在栽藕后 40～50 天,芒种前后有 2～3 片立叶,并开始分枝时亩施人粪尿 1 500～2 000 千克,如二次追肥后生长仍不旺盛,半月后即在夏至前再追肥一次,夏至后停止追肥。施肥应选晴朗无风的天气,不可在烈日的中午进行,每次施肥前应放浅田水,让肥料吸入土中,然后再灌至原来的程度。追肥后泼浇清水冲洗荷叶,如肥不足,可追硫酸铵每亩 15 千克。

五、选择优良种藕

种藕应选择优良品种,如慢藕、湖藕、鄂莲二号、鄂莲四号、海南洲、武莲二号、莲香一号等。种藕一般是临近栽植才挖起,需要选择具有本品种的特性,最好是有 3～4 节以上,子藕、孙藕齐全的全藕,要求种藕粗壮、芽旺,无病虫害,无损伤。

六、排藕技术

莲藕下塘时宜采取随挖、随选、随栽的方法,也可实行催芽后栽植。排藕时,行距 2～3 米,穴距 1.5～2 米,每穴排藕或子藕 2 枝,每亩需种藕 60～150 千克。

栽植时分平栽和斜栽。深度以种藕不浮漂和不动摇为度。藕头入土的深度 10～12 厘米。斜插时,把藕节翘起 20～30 度,以利吸收阳光,提高地温,提早发芽,要确保荷叶覆盖面积约占全池 50%,不可过密。

七、藕池水位调节

莲藕适宜的生长温度是 21～25℃。因此,藕池的管理,主要通过放水深浅来调节温度。排藕 10 余天到萌芽期,水深保持在 8～10 厘米,以后随着分枝和立叶的旺盛生长,水深逐渐加深到 25 厘米,采收前一个月,水深再次降低到 8～10 厘米,水过深要及时排除。

八、河蟹放养

在莲藕池中放养河蟹,放养时间及放养技巧和常规养殖是有讲究的,一般在藕成活且长出第一片叶后放蟹种,为了提高饲养商品率,放养的蟹种规格要大一些,通常在 60～70 只/千克,每亩可放养 200 只,如果养殖池有微流水条件时,则可多放。要求放养的蟹种规格整齐，大小一致，附肢完整，无病无伤，健康活泼，活力较强。蟹种下塘前用3‰食盐水浸泡5～10分钟，或在20毫克/升的漂白粉中洗浴20分钟后再入池饲养，同时每亩搭配投放鲫鱼种8尾、鳙鱼种10尾，规格为每尾20克左右。不宜混养草食性鱼类如草鱼、鲂鱼，以防吃掉藕芽嫩叶等。

九、河蟹投饵

蟹种下塘后第三天开始投喂。选择鱼坑作投饵点，每天投喂2次，分别为上午7～8时、下午4～5时，日投喂量为蟹总体重3％左右，具体投喂数量根据天气、水质、蟹吃食和活动情况灵活掌握。饲料为自制配合饲料，主要成分是豆粕、麦麸、玉米、血粉、鱼粉、饲料添加剂等，粗蛋白含量34％左右，饲料为浮性，粒径2～5毫米，饲料定点投在饲料台上。

十、巡视藕池

对藕池进行巡视是藕蟹生产过程中的基本工作之一，只有经过巡池才能及时发现问题，并根据具体情况及时采取相应措施，故每天必须坚持早、中、晚3次巡池。

巡池的主要内容：检查田埂有无洞穴或塌陷，一旦发现应及时堵塞或修整。检查水位，始终保持适当的水位。在投喂时注意观察蟹的吃食情况，相应增加或减少投量。防治疾病，经常检查藕的叶片、叶柄是否正常，结合投喂、施肥观察蟹的活动情况，及早发现疾病，对症下药。同时要加强防毒、防盗的管理，也要保证环境安静。

十一、水位调控

注水的原则是蟹藕兼顾，随着气温不断升高，及时加注新水，合理调节水深以利于藕的正常光合作用和生长。6月初水位升至最高,达到 1.2～1.5 米。7～9 月,每 15 天换水 10 厘米,每月每立方米水体用生石灰 15 克化水泼洒一次。防病主要使用内服药物,每半个月喂含 0.2％土霉素的药饵 3 天。

十二、防病

在莲藕池中养河蟹,河蟹疾病目前发现不是太严重,因此可不作重点预防和治疗。莲藕的虫害主要是蚜虫,可用 40％乐果乳油 1 000～1 500 倍液或抗蚜威 200 倍液喷雾防治。病害主要是腐败病,应实行 2～3 年的轮作换茬,在发病初期可用 50％多菌灵可湿性粉剂 600 倍液加 75％百菌清可湿性粉剂 600 倍液喷洒防治。

第十节　河蟹与芡实立体混养

芡实,俗称"鸡头米",性喜温暖,不耐霜冻、干旱,一生不能离水,全生育期为 180～200 天,是滨湖圩内发展避洪农业的高产、优质、高效经济作物。它集药用、保健于一体,市场畅销,具有良好的发展潜力。

一、池塘准备

池塘要求光照好,池底平坦,池埂坚实,进排水方便,不渗漏,水源充足,水质清新,水底土壤以疏松,中等肥沃的黏泥为好,带沙性的溪流和酸性大的污染水塘不宜栽种。池塘底泥厚 30～40 厘米,面积 3～5 亩,平均水深 1.0 米。开挖好围沟、蟹坑,目的是在高温、芡实池浅灌、追肥时为河蟹提供藏身之地及投喂和观察其吃食、活动情况。

二、防逃设施

防逃设施简单,用硬质塑料薄膜埋入土中 20 厘米,土上露出

50 厘米即可。

三、施肥

在种芡实前 10～15 天,每亩撒施发酵鸡粪等有机肥 600～800 千克,耕翻耙平,然后每亩用 90～100 千克生石灰消毒。为促进植株健壮生长,可在 8 月盛花期追施磷酸二氢钾 3～4 次。施用方法可用带细孔的塑料薄膜小袋,内装 20 克左右速效性磷肥,施入泥下 10～15 厘米处,每次追肥变换位置。

四、芡实栽培

1. 种子播种

芡实要适时播种,春秋两季均可,尤以 9～10 月的秋季为好。播种时,选用新鲜饱满的种子撒在泥土稍干的塘内。若春雨多,池塘水满,在 3～4 月份春播种子不易均匀撒播时,可用湿润的泥土提成小土团,每团渗入种子 3～4 粒,按瘦塘 130～170 厘米,肥塘 200 厘米的距离投入一个土团,种子随土团沉入水底,便可出苗生长。

2. 幼芽移栽

在往年种过芡实的地方,来年不用再播种。因其果实成熟后会自然裂开,有部分种子散落塘内,来年便可萌芽生长。当叶浮出水面,直径 15～20 厘米时便可移栽。栽时,连苗带泥取出,栽入池塘中,覆好泥土,使生长点露出泥面,根系自然舒展开,使叶子漂浮水面,以后随着苗的生长逐步加水。

五、水位调节

池塘的管理,主要通过池水深浅来调节温度。从芡实入池 10 余天到萌芽期,水深保持在 40 厘米,以后随着分枝的旺盛生长,水深逐渐加深到 120 厘米,采收前一个月,水深再次降低到 50 厘米。

六、河蟹的放养与投饵

在芡实池中放养河蟹,放养时间及放养技巧和常规养殖也是有讲究的,一般在芡实成活且长出第一片叶后放蟹种,为了提高饲养商品率,放养的蟹种规格要大一些,通常在 60～70 只/千克,每亩可放养 150 只,要求放养的蟹种规格整齐,大小一致,附肢完整,无病无伤,健康活泼,活力较强。蟹种下塘前用 3％食盐水浸泡5～10 分钟,或在 20 毫克/升的漂白粉中洗浴 20 分钟后再入池饲养,同时每亩搭配投放鳙鱼种 10 尾,规格为每尾 20 克左右。不宜混养草食性鱼类如草鱼、鲂鱼,以防吃掉藕芽嫩叶等。

蟹种下塘后第三天开始投喂,选择蟹坑作投饵点,每天投喂 2次,分别为上午 7～8 时、下午 4～5 时,日投喂量为鱼总体重 3％左右,具体投喂数量根据天气、水质、鱼吃食和活动情况灵活掌握。饲料为自制配合饲料,主要成分是豆粕、麦麸、玉米、血粉、鱼粉、饲料添加剂等,粗蛋白含量 30％,饲料为浮性,粒径 2～5 毫米,饲料定点投在饲料台上。

七、管水

当芡实幼苗浮出水面后,要及时调节株行距,将过密的苗除去,移到缺苗的地方。由于芡实的生长发育时期不同,对水分的要求也不同,故调节水量是田间管理的关键。要掌握"春浅、夏深、秋放、冬蓄"的原则。春季水浅,能受到阳光照射,可提高土温,利于幼苗生长;夏季水深可促进叶柄伸长,6 月初水位升至最高,达到1.2～1.5 米;秋季适当放水,能促进果实成熟;冬季蓄水可使种子在水底安全度冬。值得注意的是,在不同时期进行注水时,一定要兼顾河蟹的需水要求。

八、防病

防病主要是针对芡实而言的，芡实的主要病害是霜霉病，可用500 倍代森锌液喷洒或代森铵粉剂喷撒。芡实的主要虫害是蚜虫，可用 40％乐果 1 000 倍液喷杀。

第十一节　河蟹与茭白立体混养

一、池塘选择

水源充足、无污染、排污方便、保水力强、耕层深厚、肥力中上等、面积在 1 亩以上的池塘均可用于种植茭白养鱼。

二、蟹坑修建

沿埂内四周开挖宽 1.5～2.0 米、深 0.5～0.8 米的环形蟹坑，池塘较大的中间还要适当的开挖中间沟，中间沟宽 0.5～1 米，深 0.5 米，环形蟹坑和中间沟内投放用轮叶黑藻、眼子菜、苦草、菹草等沉水性植物制作的草堆，塘边角还用竹子固定浮植少量漂浮性植物如水葫芦、浮萍等。蟹坑开挖的时间为冬春茭白移栽结束后进行，总面积占池塘总面积的 8％，每个蟹坑面积最大不超过 200 米^2，可均匀地多开挖几个蟹坑，开挖深度为 1.2～1.5 米，开挖位置选择在池塘中部或进水口处，蟹坑的其中一边靠近池埂，以便于投喂和管理。开挖蟹坑的目的是在施用化肥、农药时，让河蟹集中在蟹坑避害，在夏季水温较高时，河蟹可在蟹坑中避暑；方便定点在蟹坑中投喂饲料，饲料投入蟹坑中，也便于检查河蟹的摄食、活动及蟹病情况；蟹坑亦可作防旱蓄水等。在放养河蟹前，要将池塘进排水口安装网栏设施。

三、防逃设施

防逃设施简单,用硬质塑料薄膜埋入土中 20 厘米,土上露出 50 厘米即可。

四、施肥

每年的 2~3 月种茭白前施底肥,可用腐熟的猪、牛粪和绿肥 1 500 千克/亩,钙镁磷肥 20 千克/亩,复合肥 30 千克/亩。翻入土层内,耙平耙细,肥泥整合,即可移栽茭白苗。

五、选好茭白种苗

在 9 月中旬~10 月初,于秋茭采收时进行选种,以浙茭 2 号、浙茭 911、浙茭 991、大苗茭、软尾茭、中介壳、一点红、象牙茭、寒头茭、梭子茭、小腊茭、中腊台、两头早为主。选择植株健壮,高度中等,茎秆扁平,纯度高的优质茭株作为留种株。

六、适时移栽茭白

茭白用无性繁殖法种植,长江流域于 4~5 月间选择那些生长整齐,茭白粗壮,洁白,分蘖多的植株作种株。用根茎分蘖苗切墩移栽,母墩萌芽高 33~40 厘米时,茭白有 3~4 片真叶。将茭墩挖起,用利刃顺分蘖处劈开成数小墩,每墩带匍匐茎和健壮分蘖芽 4~6 个,剪去叶片,保留叶鞘长 16~26 厘米,减少蒸发,以利提早成活,随挖、随分、随栽。株行距按栽植时期,分墩苗数和采收次数而定,双季茭采用大小行种植,大行行距 1 米,小行 80 厘米,穴距 50~65 厘米,每亩 1 000~1 200 穴,每穴 6~7 苗。栽植方式以 45 度角斜插为好,深度以根茎和分蘖基部入土,而分蘖苗芽梢露水面为度,定植 3~4 天后检查一次,栽植过深的苗,稍提高使之浅些,栽植过浅的苗宜再压下使之深些,并做好补苗工作,确保全苗。

七、放养河蟹

在茭白苗移栽前 10 天，对蟹坑进行消毒处理。新建的蟹坑，一定要先用清水浸泡 7～10 天后，再换新鲜的水继续浸泡 7 天后才能放蟹种。放养的蟹种规格在 60～70 只/千克，每亩可放养 250 只，要求放养的蟹种规格整齐，大小一致，附肢完整，无病无伤，健康活泼，活力较强。蟹种下塘前用 3％食盐水浸泡 5～10 分钟，或在 20 毫克/升的漂白粉中洗浴 20 分钟后再入池饲养，同时每亩放鲢、鳙鱼各 50 尾，每天喂精料 1 次，每亩投料 1.0～2.5 千克。

八、科学管理

1. 水质管理

茭白池塘的水位根据茭白生长发育特性灵活掌握，以"浅—深—浅"为原则。萌芽前灌浅水 30 厘米，以提高土温，促进萌发；栽后促进成活，保持水深 50～80 厘米；分蘖前仍宜浅水 80 厘米，促进分蘖和发根；至分蘖后期，加深至 100～120 厘米，控制无效分蘖。7～8 月高温期宜保持水深 130～150 厘米，并做到经常换水降温，以减少病虫危害，雨季宜注意排水，在每次追肥前后几天，需放干或保持浅水，待肥吸收入土后再恢复到原来水位。每半个月投放一次水草，沿田边环形沟和田间沟多点堆放。

2. 科学投喂

根据季节辅喂精料，如菜饼、豆渣、麦麸皮、米糠、蚯蚓、蝇蛆、鱼用颗粒料和其他水生动物等。可投喂自制混合饲料或者购买蟹类专用饲料，也可投喂一些动物性饲料如螺蚌肉、鱼肉、蚯蚓或捞取的枝角类、桡足类、动物屠宰厂的下脚料等，沿田边四周浅水区定点多点投喂。投喂量一般为鱼蟹体重的 5％～10％，采取"四定"投喂法，傍晚投料要占全日量的 70％。每天投喂两次饲料，早

8～9 时投喂一次,傍晚 18～19 时投喂一次。

　3. 科学施肥

　茭白植株高大,需肥量大,应重施有机肥作基肥。基肥常用人畜粪、绿肥,追肥多用化肥,宜少量多次,可选用尿素、复合肥、钾肥等,禁用碳酸氢铵;有机肥应占总肥量的 70%;基肥在茭白移植前深施;追肥应采用"重、轻、重"的原则,具体施肥可分四个步骤,在栽植后 10 天左右,茭株已长出新根成活,施第一次追肥,每亩施人粪尿肥 500 千克,称为提苗肥。第二次在分蘖初期每亩施人粪尿肥 1 000 千克,以促进生长和分蘖,称为分蘖肥。第三次追肥在分蘖盛期,如植株长势较弱,适当追施尿素每亩 5～10 千克,称为调节肥;如植株长势旺盛,可免施追肥。第四次追肥在孕茭始期,每亩施腐熟粪肥 1 500～2 000 千克,称为催茭肥。

　4. 茭白用药

　应对症选用高效低毒、低残留、对混养的河蟹没有影响的农药。如杀虫双、叶蝉散、乐果、敌百虫、井冈霉素、多菌灵等。禁用除草剂及毒性较大的呋喃丹、杀螟松、三唑磷、毒杀酚、波尔多液、五氯酚钠等,慎用稻瘟净、马拉硫磷。粉剂农药在露水未干前使用,水剂农药在露水干后喷洒。施药后及时换注新水,严禁在中午高温时喷药。

　孕茭期有大螟、二化螟、长绿飞虱,应在害虫幼龄期,每亩用 50% 杀螟松乳油 100 克加水 75～100 千克泼浇或用 90% 敌百虫和 40% 乐果 1 000 倍液在剥除老叶后,逐棵用药灌心。立秋后发生蚜虫、叶蝉和蓟马,可用 40% 乐果乳剂 1 000 倍、10% 叶蝉散可湿性粉剂 200～300 克加水 50～75 千克喷洒,茭白锈病可用 1：800 倍敌锈钠喷洒效果良好。

九、茭白采收

　茭白按采收季节可分为一熟茭和两熟茭。一熟茭,又称单季茭,在秋季日照变短后才能孕茭,每年只在秋季采收一次。春种的一熟茭栽培早,每墩苗数多,采收期也早,一般在 8 月下旬至 9 月下旬采收。夏种的一熟茭一般在 9 月下旬开始采收,11 月下旬采收结束。茭白成熟采收标准是,随着基部老叶逐渐枯黄,心叶逐渐缩短,叶色转淡,假茎中部逐渐膨大和变扁,叶鞘被挤向左右,当假茎露出 1～2 厘米的洁白茭肉时,称为"露白",为采收最适宜时期。夏茭孕茭时,气温较高,假茎膨大速度较快,从开始孕茭至可采收,一般需 7～10 天。秋茭孕茭时,气温较低,假茎膨大速度较慢,从开始孕茭至可采收,一般需要 14～18 天。但是不同品种孕茭至采收期所经历的时间有差异。茭白一般采取分批采收,每隔 3～4 天采收一次。每次采收都要将老叶剥掉。采收茭白后,应该用手把墩内的烂泥培上植株茎部,既可促进分蘖和生长,又可使茭白幼嫩而洁白。

十、河蟹收获

5 月开始可用地笼开始捕捞河蟹,将地笼固定放置在茭白塘中,每天早晨将进入地笼的河蟹,收取上市。直至 6 月底可放干茭白塘的水,彻底收获。

第十二节　河蟹与菱角立体混养

菱角又叫菱、水粟等,一年生浮叶水生草本植物,菱肉含淀粉、蛋白质、脂肪,嫩果可生食,老熟果含淀粉多,或熟食或加工制成菱粉。收菱后,菱盘还可当作饲料或肥料。

一、菱塘的选择和建设

菱塘应选择在地势低洼、水源条件好、灌排方便的地方。一般以 5～10 亩的菱塘为宜,水深不超过 150 厘米、风浪不大、底土松软肥沃的河湾、湖荡、沟渠、池塘种植。

二、菱角的品种选择

菱角的品种较多，有四角菱、两角菱、无角菱等，从外皮的颜色上又分为青菱、红菱、淡红菱 3 种。四角菱类有馄饨菱、小白菱、水红菱、沙角菱、大青菱、邵伯菱等；两角菱类有扒菱、蝙蝠菱、五月菱、七月菱等，无角菱仅有南湖菱一种。最好选用果形大、肉质鲜嫩的水红菱、南湖菱、大青菱等作为种植品种（图 15）。

图 15　菱角

三、菱角栽培

1.直播栽培菱角

在 2 米以内的浅水中种菱，多用直播。一般在天气稳定在 12℃以上时播种，例如长江流域宜在清明前后 7 天内播种，而京、津地区可在谷雨前后播种。播前先催芽,芽长不要超过1.5厘米,播时先清池,清除野菱、水草、青苔等。播种方式以条播为宜,条播时,根据菱池地形,划成纵行,行距2.6～3米,每亩用种量20～25千克。

2. 育苗移栽菱角

在水深3～5米地方,直播出苗比较困难,即使出苗,苗也纤细瘦弱,产量不高,此时可采取育苗移栽的方法。一般可选用向阳、水位浅、土质肥、排灌方便的池塘作为苗地,实施条播。育苗时,将种菱放在5～6厘米浅水池中利用阳光保温催芽,5～7天换一次水。发芽后移至繁殖田,等茎叶长满后再进行幼苗定植,每8～10株菱盘为一束,用草绳结扎,用长柄铁叉住菱束绳头,栽植水底泥土中,栽植密度按株行距1米×2米或1.3米×1.3米定穴,每穴种3～4株/苗。

四、河蟹的放养

在菱塘里放养河蟹,方法是与茭白塘放养河蟹基本上是一致的,只是密度可略微少一点,每亩放养200只就可以了。在菱塘苗移栽前10天,对池塘进行消毒处理,在蟹种投放时,用3％～5％的食盐水浸浴蟹种5分钟,以防蟹病的发生。同时配养15厘米鲢、鳙鱼或7～10厘米的鲫鱼30尾。

五、菱角塘的日常管理

在菱角和河蟹的生长过程中,菱塘管理要着重抓好以下几点:

1. 建菱垄

等直播的菱苗出水后,或菱苗移栽后,就要立即建菱垄,以防风浪冲击和杂草漂入菱群。方法是在菱塘外围,打下木桩,木桩长度依据水深浅而定,通常要求入土30～60厘米,出水1米,木桩之间围捆草绳,绳直径1.5厘米,绳上系水花生,每隔33厘米系一段。

2.除杂草

要及时清除菱塘中的槐叶萍、水鳖草、水绵、野菱等,由于菱角对除草剂敏感,必要时进行手工除草。

3.水质管理

移栽前对水域进行清理,清除杂草水苔,捕捞草食性鱼类。为提高产品质量,灌溉水一定要清洁无污染。生长过程中水层不宜大起大落,否则影响分枝成苗率。移栽后到六月底,保持菱塘水深20～30厘米,增温促蘖,每隔15天换一次水。7月份后随着气温升高,菱塘水深逐步增加到45～50厘米。在盛夏可将水逐渐加深到1.5米,最深不超过2米。采收时,为方便操作,水深降到35厘米左右。从7月开始,要求每隔7天换水一次,确保菱塘水质清洁,在红菱开花至幼果期,更要注意水质。

4.施肥

栽后15天菱苗已基本活棵,每亩撒施5千克尿素提苗,一个月后猛施促花肥,每亩施磷酸二铵10千克,促早开花,争取前期产量。初花期可进行叶面喷施磷、钾肥,方法是在50千克水中加0.5～1千克过磷酸钙和草木灰,浸泡一夜,取其澄清液,每隔7天喷一次,共喷2～3次。以上午8:00至9:00,下午4～5时喷肥为宜。等全田90%以上的菱盘结有3～4个果角时,再施入三元复合肥15千克,称为结果肥。以后每采摘一次即施入复合肥10千克左右,连施3次,以防早衰。

5.病虫害防治

菱角的虫害主要有菱叶甲、菱金花虫等,特别是初夏雾雨天后虫害增多,一般农药防治用80%杀虫单400倍、18%杀虫双500倍,如发现蚜虫用10%吡虫啉2 000倍液进行喷杀。

菱角的病害主要有菱瘟、白烂病等,在闷热湿度大时易发生,防治方法:一是采用农业防治,就是勤换水,保持水质清洁;二是在初发时，应及时摘除，晒干烧毁或深埋病叶；三是化学防治，发病用50％甲基托布津 1 000 倍液喷雾或 50％多菌灵 600～800 倍液喷雾，从始花期开始，每隔 7 天喷药一次，连喷 2～3 次。

六、河蟹的投喂

根据季节辅喂精料，如菜饼、豆渣、麦麸皮、米糠、蚯蚓、蝇蛆、颗粒料和其他水生动物等。可投喂自制混合饲料或者购买鱼饲料，定时定量进行投喂。投喂量一般为鱼蟹体重的 5％～10％，采取"四定"投喂法，傍晚投料要占全日量的 70％。

七、菱角采收

菱角采收，自处暑、白露开始，到霜降为止，每隔 5～7 天采 1 次，共采收 6～7 次。采菱时，要做到"三轻"和"三防"。"三轻"是提盘要轻，摘菱轻，放盘轻；"三防"是：一防猛拉菱盘，植株受伤，老菱落水；二防采菱速度不一，老菱漏采，被船挤落水中；三防老嫩一起抓。总之，要老嫩分清，将老菱采摘干净。

第十三节　虾、蟹、鱼与水芹生态种养

一、生态种养原理

水芹菜既是一种蔬菜，也是水生动物的一种好饲料，它的种植时间和河蟹的养殖时间明显错开，双方能起到互相利用空间和时间的优势，在生态效益上也是互惠互利的，在许多水芹种植地区已经开始把它们作为主要的轮作方式之一，取得了明显的效果。而在芹菜田里混养的青虾和鱼，则对水芹的破坏性较小，可以常年生活、生长在水芹田里。

水芹菜是冷水性植物，它的种植时间是在每年的 8 月份开始育苗,9月开始定植,也可以一步到位,直接放在池塘中种植即可,11月底开始向市场供应水芹菜,直到翌年的3月初结束,3~8月这段时间基本上是处于空闲状态,而这时正是虾、蟹、鱼养殖的高峰期,两者结合可以将池塘全年综合利用,不仅可以增收增效,还可以改善水芹田生态环境,促进水产动物和芹菜的生长,经济效益明显,是一种很有推广前途的种养相结合的生产模式。

二、田地改造

水芹田的大小以5亩为宜,最好是长方形,以确保供河蟹打洞的田埂更多,在田块周围按稻田养殖的方式开挖环沟和中央沟,沟宽1.5米,深100厘米,开挖的泥土除了用于加固池埂外,主要是放在离沟5米左右的田地中,做成一条条的小埂,小埂宽30厘米即可,长度不限。

水源要充足,排灌要方便,进排水要分开,进排水口可用60目的网布扎好,以防虾、蟹、鱼从水口逃逸以及外源性敌害生物侵入,田内除了小埂外,其他部位要平整,方便水芹菜的种植,溶氧要保持在5毫克/升。

为了防止河蟹在下雨天或因其他原因逃逸,防逃设施是必不可少的,池塘四周要有二道坚固的防逃设施,第一道用铁丝网及聚乙烯网围住,第二道安装塑料薄膜。也可用60厘米的纱窗埋在埂上,入土15厘米,在纱窗上端缝一宽30厘米的硬质塑料薄膜就可以了。

三、清池消毒

清池前将田间沟内的水排至仅剩10~20厘米。可用生石灰、茶子饼、鱼滕精或漂白粉进行消毒,将它们化水后均匀洒于池面、洞穴中。具体的用量与做法请见前文。

四、培养饵料生物

为解决河蟹、青虾和鱼的部分生物饵料，促其快速生长，清池后进水 50 厘米，施肥繁殖饵料生物。无机肥在 1 个月内每隔 5 天施一次，具体视水色情况而定，有机肥每亩施鸡粪 200 千克。使池水呈黄绿色或浅褐色，透明度 30～50 厘米为宜。

五、水草种植

配备良好的水域生态环境，是确保立体养殖取得成效的保证。在有水芹的区域里不需要种植水草，但是在环沟里还是需要种植水草的，这些水草对于虾、蟹、鱼度过盛夏高温季节是非常有帮助的。水草品种应多种多样，优选伊乐藻、苦草、黄草、轮叶黑藻、马来眼子菜和光叶眼子菜，也可用水花生和空心菜，水草种植面积宜占整个环沟面积的 40％左右。另外进入夏季后，如果池塘中心的水芹还存在或有较明显的根茎存在时，就不需要补充草源，如果水芹已经全部取完，必须在 4 月前及时移栽水草，确保虾、蟹、鱼的养殖成功。

六、苗种放养

在水芹菜里养殖虾、鱼、蟹时，放养苗种是有讲究的，由于 8 月底到 9 月初是水芹的生长季节，而此时蟹种并没有放养，可以直接用来种植水芹，等年底水芹出售完毕一直到第二年的 3 月，都可以放养蟹种。建立蟹种培育基地，走自育自养之路，选购长江水系河蟹繁育的大眼幼体，培养二龄幼蟹，自己培育的蟹种，成蟹养殖回捕率可达 75％以上，比外购种可高出 30％。放养的蟹种 80～100 只/千克，每亩可放养 350 只，要求放养的蟹种规格整齐，大小一致，附肢完整，无病无伤，健康活泼，活力较强。每亩套养 800～1 200 只/千克青虾苗 3～4 千克，5～6 月份陆续起捕上市，可亩产青虾 10 千克。每亩搭配投放鲫鱼种 8 尾、鳙鱼种 10 尾,规格为每尾 20 克左右。

　　鱼种、蟹种下塘前用 3‰食盐水浸泡 5～10 分钟,或在 20 毫克/升的漂白粉中洗浴 20 分钟后再入池饲养,

七、饵料投喂

　　在水芹田里,套养河蟹、青虾和鱼时,饵料的投喂要区别对待。对于那些春季留下未售的水芹菜叶、菜茎、菜根和部分水草外,虾、蟹、鱼,尤其是河蟹还是比较爱吃的,这时可投喂少量的饵料即可;而对于没有菜叶、菜茎时,就必须人为投喂饵料了。一般是以投喂河蟹的饵料为主,使用高品质的河蟹专用颗粒饲料,采用"四看、四定",确定投饵量,生长旺季投饵量可占河蟹体重的 5%～8%,其他季节投饵量为 3%～5%,每天投饵量要根据当天水温和上一天摄食情况酌情增减,定点投喂在岸边和浅水区,投喂时间定在每天傍晚时分。

　　由于青虾摄食能力比河蟹弱,吃河蟹剩余饵料,清扫残饵,一方面防止败坏水质,另一方面可有效地利用饵料,不需要另外单独投喂饵料。当然了,套养的青虾本身还是可以作为河蟹饵料的。另外混养的鱼可以不考虑单独投喂,它们会摄食水体中的浮游生物和底栖生物为饵。

八、水质调控

1. 做好水质控制和调节

　　春季水位 0.6～0.8 米,透明度在 20 厘米就可以了,夏秋季 1.0～1.5 米,春季每月换水一次,夏秋季每周换水一次,每次换水 2/5,防止水质老化或恶化,保持透明度在 35 厘米左右,pH 在 6.8～8.4,换水温差不超过 3℃。每 15 天每亩用生石灰 10 千克调节水质。

2.注冲新水

为了促进虾蟹蜕壳生长和保持水质清新,定期注冲新水是一个非常好的举措,也是必不可少的技术方法。从9月份到翌年的3月份基本上不用单独为虾蟹换冲水,只要进行正常的水芹菜管理就可以了,从4月开始直到5月底,每10天注冲水一次,每次10～20厘米,6～8月中旬每7天注冲水一次,每次10厘米。

3.生石灰泼洒

从3月底直到7月中旬,每15天可用生石灰化水泼洒一次,每次用量为15千克/亩,可以有效地增加水中钙离子,满足虾蟹蜕壳需要,使水质保持"肥、活、爽"。

九、日常管理

1.加强巡池

在河蟹生长期间,每天坚持早晚各巡塘一次,主要是观察河蟹的生长情况以及检查防逃设施的完备性,看看池埂有无被河蟹打洞造成漏水情况。

2.做好疾病防治工作

主要是预防敌害,包括水蛇、水老鼠、水鸟等。其次是发现疾病或水质恶化时,要及时处理。再次就是在养殖期间从6月份开始每月用0.3毫克/升强氯精全池泼洒一次。

十、捕捞

河蟹的捕捞采取地笼在环形沟内张捕,最好在8月份在栽水芹菜前能全部捕完。如果不能捕完或者是还不能上市的河蟹,可先慢慢地降低水芹池里的水位,让水位降至田面以下,这时河蟹就会慢慢地全部爬行到田间沟里和环形沟里。青虾的捕捞可用虾网、虾笼诱捕,鱼的捕捞可在最后排干水后,直接在周边的沟里捕捉。最后在田面上种植水芹的幼苗。

十一、水芹菜种植

1. 适时整地

在 8 月中旬时,一般此时河蟹还没有上市,在用降水的办法把河蟹引入田间沟和环形沟后,可用旋耕机在池塘中央进行旋耕,周边不动,保持底部平整即可,然后用网具将田面围起来,再在网具上面缝上一圈高 30 厘米的硬质塑料,主要是起隔断河蟹到水芹田里咬食水芹菜。

2. 适量施肥

亩施入腐熟的粪肥 1 000 千克,为水芹菜的生长提供充足的肥源。

3. 水芹菜的催芽

一般在 7 月底就可以进行了,为了不影响河蟹的最后阶段的生产,可以放在另外的地方催芽,催芽温度要在 27～28℃开始。

4. 排种

经过 15 天左右的催芽处理,芽已经长到 2 厘米时就可以排种了,排种时间在 8 月下旬为宜。为了防止刚入水的小嫩芽被太阳晒死,建议排种的具体时间应选择在阴天或晴天的 16 时以后进行。排种时将母茎基部朝外,芽头朝上,间隔 5 厘米排一束,然后轻轻地用泥巴压住茎部。

5. 水位管理

在排种初期的水位管理尤为重要,这是因为一方面此时气温和水温挺高,可能对小嫩芽造成灼伤,另一方面,为了促进嫩芽尽快生根,池底基本上是不需要水的,所以此时一定要加强管理,在可能的情况下保证水位在 5～10 厘米,待生根后,可慢慢加水至 50～60 厘米。到初冬后,要及时加水位至 1.2 米。

6. 肥料管理

在水位渐渐上升到 40 厘米后,可以适时追肥,一般亩施腐熟粪肥 200 千克,也可以施农用复合肥 10 千克,以后做到看苗情施肥,每次施尿素 3～5 千克/亩。

7. 定苗除草

当水芹菜长到株高 10 厘米时,根据实际情况要及时定苗、匀苗、补苗或间苗,定苗密度为株距 5 厘米比较合适。

8. 病害防治

水芹菜的病害要比河蟹的病害严重得多,主要有斑枯病、飞虱、蚜虫及各种飞蛾等,可根据不同的情况采用不同的措施来防治病虫害。例如对于蚜虫,可以在短时间内将池塘的水位提升上来,使植株顶部全部淹没在水中,然后用长长的竹竿将漂浮在水面的蚜虫及杂草驱出排水口。

9. 及时采收

水芹菜的采收很简单,就是通过人工在水中将水芹菜连根拔起,然后清除污泥,剔除根须和黄叶及老叶,整理好后,捆扎上市。要强调的是,在离环形沟的 50 厘米处的水芹菜带不要收割,作为养殖河蟹的防护草墙,也可作为来年河蟹的栖息场所和食料补充,如果有可能的话,在塘中间的水芹菜也可以适当留一些,不要全部弄光,那些水芹菜的根须最好留在池内。

第十四节　河蟹与慈姑轮作

一、轮作原理

慈姑又叫剪刀草、燕尾草、茨菰,性喜温暖的水温,不耐霜冻和干旱,原产我国东南地区,南方各省均有栽培,以珠江三角洲及太湖沿岸最多,慈姑株高 80 厘米左右,既是一种蔬菜,也是水生动物的一种好饲料,它的种植时间和河蟹的养殖时间几乎一致,可以为河蟹的生长起到水草所有的作用,在生态效益上也是互惠互利的,在许多慈姑种植地区已经开始把慈姑和河蟹的混养作为主要的当地主要的种养方式之一,取得了明显的效果。

二、慈姑栽培季节

慈姑在14℃以上开始萌芽,15～16℃抽生叶片,23～26℃时,抽生叶片速度快,叶片大。球茎形成期温度在20℃以下,有利于形成硕大的球茎。14℃以下时,新叶停止抽生。8℃以下或遇霜时,植株地上部枯死;慈姑球茎形成期需要短日照、阳光充足方能促进球茎形成。根据慈姑的这些生物学特性,慈姑一般在3月育苗,苗期40～50天,6月假植,8月定植,定植适期为寒露至霜降,12月至翌年2月采收。

三、慈姑品种的选择

生产中一般选用青紫皮或黄白皮等早熟、高产、质优的慈姑品种。主要有广东白肉慈姑、沙菇,浙江海盐沈荡慈姑,江苏宝应刮老乌(又叫紫圆)和苏州黄(又叫白衣),广西桂林白慈姑、梧州慈姑等。

四、慈姑田的处理

慈姑田的大小以5亩为宜,水源要充足,排灌要方便,进排水要分开,进排水口可用60目的网布扎好,以防河蟹从水口逃逸以及外源性敌害生物侵入,宜选择耕作层20～40厘米,土壤软烂、疏松、肥沃,含有机质多的水田栽培。最好是长方形,在田块周围按稻田养殖的方式开挖环沟和中央沟,沟宽1.5米,深75厘米,开挖的泥土除了用于加固池埂外,主要是放在离沟5米左右的田地中,做成一条条的小埂,小埂宽30厘米即可,长度不限。田内除了小埂外,其他部位要平整,方便慈姑的种植,溶氧要保持在5毫克/升。

五、培育壮苗

慈姑以球茎繁殖,各地都行育苗移栽。按利用球茎部位不同分为两种,一种是以球茎顶穿;另一种是整个球茎进行育苗。一般生产上都是利用整个球茎或球茎上的顶芽进行繁殖。无论采用哪种繁殖方法,都要选用成熟、肥大端正、具有本品种特性、枯芽粗短而弯曲的球茎作种。

3月中旬选择背风向阳的田块作育苗床,亩施腐熟厩肥1 000千克作基肥,耙平、按东西向做成宽1米的高畦,浇水湿润床土。

取出留种球茎的顶芽,用窝席圈好,或放入箩筐内,上覆湿稻草,干时洒水,晴天置于阳光下取暖,保持温度在15℃以上,经12天左右出芽后,即可播芽育苗。4月中旬播种育苗。选用球茎较大、顶芽粗细在0.5厘米以上的作种,将顶芽稍带球茎切下,栽于秧田,插播规格可取10厘米×10厘米,此时要将芽的1/3或1/2插入土中,以免秧苗浮起。插顶芽后水深保持2～4厘米,10～15天后开始发芽生根。顶芽发芽生根后长成幼苗,在幼苗长出2～3片叶时,适当追施稀薄腐熟人粪尿或化肥1～2次,促使菇苗生长健壮整齐。40～50天后,具有3～4片真叶、苗高26～30厘米时,就可移栽定植到大田了。每亩用顶芽10千克,可供15亩大田栽插之用。

六、定植

栽培地应选择在水质洁净、无污染源、排灌方便、富含有机质的粘壤土水田种植,深翻约20厘米,每亩施腐熟的有机肥1 500千克,并配合草木灰100千克、过磷酸钙25千克为基肥,翻耕耙平,灌浅水后即可种植,按株行距40厘米×50厘米、每亩4 000～5 000株的要求定植。栽植前,连根拔起秧苗,保留中心嫩叶2～3片,摘除外围叶片,仅留叶柄,以免种苗栽后头重脚轻,遇风雨吹打而浮于水面。栽时用手捏住顶芽基部,将秧苗根部插入土中约 10 厘米,使顶芽向上,深度以使顶芽刚刚稳入土为宜,过深发育不良,这浅易受风吹摇动,并填平根旁空隙,保持 3 厘米水深,同时田边栽植预备苗,以补缺。

七、肥水管理

养河蟹的慈姑田生长期以保持浅水层 20 厘米为宜,既防干旱茎叶落黄,又要尽可能满足河蟹的生长需求。水位调控以"浅—深—浅"为原则,前期苗小,应灌浅水 5 厘米左右;中期生长旺盛,应适当灌深水 30 厘米,并注意勤换清凉新鲜水,以降温防病的原则;后期气温逐渐下降,葡萄茎又大量抽生,是结菇期,应维持田面 5 厘米浅水层,以利结菇。

慈姑以基肥为主,追肥为辅。追肥应根据植株生长情况而定,前期以氮肥为主,促进茎叶生长,后期增施磷、钾肥,利于球茎膨大。一般在定植后 10 天左右追第一次肥,亩施腐熟人粪尿 500 千克,或亩施尿素 7 千克,逐株离茎头 10 厘米旁边点施,或点施 45% 三元复合肥,可生长更快。播植后 20 天结合中耕除草,在植后 40 天进行第二次追肥,亩施腐熟人粪尿 400 千克,或亩撒施尿素 10 千克,草木灰 100 千克,或花生麸 70 千克,以促株叶青绿、球茎膨大。第三次追肥在立冬至小雪前施下,称"壮尾肥",促慈姑的快速结菇。每亩施腐熟人粪尿 400 千克,或尿素 8 千克撒施,硫酸钾 16 千克,或 45% 三元复合肥 35 千克。第四次在霜降前重施壮菇肥,每亩用尿粪 10 千克和硫酸钾 25 千克混匀施下,或施 45% 三元复合肥 50 千克。这次追肥要快,不要拖迟,太迟施肥会导致后期慢生,达不到壮菇作用。

八、除草、剥叶、圈根、压顶芽头

从慈姑栽植至霜降前要耘田、除杂草 2~3 次。在耘田除草时，要结合进行剥叶（即剥除植株外围的黄叶，只留中心绿叶5～6片），以改善通风透光条件，减少病虫害发生。

圈根是指在霜降前后3天，在距植株6～9厘米处，用刀或用手插于土中10厘米，转割一圈，把老根和匍匐茎割断。目的是使养分集中，促新匍匐茎生长，促球茎膨大，提高产量和质量。

如果慈姑种植过迟，不宜圈根，应用压顶芽头方式。压头是在10月下旬霜降前后进行，把伸出泥面的分株幼苗，用手斜压入泥中10厘米深处，以压制地上部生长，促地下部膨大成大球茎。

九、河蟹放养前的准备工作

1. 清池消毒

和前面一样的方法与剂量。

2. 防逃设施

为了防止河蟹在下雨天或因其他原因逃逸，防逃设施是必不可少的，根据经验，我们认为只要在放蟹种前2天做好就行，材料多样，可以就地取材，不过最经济实用的还是用60厘米的纱窗埋在埂上，入土15厘米，在纱窗上端缝一宽30厘米的硬质塑料薄膜就可以了。

3. 水草种植

在有慈姑的区域里不需要种植水草，但是在环沟里还是需要种植水草的，这些水草对于河蟹度过盛夏高温季节是非常有帮助的。水草品种优选轮叶黑藻、马来眼子菜和光叶眼子菜，其次可选择苦草和伊乐藻，也可用水花生和空心菜，水草种植面积宜占整个环沟面积的40%左右。

4. 施肥培水

在蟹种放养前1周左右，在蟹沟内亩施用经腐熟的有机肥200千克，用来培育浮游生物供河蟹取食。

十、扣蟹放养

在慈姑田里放养扣蟹,建议蟹农可以在 2 月底到 3 月初放养经培育好的大规格的扣蟹,规格为 80～120 只/千克,放养时要选择晴天放养,同时要用 3％的食盐水浸泡蟹体,进行消毒杀虫 5 分钟。

十一、饲养管理

1.饲料投喂

在河蟹养殖期间,河蟹除能可以利用慈姑的老叶、浮游生物和部分水草外,还是要投喂饲料的,具体的投喂种类和投喂方法与前面介绍的一样。

2.池水调节

放养扣蟹入池后,一切按慈姑的管理方式进行调节。为了促进河蟹蜕壳生长和保持水质清新,必须定期注冲新水。第二年 4～5 月份水位控制在 50 厘米左右,每 10 天注冲水一次,每次 10～20 厘米,6 月以后要经常换水或冲水,防止水质老化或恶化,pH 在 6.8～8.4。

3.生石灰泼洒

每半月可用生石灰化水泼洒一次,每次用量为 15 千克/亩,可以有效地促进河蟹的蜕壳。

4.加强日常管理

在河蟹生长期间,每天坚持早晚各巡塘一次,主要是观察河蟹的生长情况以及检查防逃设施的完备性,看看池埂有无被河蟹打洞造成漏水情况。

十二、病害防治

在生态养殖时,河蟹的疾病很少,主要是预防敌害,包括水蛇、水老鼠、水鸟等。其次是发现疾病或水质恶化时，要及时处理。

　　慈姑的病害主要是黑粉病和斑纹病，发病初期，黑粉病用25％的粉锈宁对水 1 000 倍或 25％的多菌灵对水 500 倍交替防治；斑纹病用 50％代森锰锌对水 500 倍或 70％的甲基托布津对水800～1 000 倍交替防治。虫害有蚜虫、蛀虫、稻飞虱等危害，但绝大部分都会成为河蟹的优质动物性饵料，不需要特别防治。

诀窍八:科 学 投 饵

根据目前现状,决定河蟹养殖效益的主要因素有种苗和饲料的供应。河蟹的生长发育所需的营养物质来源于天然鲜活饵料和人工配合饲料。在小规模养殖中可以采用天然鲜活饵料,以降低养殖成本。河蟹喜食鱼、虾、蚕蛹、田螺肉、动物内脏、屠宰下脚料及蔬菜叶、豆类、麦类、南瓜等。在规模化或集约化的养殖中大都采用人工配合饲料,或者以人工配合饲料为主,天然饵料为辅。

第一节　河蟹的摄食特点

一、河蟹的食性

河蟹只有通过从外界摄取食物,才能满足其生长发育、栖居活动、繁衍后代等生命活动所需要的营养和能量。河蟹在食性上具有广谱性、互残性、暴食性、耐饥性和阶段性。

河蟹为杂食性动物,但偏爱动物性饵料,如小鱼、小虾、螺蚬类、蚌、蚯蚓、蠕虫和水生昆虫等。植物性食物有浮萍、丝状藻类、苦草、金鱼藻、菹草、马来眼子菜、轮叶黑藻、凤眼莲(水葫芦)、喜旱莲子草(水花生)、南瓜等;精饲料有豆饼、菜饼、小麦、稻谷、玉米等。在饵料不足或养殖密度较大的情况下,河蟹会发生自相残杀、弱肉强食的现象,体弱或刚蜕壳的软壳蟹往往成为同类攻击的对象,因此,在人工养殖时,除了投放适宜的养殖密度、投喂充足适口的饵料外,设置隐蔽场所和栽种水草往往成为养殖成败的关键。在天然水体中,特别是草型湖泊中,由于植物性饵料来源易得方便，因此河蟹胃中一般以植物性食物为主，如轮叶藻、苦草等水生植物。

在摄食方式上，河蟹不同于鱼类，常见的养殖鱼类多为吞食与滤食，而河蟹则为咀嚼式吃食，这种摄食方式是由河蟹独特的口器所决定的。

河蟹的食性是不断转化的，在溞状幼体早期，河蟹是以浮游植物为主要饵料，而后转变为以浮游动物为主，到了大眼幼体（蟹苗）以后，才逐渐转为杂食性，进入幼蟹期后，河蟹则以杂食性偏动物性饵料为主。

二、河蟹的食量与抢食

河蟹的食量很大且贪食。据观察，在夏季的夜晚，一只河蟹一夜可捕捉近十只螺蚌。当然它也十分耐饥饿，如果食物缺乏时，一般 7～10 天或更久不摄食也不至于饿死，河蟹的这种耐饥性为河蟹的长途运输提供了方便。

河蟹不仅贪食，而且还有抢食和格斗的天性。通常在以下三种情况时更易发生，一是在人工养殖条件下，养殖密度大，河蟹为了争夺空间、饵料，而不断地发生争食和格斗，甚至自相残杀的现象；

二是在投喂动物性饵料时，由于投喂量不足，导致河蟹为了争食美味可口的食物而互相格斗；

三是在交配产卵季节，几只雄蟹为了争一只雌蟹的交配权而格斗，直至最强的雄蟹夺得雌蟹为止，这种行为是动物界为了种族繁衍而进行的优胜劣汰，是有积极意义的。

三、河蟹的摄食与水温的关系

河蟹的摄食强度与水温有很大关系，当水温在 10℃ 以上时，河蟹摄食旺盛；当水温低于 10℃ 时，摄食能力明显下降；当水温进一步下降到 3℃时，河蟹的新陈代谢水平较低，几乎不摄食，一般是潜入到洞穴中或水草丛中冬眠。

四、河蟹的营养特点

河蟹的一生都要生活在海水或淡水里，是属于低等变温动物，由于它们生活环境的特殊性，加上繁育期和生长期是在不同的咸淡水环境中摄取营养，因此河蟹的营养特点是与一般的水产动物不同的，只有了解了它的营养特点，进而了解它的营养需求，才能做到有的放矢，配制出合理、科学、高效的颗粒饲料，才能促进河蟹的生长发育，提高养殖河蟹的经济效益。

（1）河蟹不需要维持恒定的体温，它是一种低等变温动物，体温一般比水环境略高 0.5℃，所以用来维持体温的能量消耗就非常少，因此在同等的营养条件下，河蟹获得生长所需的能量就相对要多一点。

（2）河蟹对饲料蛋白质的要求比较高，而且要求齐全的 10 种必需氨基酸。

（3）河蟹的消化器官分化简单而且很短，它的消化腺不发达，没有唾液腺，食物在消化道的停留时间短，对碳水化合物利用率较低，但是对脂肪的利用率较高。

（4）河蟹长期生活在水中，它的行为不易被人们直接观察到，吃食时也不能被人看得清、摸得着，因此给管理上带来很大的麻烦。当蟹饲料投入到水中后。一些营养物质也容易在水中散失，还有一部分没有吃完的饲料也容易沉入到水底与泥沙混杂，造成饲料的浪费和水质的污染。这就要求我们在配制人工饲料时必须做成颗粒状的，而且在水中的稳定性要好，一般要求河蟹的颗粒饲料在水中能稳定 2 小时以上。

（5）河蟹不但能从饲料中吸收矿物质，还能从水体中吸收一部分矿物质，因此在配制颗粒饲料时必须要考虑这一点。

五、河蟹的营养需求

1.河蟹对蛋白质的需求

研究表明,河蟹不同的生长阶段对蛋白质的需求量是不同的,在溞状幼体阶段,饲料蛋白质的含量宜在 45%～48%;在大眼幼体至Ⅲ期幼蟹期间的饲料蛋白质含量为 45% 时,幼体蜕皮时间短,变态整齐,成活率高达 86%;在幼蟹个体为 0.1～10 克时,饲料的最佳蛋白质含量为 42%;而成蟹的饲料蛋白质含量为 35%～40%。因此河蟹对蛋白质的营养需求还是比较高的,在饲养前期要求适宜含量达到 42%,养殖的中后期达到 36% 就可以了。

2.河蟹对氨基酸的需求

河蟹的生长发育离不开 10 种必需氨基酸,而且这些氨基酸都是从饲料中获利的,这些氨基酸包括苏氨酸、缬氨酸、亮氨酸、异亮氨酸、色氨酸、蛋氨酸、苯丙氨酸、组氨酸、赖氨酸和精氨酸等。具体的含量也与河蟹的生长发育阶段密切相关。

3.对脂肪的需求

在配合饲料中,河蟹的脂肪适宜含量为 6% 左右,河蟹的生长发育最好。

4.对碳水化合物的需求

在河蟹的溞状幼体阶段,糖是影响河蟹幼体成活率的主要因素,适宜的含量应达到 10% 以上,而在成体的养殖过程中,适宜含量以 7% 左右比较适宜,这将有助于河蟹的胃肠蠕动以及对蛋白质等营养物质的消化吸收。

5.对矿物质的需求

河蟹对矿物质的需求方面主要考虑钙和磷的含量,在饲养幼蟹个体为 0.1～10 克时,矿物质的含量达到 12% 时,成活率和蜕皮效率最高。另外由于水体中含有一定的钙和磷,而河蟹是可以从水体中吸收到相当一部分的钙和磷的,因此只要在养殖过程中适时泼洒生石灰和定期施磷肥,基本上就能满足河蟹的生长需求。

第二节　河蟹的饲料

一、植物性饲料

河蟹是杂食性动物,对植物性饵料比较喜爱,它们常吃的饵料有以下几种。

藻类:浮游藻类生活在各种小水坑、池塘、沟渠、稻田、河流、湖泊、水库中,河蟹对多种藻类能摄食。

芜萍:芜萍为椭圆形粒状叶体,是多年生漂浮植物,生长在小水塘、稻田、藕塘和静水沟渠等水体中,也是河蟹喜欢摄食的植物性饲料。

各种蔬菜:主要有青菜、小白菜、菠菜和莴苣等,可适当地投喂作为补充食料。

水浮莲、水花生、水葫芦:它们都是河蟹非常喜欢的植物性饵料。

草:包括伊乐藻、菹草等各种沉水性水草以及苏丹草等多种旱草,都是河蟹爱吃的植物性饵料。

二、动物性饲料

河蟹常食用的动物性饵料有水蚤、剑水蚤、轮虫、原虫、水蚯蚓、孑孓以及鱼虾的碎肉、动物内脏、鱼粉、血粉、蛋黄和蚕蛹等。

水蚤、剑水蚤、轮虫等:营养丰富,是水体中天然饵料,蟹苗在进行培育时,喜欢摄食它们。

水蚯蚓:通常群集生活在小水坑、稻田、池塘和水沟底层的污泥中,身体呈红色或青灰色,它是河蟹适口的优良饵料。

孑孓:通常生活在稻田、池塘、水沟和水洼中,尤其春、夏季分布较多,是河蟹喜食的饵料之一。

蚯蚓和蝇蛆:种类较多,都可作河蟹的饵料。

螺蚌肉:也是河蟹养殖的上佳活饵料,一方面可以投喂新活螺蚌作为长期的饵料,也可以把螺蚌打碎后直接投喂。

血块、血粉:新鲜的猪血、牛血、鸡血和鸭血等都可以煮熟后晒干,或制成颗粒饲料喂养河蟹。

鱼、虾肉:成蟹可直接食用,在培育幼蟹时最好煮熟去皮后投喂。

三、配合饲料

在饲料中必须添加蜕壳素、多种维生素、免疫多糖等,满足河蟹的蜕壳需要。

第三节　解决河蟹饲料的方式

养殖河蟹投喂饵料时,既要满足河蟹营养需求,加快蜕壳生长,又要降低养殖成本,提高养殖效益。可因地制宜,多种渠道落实饵料来源。

一、积极寻找现成的饵料

1.充分利用屠宰下脚料

利用肉类加工厂的猪、牛、羊、鸡、鸭等动物内脏以及罐头食品厂的废弃下脚料作为饲料,经淘洗干净后切碎或绞烂煮熟喂河蟹。沿海及内陆渔区可以利用水产加工企业的废鱼虾和鱼内脏,渔场还可以利用池塘鱼病流行季节,需要处理没有食用价值的病鱼、死鱼、废鱼作饲料。如果数量过多时,还可以用淡干或盐干的方法加工储藏,以备待用。

2.捕捞野生鱼虾

在方便的条件下,可以在池塘、河沟、水库、湖泊等水域丰富的地区进行人工捕捞小鱼虾、螺蚌贝蚬等作为蟹的优质天然饵料。这类饲料来源广泛,饲喂效果好,但是劳动强度大。

3.利用黑光灯诱虫

夏秋季节在蟹池水面上 20～30 厘米处吊挂 40 瓦的黑光灯一支,可引诱大量的飞蛾、蚱蜢、蝼蛄等敌害昆虫入水供蟹食用,既可以为农作物消灭害虫,又能提供大量的活饵,根据试验,每夜可诱虫 3～5 千克。为了增加诱虫效果,可采用双层黑光灯管的放置方法,每层灯管间隔 30～50 厘米为宜。特别注意的是,利用这种饲料源,必须定期为河蟹服用抗菌素,提高抗病力。

二、收购野杂鱼虾、螺蚌等

在靠近小溪小河、塘坝、水库、湖泊等地,可通过收购当地渔农捕捞的野杂鱼虾、螺蚌贝蚬等为蟹提供天然饵料,在投喂前要加以清洗消毒处理,可用 3％～5％ 的食盐水清洗 10～15 分钟或用其他药物如高锰酸钾杀菌消毒,螺、贝、蚬、蚌最好敲碎或剖割好再投饲。

三、人工培育活饵料

螺蛳、河蚌、福寿螺、河蚬、蚯蚓、蝇蛆、黄粉虫等是河蟹的优质鲜活饲料,可利用人工手段进行养殖、培育,以满足养殖之需。具体的培育方式请参考相关书籍。

四、种植瓜菜

由于河蟹是杂食性的,因此可利用零星土地种植蔬菜、南瓜、豆类等,作为河蟹的辅助饲料,是解决饲料的一条重要途径。

五、充分利用水体资源

1. 养护好水草

要充分利用水体里的水草资源,在蟹池中移栽水草,覆盖率在40%以上,水草主要品种有伊乐藻等,水草既是河蟹喜食的植物性饵料,又有利于小杂鱼、虾、螺、蚬等天然饵料生物的生长繁殖。蟹池水草以沉水植物为主,漂浮植物,挺水植物为辅。

2. 投放螺蛳

要充分利用水体里的螺蛳资源,并尽可能引进外源性的螺蛳,让其自然繁殖,供河蟹自由摄食。

六、充分利用配合饲料

饲料是决定河蟹的生长速度和产量的物质基础,任何一种单一饲料都无法满足河蟹的营养需求。因此,在积极开辟和利用天然饲料的同时,也要投喂人工配合饲料,既能保证河蟹的生长速度,又能节约饲养成本。

根据河蟹的不同生长发育阶段对各种营养物质的需求,将多种原料按一定的比例配合、科学加工而成。配合饲料又称为颗粒饲料,包括软颗粒饲料、硬颗粒饲料和膨化饲料等,它具有动物蛋白和植物蛋白配比合理、能量饲料与蛋白饲料的比例适宜、具备营养物质较全面的优点,同时在配制过程中,适当添加了河蟹特殊需要的维生素和矿物质,以便各种营养成分发挥最大的经济效益,并获得最佳的饲养效果。

第四节 河蟹配合饲料的使用

一、河蟹养殖使用配合饲料的优点

在养殖河蟹的过程中,使用配合饲料具有以下几个方面的优点：

1. 营养价值高，适合于集约化生产

河蟹的配合饲料是运用现代河蟹研究的鱼类生理学、生物化学和营养学最新成就，根据分析河蟹在不同生长阶段的营养需求后，经过科学配方与加工配制而成，因此有的放矢，大大提高了饲料中各种营养成分的利用率，使营养更加全面、平衡，生物学价值更高。它不仅能满足河蟹生长发育的需要，而且能提高各种单一饲料养分的实际效能和蛋白质的生理价值，起到取长补短的作用，是河蟹的集约化生产的保障。

2. 充分利用饲料资源

通过配合饲料的制作，将一些原来河蟹并不能直接使用的原材料加工成了河蟹的可口饲料，扩大了饲料的来源，它可以充分利用粮、油、酒、药、食品与石油化工等产品，符合可持续发展的原则。

3. 提高饲料的利用效率

配合饲料是根据河蟹的不同生长阶段、不同规格大小而特制的营养成分不同的饲料，使它最适于河蟹生长发育的需要。另外，配合饲料通过加工制粒过程，由于加热作用使饲料熟化，也提高了饲料蛋白质和淀粉的消化率。

4. 减少水质污染

配合饲料在加工制粒过程中，因为加热糊化效果或是添加了黏合剂的作用促使淀粉糊化，增强了饲料原料之间的相互黏结，加工成不同大小、硬度、密度、浮沉、色彩等完全符合河蟹需要的颗粒饲料。这种饲料一方面具有动物蛋白和植物蛋白配比合理、能量饲料与蛋白饲料的比例适宜、具备营养物质较全面的优点，同时也大大减少了饲料在水中的溶失以及对水域的污染，降低了池水的有机物耗氧量，提高了鱼池河蟹的放养密度和单位面积的河蟹产量。

5. 减少和预防疾病

各种饲料原料在加工处理过程中，尤其是在加热过程中能破坏某些原料中的抗代谢物质，提高了饲料的使用效率，同时在配制过程中，适当添加了河蟹特殊需要的维生素、矿物质以及预防或治疗特定时期的特定蟹病，通过饵料作为药物的载体，使药物更好更快地被河蟹摄食，从而更方便有效地预防蟹病。更重要的是，在饲料加工过程中，可以除去原料中的一些毒素、杀灭潜在的病菌和寄生虫及虫卵等，减少了由饲料所引起的多种疾病。

6. 有利于运输和贮存

配合饲料的生产可以利用现代先进的加工技术进行大批量工业化生产，便于运输和贮存，节省劳动力，提高劳动生产率，降低了河蟹养殖的强度，获得最佳的饲养效果。

二、河蟹配合饲料的分类

配合饲料把能量饲料、蛋白质饲料、矿物质饲料等多种营养成分有机地结合在一起，但是各种营养成分在饲料中所起的作用又有所侧重，因此加工配制的河蟹颗粒饲料按配合饲料的营养成分可分为几类：

1. 全价饲料

又叫完全营养饲料或平衡饲料，指饲料中营养全面、配比合理、能满足河蟹在不同生长发育阶段的营养需求的配合饲料，全价饲料买回来后就可以马上投喂使用。

2. 添加剂饲料

它属于营养补充饲料，它是由营养性添加剂（如维生素、微量元素和氨基酸等）和非营养性添加剂（如抗生素、激素、酶制剂、抗氧化剂等），以豆粕或玉米粉为载体，按河蟹生长发育所需的要求进行预混合而成。这种饲料的主要目的是用于补充河蟹普通饲料中缺少的氨基酸、维生素、矿物质及其他生长所需要的特殊成分的含量,这类饲料起补充作用,因此在使用时一要注意用量少,一般占配合饲料总量的 5% 以内,二是要一定在搅拌均匀后,才能制粒使用。

3. 预混饲料

又称浓缩饲料或蛋白质浓缩料,是将添加剂饲料和蛋白质饲料等按规定的配方配制而成,在使用时这种预混合的饲料必须加到其他饲料中一起制成成品饲料才能用于河蟹的养殖,一般可占饲料配合量的 20%～30%。

4. 混合饲料

又称初级配合饲料,它是将蛋白质饲料、能量饲料和矿物质饲料一起混合而成,但没有考虑氨基酸、维生素以及其他养分的需求量,因此这种饲料营养成分不完全,饲料效率偏低,目前应用较少。

另外河蟹的颗粒饲料按饲料的物理性状可以分为软颗粒饲料、硬颗粒饲料和膨化饲料等,它具有动物蛋白和植物蛋白配比合理、能量饲料与蛋白饲料的比例适宜、具备营养物质较全面的优点,同时在配制过程中,适当添加了河蟹特殊需要的维生素和矿物质,以便各种营养成分发挥最大的经济效益,并获得最佳的饲养效果。

三、河蟹配合饲料的原料

配合饲料的原料包括动物性原料和植物性原料两种。动物性原料提供动物蛋白源,如鱼粉、贝粉、肉骨粉、血粉等。植物性原料提供植物蛋白源,多采用各种饼类(如豆饼、花生饼、菜籽饼等)。

1. 动物蛋白源

饲料动物蛋白源的多少是决定河蟹生长快慢的主要因素。动物蛋白源最好采用北洋鱼粉,鱼粉鲜度好,活性因子多,蛋白含量高达 65%～70%,尤其含蛋氨酸、赖氨酸等必需氨基酸,脂肪含量 2%～5.6%,香味很浓,诱食效果极佳,是生产河蟹饲料的首选原料。也可选择蚯蚓粉、蝇蛆粉、干黄粉虫等作为优质鱼粉的替代产品。

2.植物蛋白源

河蟹的植物蛋白源也有多种,最常见的效果也不错的当数豆饼,它富含植物蛋白,而且消化吸收快;花生饼的质量也比较稳定,可以替代豆饼添加;麦类如大麦、燕麦、小麦等富含淀粉和植物蛋白,既可以提供植物蛋白源,又可替代部分黏合剂,可以适当多加。

3.动物蛋白与植物蛋白的适宜比例

河蟹属于以肉食性为主的杂食性动物,配合饲料应以动物蛋白为主,植物蛋白控制在一定的范围内,动物蛋白与植物蛋白之间比例,一般以(3~4)∶1为好。

4.黏合剂

黏合剂是使颗粒和碎粒状饲料保持一定形状及黏合所必需的一种原料。倘若人工饲料的黏合性能差,饲料投喂后,会很快破碎、溶解,造成饲料中各种原料的散失,导致浪费饲料及污染水质。对于河蟹具有缓慢食性且喜噬食的动物,饲料黏合剂的种类和数量是仅次于动植物蛋源对饲养效果发生重要影响的饲料要素。实践表明,α-淀粉、羧甲基纤维素、海藻胶等是河蟹饲料的良好黏合剂。尤其是α-马铃薯淀粉,它既是黏合剂,又提供能量来源。它具有速溶性、保水性和高黏性等优点,对饲料的黏弹性、柔软度、内聚力和稳定性都有很大作用。

5.添加剂

添加剂也是配合饲料的关键技术之一,蟹对饲料中维生素和矿物质的反应敏感,饲料中不足或缺乏时,会生长缓慢,饲料效率降低,并出现各种营养性疾病。

四、河蟹常用的饲料配方推荐

饲料配方一定要科学合理,是配合饲料的关键技术之一,更是营养研究及其营养标准的成果体现，既要考虑河蟹的营养需求，又要充分考虑各种原料的营养比例，同时也不能忽视对成本的合理核算。

在目前配制的河蟹颗粒饲料中，动物性饲料占 $30\%\sim40\%$，植物性饲料占 $50\%\sim60\%$，其他的占 10% 左右，现将我国各地养殖河蟹过程中常用的且效果良好的一些河蟹配合饲料的配方整理出来，仅供参考：

10 克以内的幼蟹配方：

饲料配方 1：鱼粉 70%、蚕蛹粉 5%、啤酒酵母 2%、α-淀粉 20%、血粉 1%、复合维生素 1%、矿物盐 1%。

饲料配方 2：秘鲁鱼粉 35%、国产鱼粉 10%、酵母粉 3%、虾粉 11%、豆粕 17%、大豆磷脂 7%、海藻粉 2.5%、小麦面精粉 5.9%、植物油 1.5%、磷酸二氢钙 2.7%、乳酸钙 0.4%、预混料 4%；

饲料配方 3：鱼粉 45%、蛋黄粉 5%、蛤仔粉 2%、脱脂奶粉 10%、卵磷脂 1.5%、酵母粉 2%、小麦精粉 22.5%、玉米麸质粉 5%、乌贼甘油 1%、多维和矿物质 2%、明胶 4%；

饲料配方 4：动物性蛋白饲料 37%、饼类 41%、糠麸粮食 14%、添加剂 8%；

10～40 克的幼蟹饲料配方：

饲料配方 1：北洋鱼粉 70%、α-马铃薯淀粉 22%、啤酒酵母 3%、复合维生素 1%、磷酸二氢钙 3%、矿物盐 1%；

饲料配方 2：秘鲁鱼粉 28%、国产鱼粉 10%、肉骨粉 5%、虾粉 4%、豆粕 15%、大豆磷脂 5%、花生粕 6.5%、玉米蛋白粉 5.5%、小麦粉 8.5%、草粉 5%、植物油 1%、磷酸二氢钙 2.1%、乳酸钙 0.4%、预混料 4%；

饲料配方 3：鱼浆 30%、蛋黄 15%、豆浆 37%、麦粉 18%；

饲料配方 4：动物性蛋白饲料 38%、饼类 40%、糠麸粮食 11%、虾粉 3%、复合添加剂 8%；

40 克以上的成蟹配方：

饲料配方 1：鱼粉 25%、豆饼 28%、玉米 19%、4 号麦粉 25%、维生素 1.5%，矿物盐 1.5%。

饲料配方 2：动物性蛋白饲料 27%、饼类 47%、糠麸粮食 7%、玉米 15%、小麦粉 1.5%、添加剂 2.5%；

饲料配方 3：鱼粉 36%、豆饼 33%、菜籽饼 5%、棉籽饼 4%、玉米 5%、糠麸 10%、复合添加剂 7%；

饲料配方 4：豆饼 22%、玉米 23%、麸皮 27%、小麦粉 10%、蟹壳粉 3.1%、骨粉 10%、海带粉 4.5%、生长素 0.35%、维生素 0.05%。

五、提高河蟹配合饲料利用率的措施

随河蟹对配合饲料的需求量也越来越多，在养殖过程中，如何提高配合饲料的利用率，是降低养殖成本投入、提高养殖经济效益的重要举措：

1. 突出精养河蟹

采用配合饲料喂河蟹，可以降低饲料的投喂量，减轻残饵发酵对水体的污染，但是配合饲料比较昂贵，如果被普通鱼类吃掉，就会增加成本投入，因此在池塘精养河蟹投喂配合饲料时，一定要降低其他搭配鱼类的数量，尤其是要控制异育银鲫的搭配数量，一般每亩水面混养 100 尾左右的花白鲢、20 尾左右的异育银鲫。

2. 合理搭配青鲜饲料

河蟹对水草的需求量较大，除了人工种植水草或栽培水草外，还要定期投喂新鲜水陆嫩草、螺蚌贝蚬等鲜活饲料，这样既可减少配合饲料的投喂量，又能补充河蟹生长所必需的大部分维生素、矿物质和微量元素，可以提高配合饲料的利用率，加快河蟹的生长速度。

3.配方要合理、营养要全面

河蟹在不同生长阶段、不同的水体环境和不同的养殖模式中，对营养物质的要求也略有不同,例如幼蟹对蛋白质含量的需求超过40%,成蟹对蛋白质的含量在35%左右,因此要根据河蟹的食性、个体大小、月龄、生长阶段等对营养的不同需求来制定和选用合理的饲料配方,添加合适的微量元素,尽可能满足河蟹的营养需求。

4.添加适宜的诱食剂

为了保证配合饲料尽快被河蟹取食,减少被其他鱼类摄食的可能和破碎后对水体的污染,可在配合饲料中添加适宜的诱食剂,添加种类有甜菜碱、乌贼粉等,添加量一般为1‰～2‰。

5.定期添加蜕壳素

在配合饲料中定期添加蜕壳素,一方面促进河蟹在生长期内,多蜕壳,提高上市规格。另一方面促进河蟹同步蜕壳,减少互相残杀。

6.科学投饵与水质调节相结合

生长季节每半月泼洒一次生石灰,以增加水体钙质,提高水体透明度。每2～3天换注一次新水,使水体长期保持较高的溶氧,能提高河蟹摄食量、饵料利用率和转化率。

第五节　科学投喂

投喂量多质好的饵料,尤其是颗粒饲料是养蟹高产、稳产、优质、高效的重要技术措施。

一、河蟹喂食需要了解的真相

首先我们应该了解河蟹自身消化系统的消化能力是不足,主要表现为河蟹消化道短,内源酶不足;另外气候和环境的变化尤其是水温的变化会导致蟹产生应激反应,甚至拒食等,这些因素都会妨碍河蟹营养的消化吸收。

其次就是不要盲目迷信河蟹的天然饵料,有的养殖户认为只要水草养好了,螺蛳投喂足了,再喂点小麦、玉米什么的就可以了,而忽视了配合饲料的使用,这种观念是错误的,在规模化养殖中我们不可能有那么丰富的天然饵料,因此我们必须科学使用配合饲料,而且要根据不同的生长阶段使用不同粒径、不同配方的配合饲料。

再次就是饲料本身的营养平衡与生产厂家的生产设备和工艺配方相关联,例如有的生产厂家为了节省费用,会用部分植物蛋白(常用的是发酵豆粕)替代部分动物蛋白(如鱼粉、骨粉等),加上生产过程中的高温环节对饲料营养的破坏,如磷酸酯等会丧失,会导致饲料营养的失衡,从而也影响河蟹了对饲料营养的消化吸收及营养平衡的需求。所以,养殖在选用饲料时要理智谨慎,最好选择用户口碑好的知名品牌使用。

第四就是为了有效弥补河蟹消化能力不足的缺失,提高河蟹对饲料营养的消化吸收,满足其营养平衡的需求,增强其免疫抗病能力,在喂料前,定期在饲料中拌入产酶益生菌、酵母菌和乳酸菌等,是很有必要。这些有益微生物复合种群优势,既能补充河蟹的内源酶,增强消化功能,促进对饲料营养的消化吸收,还能有效抑制病原微生物在消化系统生长繁殖,维护消化道的菌群平衡,修复并促进体内微生态的健康循环,预防消化系统疾病,对河蟹养殖十分重要。另外如果在饲料中定期添加保肝促长类药物,既有利于保肝护肝,增强肝功能的排毒解毒功能,又能提高河蟹的免疫力和抗病能力,因此我们在投喂饲料时要定期使用一些必备的药物。

第五就是我们在投喂饲料时,总会有一些饲料沉积在池底,从而对底质和水质造成一些不好的影响,为了确保池塘的水质和底质都能得到良好的养护和及时的改善,从而减少河蟹的应激反应,因此我们在投喂时,会根据不同的养殖阶段和投喂情况,会在饲料中适当添加一些营养保健品和微量元素,可增强蟹的活力和免疫抗病能力,提高饲料营养的转化吸收,促进河蟹生长,降低养蟹风险和养殖成本,提高养殖效益。

二、投饲量

投饲量是指在一定的时间(一般是 24 小时)内投放到某一养殖水体中的饲料量。它与河蟹的食欲、数量、大小、水质、饲料质量等有关,实际工作中投饲量常用投饲率进行度量。投饲率亦称日投饲率,是指每天所投饲料量占池塘里河蟹总体重的百分数。日投饲量是实际投饲率与水中承载河蟹量的乘积。为了确定某一具体养殖水体中的投饲量,需首先确定投饲率和承载河蟹量。

1. 影响投饲率的因素

投饲率受许多因素的影响,主要包括养殖河蟹的规格(体重)、水温、水质(溶氧)和饲料质量等。

(1)水温　河蟹是变温动物,水温影响他们的新陈代谢和食欲。在适温范围内,河蟹的摄食随水温的升高而增加的。应根据不同的水温确定投饲率,具体体现在一年中不同的月份应该投饲量有所变化。

(2)水质　水质的好坏直接影响到河蟹的食欲、新陈代谢及健康。一般在缺氧的情况,河蟹会表现出极度不适和厌食。水中溶氧量充足时,食量加大。因此,应根据水中的溶氧量调节投饲量,如气压低时,水中溶氧量低,相应地应降低饲料喂料量,以避免未被摄食的饲料造成水质的进一步恶化。

(3)饲料的营养与品质　一般来说,质量优良的饲料河蟹喜食,而质量低劣的饲料,如霉变饲料,则会影响河蟹的摄食,甚至拒食。饲料的营养含量也会影响投饲量,特别是日粮的蛋白质的含量,对投饲量的影响最大。

2.投饲量的确定

河蟹的投饲量的确定方法主要有两种:饲料全年分配法和投饲率表法。

(1)饲料全年投饵计划和各月分配法　为了做到有计划的生产,保证饲料及时供应,做到根据河蟹生长需要,均匀、适量地投喂饵料,必须在年初规划好全年的投饵计划。

饲料全年分配法是根据从实践中总结出来的在特定的养殖方式下河蟹的饲料全年分配比例表。具体方法是首先根据蟹池条件、全池计划总产量、蟹种放养量以及不同的养殖方式估算出全年净产量,然后根据饲料品质估测出饲料系数或综合饵肥料系数,然后估算出全年饲料总需要量,再根据饲料全年分配比例表,确定出逐月(表4),甚至逐旬和逐日分配的投饲量。

其中各月饵料分配比例一般采用"早开食,晚停食,抓中间,带两头"的分配方法,在鱼类的主要生长季节投饵量占总投饵量的75%～85%;每日的实际投饵量主要根据当地的水温、水色、天气和鱼类吃食情况来决定。

表4　月饵料分配比例

月	3	4	5	6	7	8	9	10	11
100	1.0	2.5	6.5	11	14	18	24	20	3.0

(2)投饲率表法　投饲率表法是根据试验和长期生产实践得出的河蟹在不同水温条件下的最佳投饲率而制成的投饲率表,并根据水体中实际河蟹承载量求出每日的投饲量,其中实际投饲率经常要根据饲料质量及河蟹的摄食情况进行调整。水体中河蟹承载量是指某一水体中养殖的河蟹总重量,一般可用抽样法估测。抽样法过程如下:首先从水体中随机捕出部分河蟹,记录尾数并称重总重量,求出尾平均重。然后根据日常记录,从放养时总尾数减

去死亡数得出水体中现存的河蟹尾数,用此尾数乘以尾平均重即估测出水体中的河蟹承载量。河蟹的投饵率的影响因素很多,实际工作中要灵活掌握。

三、河蟹具体投喂量的确定

幼蟹刚下塘时,日投饵量每亩为 0.5 千克。随着生长,要不断增加投喂量,具体的投喂量除了与天气、水温、水质等有关外,还要自己在生产实践中把握,这里介绍一种叫试差法的投喂方法来掌握投喂量。在第二天喂食前先查一下前一天所喂的饵料情况,如果没有剩下,说明基本上够吃了,如果剩下不少,说明投喂得过多了,一定要将饵量减下来,如果看到饵料没有,且饵料投喂点旁边有河蟹爬动的痕迹,说明上次投饵少了一点,需要加一点,如此 3 天就可以确定投饵量了。在没捕捞的情况下,隔 3 天增加 10% 的投饵量。

四、投喂技术

水产养殖由于鱼的品种不同、规格不同以及养殖环境和管理条件的变化,需要采用不同的投喂方式。饲养时必须根据鱼的大小、种类认真考虑饲料的特性,如来源(活饵或人工配合饲料)、颗粒规格、组成、密度和适口性等。而投喂量、投喂次数对鱼的生长率和饲料利用率有重要影响。此外,使用的饲料类型(浮性或沉性、颗粒或团状等)以及饲喂方法要根据具体条件而定。可以说,投喂方式与满足饲料的营养要求同样重要。

1. 配合饲料的规格

颗粒饲料具有较高的稳定性,可减少饲料对水质的污染。此外,投喂颗粒饲料时,便于具体观察河蟹的摄食情况,灵活掌握投喂量,可以避免饲料的浪费。最佳饲料颗粒规格随河蟹增长而增大。

2.投喂原则

河蟹是以动物性饲料为主的杂食性动物,在投喂上应进行动力植物饲料合理搭配,实行"两头精、中间青、荤素搭配、青精结合"的科学投饵原则进行投喂。

3."四看"投饵

看季节:5月中旬前动、植物性饵料比为60∶40;5～8月中旬,为45∶55;8月下旬至10月中旬为65∶35。

看实际情况:连续阴雨天气或水质过浓,可以少投喂,天气晴好时适当多投喂;大批河蟹蜕壳时少投喂,蜕壳后多投喂;河蟹发病季节少投喂,生长正常时多投喂。既要让河蟹吃饱吃好,又要减少浪费,提高饲料利用率。

看水色:透明度大于50厘米时可多投,少于20厘米时应少投,并及时换水。

看摄食活动:发现过夜剩余饵料应减少投饵量。

4."四定"投饵

定时:高温时节每天两次,最好定到准确时间,调整时间宜半月甚至更长时间才能进行。水温较低时,也可一天喂一次,安排在下午。

定位:沿池边浅水区定点"一"字形摊放,每间隔20厘米设一投饵点。

定质:青、粗、精结合,确保新鲜适口、不腐烂变质,营养搭配合理,建议投配合饵料,全价颗粒饵料,严禁投腐败变质饵料,做成团或块,以提高饵料利用率,其中动物性饵料占40%,粗料占25%,青料占35%。动物下脚料最好是煮熟后投喂,在池中水草不足的情况下,一定要添加陆生草类的投喂,夏季要捞掉吃不完的草,以免腐烂影响水质。

定量:自配的新鲜饲料日投饵量的确定按3～4月份为蟹体重的1%左右,5～7月份为5%～8%;8～10月为10%以上进行投喂。全价配合颗粒饲料日投饵量控制在 1%～5%。每日的投饵量早上占 30%，下午占 70%。河蟹最后一两次蜕壳即将起捕时，则宜大量投喂动物饲料，以达到快速增肥，提高成蟹规格。

5. 牢记"匀、好、足"

匀：表示一年中应连续不断地投以足够数量的饵料，在正常情况下，前后两次投饵量应相对均匀，相差不大。

好：表示饵料的质量要好，要能满足河蟹生长发育的需求。

足：表示投饵量适当，在规定的时间内河蟹能将饲料吃完，不使河蟹过饥或过饱。

五、科学投喂配合饲料

1. 配合饲料大小适口

各类原料经粉碎和匀后，制成合适的形状，根据河蟹不同的生长阶段，加工成大小不一的颗粒料，使之具有较强的适口性，有利于河蟹的摄食，这样可减少饲料损失，提高利用率。

2. 根据河蟹生活习性投饵

河蟹有昼伏夜出的生活习性，饵料投喂应以晚间投饵为主，白天投饵为辅。其晚间投饵量占全天饵料量的 70%。

3. 掌握合适的投饲量

要准确估算出池塘里河蟹的产量和摄食状况，根据在不同生长阶段、不同季节、不同水温条件下，河蟹对饵料的摄食情况，掌握合适的投饲量，在实际操作过程中，要科学掌握"四看"、"四定"投饲技术，利用"试差法"确定每天的投喂量。

4. 改深水区为浅水区投饵

由于河蟹喜欢在浅水处觅食，因此在投喂时，饵料投放在岸边和有水草的浅水区，布点要均匀，也可在池四周增设饵料台，以便观察河蟹吃食情况，并坚持四看四定的投饵原则。

5.投饲方法要得当

投喂河蟹最好用瓦片搭设饵料台,饵料台离水面约 0.5 米,每池可设饵料台 10～15 个。日投饵次数可根据河蟹的摄食节律和季节而定,温度较低时,日投饵一次,在大生长期,上午 9 时和下午 5 时各投饲一次,以下午投饵为主,占日投饵量的 70%;每天要及时清除残饵,并对食台定期消毒;经常换冲水,确保水体溶氧丰富,促进河蟹对饲料的摄食,提高饲料的利用率。

6.科学投喂成熟蟹

(1)改晚间投饵为白天投饵　成熟蟹开始生殖洄游,晚上上岸爬行,体力消耗过大,易造成洄游蟹营养不足,因此要适当投饵。在投饵方法上,改过去的晚上投饵为白天投饵。

(2)防营养过剩死亡　特别是成熟的雌蟹,肝脏 85% 以上,转化为性腺,肝功能下降,如在大量投喂动物性饵料。一方面肝功能不能适应高蛋白的营养储存,另一方面促使此雄蟹提前在淡水里交配,引起死亡,因此不要投喂动物性饵料,而是采用配合饲料搭配玉米、小麦等粗饲料一起投喂。

7.鱼蟹混养的投喂

实施鱼蟹混养模式的,应先喂鱼、后喂蟹。鱼料投入深水区,蟹料投入浅水区,以防鱼蟹争食,使蟹吃不到饵料,影响河蟹生长。

六、投喂时警惕病从口入

首先是注意螺蛳的清洁投喂。

其次是注意对冰鲜鱼的处理。养殖户投喂的冰鲜野杂鱼类几乎没有经过任何处理,野杂鱼中也附带着大量有害细菌、病毒,特别是已经变质的野杂鱼。河蟹在摄食的过程中将有害的病毒和病菌或有毒的重金属或药残带入体内,从而引发病害,常见的如肝脏肿大、肝脏萎缩、糜烂、肠炎、空肠、空胃等。

处理方法:在投喂冰鲜野杂鱼投喂前,可使用大蒜素进行拌料处理来消除其中的有害物质,经过发酵的天然大蒜的杀菌抑菌能力是普通抗生素的 5～8 倍,无残留,不形成抗性,具体的使用请参考各生产厂家的大蒜素或类似产品的用法与用量。

再次就是在高温季节对颗粒饲料进行相应的处理。在高温时节投喂颗粒饲料时,容易使饲料溶散,不利于河蟹摄食,另外这些没有被及时摄食的饲料沉入塘底,一方面造成饵料浪费严重,另一方面则容易造成底质腐败,溶氧缺乏,病毒、病菌容易繁殖,有毒有害物质容易形成,整个养殖环境处于重度污染状态。

处理方法:在投喂饲料前,适当配合环保营养型黏合剂,将饲料包裹后投喂,既能起到诱食促食作用,还能增强营养消化,这样不仅可以降低饵料系数,减轻底质污染,更重要的是能有效地控制河蟹病从口入,减少病害的发生。

第六节　人工培育活饵料

蚯蚓、蝇蛆、黄粉虫、田螺、河蚬等都是河蟹的优质鲜活饲料,都可利用人工手段进行养殖、培育,以满足养殖之需,但是在规模养殖时,还是田螺和河蚬的培育更能解决河蟹的饵料,而且螺蚬贝对水质也有很好的净化作用,因此我们建议河蟹养殖户重点进行田螺和河蚬的培育。

一、田螺的培育

人工养殖田螺,既可开挖专门的养殖池,也可利用稻田、洼地、平坦沟渠、排灌池塘等养殖。专门的养殖池应选择水源有保障,管理方便,没有化肥、农药、工业废水污染的地方,利用稻田养殖,既不能施肥,又不能犁耙,在进出水口安装铁丝或塑料隔网,以便进行控制。养殖池最好专池专养,分别饲养成螺、亲螺和幼螺,一般要求池宽 15 米,深 30～50 厘米,长度因地制宜,以便于平时的日常管理和收获时的捕捞操作,养殖池的外围筑一道高 50～80 厘米的土围墙,分池筑出高于水面 20 厘米左右的堤埂,以方便管理人员行走。池的对角应开设一排水口和一进水口,使池水保持流动畅通;进出水口要安装铁丝网或塑料网,防止田螺越池潜逃,养殖池里面要有一定厚度的淤泥。在放养前一周,首先要先培育天然饵料,方法是用鸡粪和切碎的稻草按 3:1 的比例制成堆肥,按每平方米投放 1.5 千克作为饵料生物培养床,同时适当在池内种植茭白、水草或放养紫背浮萍、绿水芜萍、水浮莲等,水下设置一丝木条、竹枝、石头等隐蔽物,以利于螺遮阴避暑、攀爬栖息和提供天然饵料、提高养殖经济效益。

1.投放密度

人工养殖田螺,必须根据实际灵活掌握种螺的投放密度。一般情况下,在专门单一养成螺的池内,密度可以适当大一些,每平方米放养种螺 150～200 个,如果只在自然水域内放养,由于饵料因素,每平方米投放 20～30 个种螺即可。

2.饵料投喂

田螺的食性很杂,人工养殖除由其自行摄食天然饵料外,还应当适当投喂一些青菜、豆饼、米糠、番茄、土豆、蚯蚓、昆虫、鱼虾残体以及其他动物内脏、畜禽下脚料等。各种饵料均要求新鲜不变质,富有养分。仔螺产出后 2～3 个星期即可开始投饵。田螺摄食时,因靠其舌舔食,故投喂时,应先将固体饵料泡软,把鱼杂、动物内脏、屠宰下脚料及青菜等剁碎,最好经过煮熟成糜状物后,再用米糠或豆饼麦麸充分搅拌均匀后分散投喂(即拌糊撒投),以适于舔食的需要。每天投喂一次,投喂时间一般在上午 8～9 时为宜,日投饵量大约为螺体重的 1%～3%,并随着体重的逐渐增长,视其食量大小而适量调整,酌情增减。对于一些较肥沃的鱼螺混养池则可不必或少投饵料,让其摄食水体中的天然浮游动物和水生植物。

3.注意科学管理

人工养殖田螺时,平时必须注意科学管理,才能获得好的收成。

(1)注意观测水质水温:田螺的养殖管理工作,最重要的是要注意管好水质、水温,视天气变化调节、控制好水位,保证水中有足够的溶氧量,这是因为田螺对水中溶氧很敏感。据测定,如果水中溶氧量在3.5毫克/升以下时,田螺摄食量明显减少,食欲下降;当水中溶解氧(D·O)降到1.5毫克/升以下时,田螺就会死亡;当D·O在4毫克/升以上时,田螺生活良好。所以在夏秋摄食旺盛且又是气温较高的季节,除了提前在水中种植水生植物,以利遮阴避暑外,还要采用活水灌溉池塘即形成半流水或微流水式养殖,以降低水温、增加溶氧。此外,凡含有强铁、强硫质的水源,绝对不能使用,受化肥、农药污染的水或工业废水要严禁进入池内。五氯酚钠对田螺的致毒性极强,因此禁止使用;水质要始终保持清新无污染,一旦发现池水受污染,要立即排干池水,用清新的水换掉池内的污水。

(2)注意观察采食情况:在投饵饲养时,如果发现田螺厣片收缩后肉溢出时,说明田螺出现明显的缺钙现象,此时应在饵料中添加虾皮糠、鱼粉、贝壳粉等;如果厣片陷入壳内,则为饵料不足饥饿所致,应及时增加投饵量,以免影响生长和繁殖。

(3)加强螺池巡视:田螺有外逃的习性,在平时要注意加强螺池的巡视,经常检查堤围、池底和进出水口的栅闸网,发现裂缝、漏洞,及时修补、堵塞,防止漏水和田螺逃逸。同时要采取有效措施预防鸟、鼠等天敌伤害田螺;注意养殖池中不要混养青、鲤、鲈鱼等杂食性和肉食性鱼类,避免田螺被吞食;越冬种螺上面要盖层稻草以保温保湿。

4.田螺的捕捞

人工养殖的田螺,产出后3个月即可达2～3克/只重,当年成螺可达到 10～15 克/只重,这样大小的田螺,肉质肥美鲜嫩,最受食客的欢迎,可陆续分批起捕上市,起捕时采取起成螺留幼螺的做法,但必须注意,在田螺怀胎产仔的三个月,即每年的 6 月上旬、8月中旬和 9 月下旬,暂时不必起捕或有选择地起捕已产仔的成螺,多留怀胎母螺以供繁殖再生产,一般每年可留 20％左右作为来年的种螺;起捕时,先将经过脱脂的米糠与土相拌和,若米糠经炒熟喷香后,效果最好,投入水中若干地方,这时田螺就会聚集取食,用手捞起即可。

二、河蚬的培育

1.培育池的建造

河蚬培育池应建在水源排灌方便,水质无污染,特别是无农药和化肥污染的池塘里,池塘底质淤泥较少,腐殖质不宜过多,以沙质土壤为宜,面积以 1～3 亩为好,水深以 0.8～1.2 米为佳,另外还要建造 1～2 个幼蚬培育池和亲蚬培育池。

2.亲蚬的来源及繁殖

人工养殖用的河蚬最好是从江河中人工捕捞的成熟河蚬,用铁耙捕起的河蚬由于蚬体受到机械损伤,体质较差最好不用。每年 8 月左右是河蚬的繁育旺季,应选择体大而圆(同心圆蚬一般是性腺发育良好的河蚬)的亲蚬放于土池中专门培育,主要投喂一些鱼粉、屠宰下脚料等优质饵料,以促进亲蚬的迅速发育。河蚬交配繁殖后,精卵在水中浮游时相互融合并发育成为受精卵,河蚬为变态发育,它的受精卵在水中发育变态为担轮幼虫和面盆幼虫,不像河蚌那样寄生在鱼体上发育。面盆幼虫营浮游生活,抵抗力较差,生活力较弱,常常成为其他鱼类的腹中美餐,因此面盆幼虫最好要单独专池培育。

3.幼体的培育

幼体培育池最好用水泥池规格以 5 米×3 米×1 米为宜,水深控制在 0.6 米为佳,在池中投放一些水花生、浮萍等水生植物,以供担轮幼虫和面盆幼虫栖息时用,也可为它们诱集部分天然饵料。日常管理主要是加强水质、水位的控制,要求水质清新,绝对不能施放农药和化肥,投饵主要以煮熟后磨碎的鱼糜为佳,伴以部分黄豆。

4. 成蚬的养殖

(1)养殖池的建设　河蚬养殖池不宜太大,一般以 3～5 亩为宜,进排水方便,池底不能有太多的淤泥,水色不能太肥,否则易引起河蚬死亡,水深保持在 1 米左右。

(2)运输及放养　若从外地购买蚬种时,可将河蚬种苗装入麻袋或草包中带湿低温阴凉运输,为了减少途中死亡,应注意每隔 8 小时左右洒一次水,保持种苗的湿度,同时注意堆放时不要堆放得太多,以免压伤底部的河蚬种苗。在放养前最好先将池水排干,在日光下曝晒 10 天左右再注入新水,放养时,将整麻袋河蚬轻轻倒入水口,并在水中慢慢拖动麻袋,同时松开袋口,尽量使河蚬不要堆积,能分开为佳。

(3)投放密度　一般第一年饲养河蚬时,每亩可放苗种 150 千克,由于河蚬在池塘里能不断地繁殖数量,因此第二年的投放量应降低,以 80～100 千克即可,河蚬种苗规格为 800～3 000 个/千克。

(4)投饵与管理　在池塘中养殖时,应及时投饵,通常投喂豆粉、麦麸或米糠,也可施鸡粪和其他农家肥料,有条件的地方在放养初期可投喂部分煮熟并制成糜状的屠宰下脚料,以增强苗种的体质,日常管理主要是池塘中不能注入农药和化肥水,也不宜在池塘中洗衣服,这最容量导致河蚬大批量死亡。

(5)生长发育　在饲养条件良好的情况下,河蚬生长发育较快,初入塘时,苗种平均重为 0.1 克左右手饲养 1 个月可增重至 4～5 倍,达到 0.4～0.5 克左右,3 个月可达 0.85 克;4～4.5 个月可达到 2.2 克;5~6 个月可达 4 克;7~7.5 个月可长至 5 克左右,体重相当于原来苗种的 50 倍,此时可大量起捕。

(6)起捕　起捕河蚬时,由于受到惊动,河蚬便栖息在淤泥中,因而可用带网的铁耙捕起后,再用铁筛分出大小,将大的捕出待用,个体较小的最好随时放回原池中继续饲养,注意受伤的河蚬必须捞起用药浴处理后再放养。值得注意的是,河蚬池中可以套养鲢、鳙、草鱼,但不能与青鱼、鲤鱼等肉食性鱼类混养,好要防止特种水产如河蟹、黄鳝的捕食。

三、福寿螺的培育

1. 利用福寿螺养殖河蟹的意义

首先是河蟹养殖现状需要改变养殖模式

在一些内陆养蟹地区,由于多年来养殖户对天然水域内水草、螺、蚌等生物资源持续过度开发,致使河蟹养殖水域的环境质量持续下降,具体表现为:不是养蟹首选的水花生等漂浮水生植物过渡繁殖,对养蟹有益的沉水性植物(苦草、轮叶黑藻、马来眼子菜等)现已成为劣势种群,螺蚌等河蟹喜食的天然生物饵料急剧下降,为了保障河蟹生长所需要的能量,养蟹户大量投喂黄豆、玉米、小麦、南瓜、鲜鱼、冻鱼、碎螺等,不仅导致养蟹成本急剧上升,而且因为投喂的饲料原料转化率低,不能很好地满足河蟹本身的营养需求,故水质富营养化程度更进一步加剧,河蟹体质及抗病力下降,生长规格下降,外观质量等外观表现和口感等内在品质也不断下降。

为了提高河蟹的品质和降低生产成本,增加养殖效益,减少病害的发生,需要我们养殖户不断改变养殖模式和投饵方法,经过实践表明,用福寿螺取代大豆、小麦、鱼等饲料原料既可降低成本,又能提高河蟹品质,是实现养蟹经济效益提高的重要途径。

其次是可有效地降低河蟹养殖成本

专用河蟹饲料的成本较高,如果用低成本、易饲养、营养丰富的福寿螺取代大豆、小麦、玉米、冻鱼、鲜鱼等可直接降低养蟹的饲料成本。据测算：福寿螺的人工养殖成本可控制在 $0.4 \sim 0.5$ 元/千克，远远低于小麦、玉米的购买价格，而鲜鱼或冻鱼的销售价格高达 $2 \sim 3$ 元/千克。更重要的是福寿螺的含肉率高，营养丰富，河蟹喜食，更能促进河蟹生长，加快营养物质积累，所以河蟹规格更大，品质更好、售价更高。

第三是有利于疾病的防控

在高温期，鱼易腐臭，故投喂冻鱼或鲜鱼易引发蟹病，水质也易恶化，而福寿螺始终能做到鲜活投喂，可减少蟹病发生，也有助于降低养殖户的蟹病防治费用，这也符合当前健康养殖、绿色消费的时代要求。

第四是福寿螺的生长速度正好适应河蟹的取食

研究表明，福寿螺的生长繁殖规律与河蟹摄食强弱的变化规律相一致。福寿螺在水温 $8℃$ 以下开始冬眠，最适生长繁殖温度为 $25 \sim 32℃$，而河蟹的摄食下限温度为 $5 \sim 6℃$，蜕壳的最适水温为 $24 \sim 30℃$，故河蟹生长摄食旺盛期也正是福寿螺快速生长繁殖期。因此在河蟹生长旺期或性腺发育成熟和体内营养物质积累期内，只要控制得当总能有足够的福寿螺投喂河蟹，这与河蟹进入生长旺期时要进行强化培育的生产要求相一致，只有这样才能促进河蟹生长，提高规格和产量。

2. 水泥池精养

水泥池精养的优点一是单位面积的产量高；二是易管理。若水泥池较多时，可配套排列分级养殖。水泥池精养时的放养密度应根据种苗大小和计划收获规格而定，一般地，初放密度每平方米总体重不宜大于 1 千克，最后可收获 5 千克左右。

3. 小土池精养

小土池精养的优点一是成本低；二是产量高；三是管理方便，小土池精养的放种密度应比水泥池精养密度小，小土池养福寿螺，生长速度稍比水泥池方式快,且水体质量容易控制,是目前的主要养殖模式。

4.池塘养殖

池塘水面较开阔,水质较稳定,故池塘养殖福寿螺生长速度快,产量高,亩产高的可超过 5 000 千克。为了方便管理,养殖福寿螺的池塘,面积不宜太大,水位不宜过深,一般面积以 1～2 亩左右为宜,水深在 1 米较适合。养殖密度可大可小,故每亩可放养小螺 5 万～10 万粒,可实行一次放足,多次收获,捕大留小,同时创造良好的环境,促进其自然繁殖,自然补种。

5.网箱养殖

大水面较大、水质较好的池塘或湖泊、水库里,架设网箱养螺。由于网箱环境好,水质清新,故螺生长快,单产高,还具有易管理、易收获的优点。其放养密度可比水泥池稍大,每平方米的放养量可超过 1.1 千克,收获时的产量可超过 6 千克。网箱的网目大小以不走幼螺为度,一般用 10 目的网片加工而成,养螺的深度设置可低于网箱养鱼的深度,箱高 50 厘米为好,在网箱里可布设水花生、水浮莲等攀爬物。

6.水沟养殖

养殖福寿螺的水沟,宽 1 米、深 0.5 米为好,可利用闲散杂地开挖沟渠养螺。也可利用瓜地菜地、园地的浇水沟养殖福寿螺。新开挖用于养螺的水沟要做好水源的排灌改造,做到能灌能排,同时也要做好防逃设施,开好沟后,用栅栏把沟拦成几段,以方便管理,沟边可以种植瓜、菜、豆、草等,利于夏季遮阴,也可充分利用空间,增加收入。利用水沟养螺的优点是投资少,产量较高,其放养密度比小土池精养时放养密度相当。

7.稻田养殖

稻田养殖福寿螺,可以增加土地肥力,具体做法分为三种:一是稻螺轮作,即种一季稻养一季螺;二是稻螺兼作,即在种稻的同时又养螺,水稻起遮阴作用,使螺有一个良好的生活空间;三是变稻田为螺田,常年养螺。

四、蚯蚓的培育技术

1.青饲料地、果园、桑园饲养

这种场所土壤松软,土质较肥,有利于蚯蚓取食和活动。在行距间开挖浅沟并投入蚯蚓培育饲料,然后将蚯蚓放入,便于蚯蚓穴居。每平方米投放大平二号蚯蚓2 000条左右。在菜畦上放养蚯蚓,盛夏季节蔬菜新鲜茂盛,叶宽茎大,其宽大叶面可为蚯蚓遮阴避雨,有效地防止阳光直射和水分过度蒸发,平时蚯蚓可食枯黄落叶,遇到大雨冲击时可爬入根部避雨。桑园、果园饲养与菜畦相似,但需经常注意浇水,防止蚯蚓体表干燥,同时也要防止蚯蚓成群逃跑。这种饲养方法成本低、效果显著,便于推广。

2.杂地饲养

利用庭院空地、岸边、河沟的隙地及其他荒芜杂地,四周挖好排水沟,将杂地翻成1米宽左右的田块,定点放置发酵后的腐熟饵料,放入蚓种饲养,在较长时间内可以保证自繁自养。夏季搭凉棚或用草帘带水覆盖,防止泥土水分过度蒸发干硬,亦可种植丝瓜、扁豆等藤叶茂盛的蔬菜,为蚯蚓遮阴避雨,同时注意定期及时喷水保湿和补充饵料。

3.大田平地培养法

大田平地培养法的特点是培养面积大,可就近利用杂草、落叶、农家肥料等,还可充分利用潮湿、天然隐蔽等有利条件。这种培养法多结合作物栽培在预留行内同时进行。栽培多年生植物比一年生植物的效果好,在叶面繁茂和水、肥条件较好的农田中养殖效果更好。

一般可在种植棉花、玉米、小麦和大豆等农田中进行,培养地要选择在排水性能好、能防冻、无农药污染的地方。培养方法可在田边或农作物预留行间，开挖宽和深均为 20 厘米的沟，放入基料厚 15～20 厘米和蚯蚓种，上面覆盖土或稻草。保持基料和土壤湿度 50%左右，做到上面的料用手挤压时，手指缝间有水滴，底层有积水 1～2 厘米即可，夏天早晚各浇水一次；冬天 3～5 天浇水一次，在培养过程中还要投喂饵料，饵料用经过腐熟分解后的有机质为好，要具有细、熟、烂而易消化的优点。饵料的制作方法：用杂草、树叶、塘泥搅和堆制发酵；也可用猪粪、牛粪堆制发酵，冬天上面要盖塑料薄膜或垃圾、杂草，帮助催化，15～20 天即可使用。加喂料厚 15～20 厘米，20 天左右加料一次，1～2 天后蚯蚓就会进入新鲜饵料中，与卵自动分开，陈饵中的大量卵茧，可另行孵化，也可任其自然孵化。

基料和饵料都要考虑到天热用薄料、天冷用厚料，通气要良好，薄料中要加入适量木屑和杂草，增进通气，厚料可用木棍自上而下戳洞，改善供氧并排出料中废气。

4. 多层式箱养

这是为充分利用立体空间而推行的一种饲养方式，在室内架设多层床架，在床架上放置木箱。木箱像养殖蜜蜂的蜂箱一样，规格一般为 40 厘米×20 厘米×30 厘米或 60 厘米×30 厘米×30 厘米或 60 厘米×40 厘米×30 厘米，箱底和侧面要有排水孔，孔的直径为 1 厘米左右，排水孔除作为排水和通气以外，还可散热，借以防止箱中由于饲料发酵而使温度升高得过快过高，引起蚯蚓窒息死亡，内部可以再分 3～5 格，每格间铺设 4～5 厘米厚的饲料来饲养蚯蚓，每立方米可放日本大平二号蚯蚓 2 500 条左右，在两行床架之间架设人行走道，室内保证温度在 20℃左右最适宜，湿度保持在 75%左右，可以常年生产，但注意防止鼠患及蚂蚁的危害。

5. 池槽培养法

用于饲养蚯蚓的饲养槽，一般用砖石砌成长方形，大小因地制宜，饲养槽上面要搭简易棚顶，目的是保持温度湿度。池槽可以批量生产蚯蚓,而且产量比较高,饲养比较方便,通常每平方米放幼蚯蚓 1500 条左右,平时注水浇水防敌害。

6.蚯蚓的采集

当蚯蚓养殖密度达一定规模,个体长到成蚓大小时,必须及时地采集,实践证明,合理采集蚯蚓可使全年蚯蚓产量有较大幅度的提高。采集的原则是抓大留小、合理密度,即将密度较高、多数已性成熟的蚯蚓采集出来,采集后保持合理的养殖密度才能提高繁殖力和繁殖水平。用定制铁质扁刺小钉耙,将多数蚯蚓已达性成熟的蚓床表层铲出来后放在薄膜上,堆高 50~60 厘米后,用耙多翻动几次,蚯蚓一受到外界机械刺激就一直向下部移动直至薄膜处,将表层蚓粪及饵料(含有卵茧)逐渐取出,搬回再撒布在蚓床上,最后将塑料薄膜上的蚯蚓收集即可投喂或进一步加工。

五、水蚯蚓的培养方法

水蚯蚓具有较高的营养价值,干物质中蛋白质含量高达 70%以上,粗蛋白中氨基酸齐全,含量丰富,是鲤鱼、鲫鱼、黄鳝、泥鳅、塘虱鱼、金鱼、热带观赏鱼等鱼类的珍贵活饵料。水蚯蚓天然资源丰富,在污水沟、排污口以及码头附近数量特别多,人工培育水蚯蚓方法简便易行,现简要介绍其培养方法:

1.建池

首先要选择一个适合水蚯蚓生活习性的生态环境来挖坑建池,要求水源良好,最好有微流水,土质疏松、腐殖质丰富的避光处,面积视培养规模而定,一般以 3~5 米² 为宜,最好是长 3~5 米,宽 1 米,水深 20~25 厘米,两边堤高 25 厘米,两端堤高 20 厘米。池底要求保水性能好或敷设三合土,池的一端设一排水口,另一端设一进水口。进水口设牢固的过滤网布,以防敌害进入,堤边种丝瓜等攀缘植物遮阳。

　2.制备培养基料

　制备良好优质的培养基,是培育水蚯蚓的关键,培养基的好坏取决于污泥的质量。选择有机腐殖质和有机碎屑丰富的污泥作为培养基料。培养基的厚度以 10 厘米为宜,同时每平方米施入 7.5～10 千克牛粪或猪粪作基底肥,在下种前每平方米再施入米糠、麦麸、面粉各 1/3 的发酵混合饲料 150 克。

　3.引种

　每平方米引入水蚯蚓 250～500 克为宜,若肥源、混合饲料充足时,多投放种蚓,产量更高。一般引种后 15～20 天后即有大量幼蚯蚓密布土表,刚孵出的幼蚯蚓,长约 6 毫米,像淡红色的丝线,当见到水蚯蚓环节明显呈白色时即说明其达到性成熟。

　4.日常管理

　培养基的水保持 3～5 厘米为佳,若水过深,则水底氧气稀薄,不利于微生物的活动,投喂的饲料和肥料不易分解转化,过浅时,尤其在夏季光照强,影响水蚯蚓的摄食和生长。水蚯蚓常喜群集于泥表层 3～5 厘米处,有时尾部露于培养基表面,受惊时尾鳃立即潜入泥中。水中缺氧时尾鳃伸出很宽,在水中不断搅动,严重缺氧时,水蚯蚓离开培养基聚集成团浮于水面或死亡。因此,培育池水应保持微细流水状态,缓慢流动,防止水源受污染,保持水质清新和丰富的溶氧。水蚯蚓适宜在 pH＝5.6～9 的范围内生长,因培养池常施肥投饵,pH 时而偏高或偏低。水的流动,对调节 pH 有利。水蚯蚓个体的大小与温度、pH 的高低而适当变化,因此每天应测量气温与培养基的温度,每周测一次 pH。水蚯蚓生长的最佳水温是 10～25℃,溶氧不低于 2.5 毫克/升。进出水口应设牢固的过滤网布以防小杂鱼等敌害进入。但在投饵时应停止进水,每 3 天投喂一次饵料即可,每次投喂的量以每平方米 1.5 千克精饲料与 2 千克牛粪稀释均匀泼洒,投喂的饲料一定要经 16～20 天发酵腐熟处理后才可使用。因此水蚯蚓养殖成功的关键首先是水环境的好坏,其次是对药物的抵抗力及培养基的肥沃度。

5. 饵料投喂

用发酵过的麸皮、米糠作饲料,每隔 3～4 天投喂一次,投喂时,要将饲料充分稀释,均匀泼洒。投饲量要掌握好,过剩则水蚯蚓的栖息环境受污染,不足则生长慢,产量上不去。根据经验,精料以每平方米 60～100 克为宜。另外,间隔 1～2 个月增喂一次发酵的牛粪,投喂量为每平方米 2 千克。

6. 消除敌害

养殖期间,培养基表面常会覆盖青苔,这对水蚯蚓的生长极为不利,宜将其刮除。一般刮除一次即可大大降低青苔的光合作用而抑制其生长,连续刮 2～3 次即可消除,不能用硫酸铜治青苔,因为水蚯蚓对各种盐类的抵抗力很弱。另外要防止泥鳅、青蛙等敌害的侵入,一旦发现应及时捕捉,否则将会大量吞食水蚯蚓。

7. 采收

水蚯蚓繁殖力强,生长速度快,寿命约 80 天,在繁殖高峰期,每天繁殖量为水蚯蚓种的 1 倍多,在短时间可达相当大的密度,一般在下种后 15～20 天即有大量幼蚯蚓密布在培养基表面,幼蚓经过 1～2 个月就能长大为成蚓,因此要注意及时采收,否则常因水蚯蚓繁殖密度过大而导致死亡、自溶而减产。通常在引种 30 天左右即可采收。采收的方法是:在采收前的头一天晚上断水或减少水流,迫使培育池中翌日早晨或上午缺氧,此时水蚯蚓群集成团漂浮水面,就可用 20～40 目的聚乙烯网布做成的手抄网捞取,每次捞取量不宜过大,应保证一定量的蚓种,一般以捞完成团的水蚯蚓为止,日采收量以每平方米能达 50～80 克,合每亩 30～50 千克。

六、蝇蛆的田畦培育技术

蝇蛆是一种营养价值较高的动物,蝇蛆的营养价值、消化性、适口性都接近鱼粉。据有关资料介绍,粗蛋白含量占 54%～

62％,粗脂肪占 13.4％～23％,糖类占 10％～15％,均是饲养常规鱼类和特种水产品的优质高效蛋白动物性饵料。粗蛋白中含有鱼类所必需的氨基酸、维生素和无机盐。因此无论是直接投喂,或干燥打粉、制成颗粒饲料投喂均是优质饵料。

田畦培育蝇蛆方法简单,投资小,见效快,收益大,群众易接受,是一条解决养殖饲料的有效途径之一。

1.培育蝇蛆的基础设施

田畦整改:选择背风、向阳、温暖、安静和地势较高的地块做田畦,畦的北边最好置避风屏障如篱笆等。畦一般长 3～4 米、宽 1～1.5 米,修成 4～5 个为一组的东西向、完全相同的田畦,畦间埂宽 15 厘米,高 20 厘米,畦底要平坦,用前灌水 3～6 厘米,平整夯实后待用。

育蛆饵料:选择质量好的鸡粪、牛粪或猪粪少许和一定数量的酱油渣一起做底料(酱油渣成分一般含豆饼 50％、麦麸 30％、玉米面 10％、盐分 3％、水分 5％左右),每日准备新鲜或腐败的屠宰下脚料少许做饵料或产卵场,数量以每平方米 1～1.5 千克为最好,也可使用少量的尿素和酵母。

2.培育蝇蛆方法

(1)配料　当气温稳定在 23℃左右时,选择天气晴朗的上午,首先将湿的酱油渣和鸡粪按 6∶1 的比例混合均匀,配成蝇蛆的培养基料,如果发现基料较干时,要适当加水拌和,湿度以手抓起握成团并有水分溢出为准。

(2)铺基料　原料配好后,均匀铺在准备好的田畦底面上,每平方米投放基料 40～45 千克,厚度以 5.5～7.5 厘米为宜,基料少或湿度大时可铺薄点,铺好后淋水,使其表面湿度保持含水分 65％。

(3)堆放诱料　基料铺好后,将含有 70％水分的动物屠宰下脚料剁碎,均匀地堆放在田畦基料的表面上,引诱苍蝇觅食并产卵。

（4）泼洒酵母液　用入畦基料量万分之一的酵母，用水溶解成溶液均匀泼洒全畦，随后将配好的育蛆基料盖上一层，厚度为1～2厘米，能刚好把卵或幼蛆诱料盖上，以确保蝇卵和幼蛆发育所需的湿度及营养。

（5）淋水盖膜　铺好基料后及时淋水，使基料表面含水65％，然后盖上塑料薄膜，确保基料、诱料有比较稳定的温度、湿度，并注意保持通气良好及严防曝晒。

3. 育蛆的管理

调整诱蝇环境：诱蛆量的多少是培育蝇蛆产量的关键，所以田畦基料、诱料在当天10:00前铺好后，首先要注意观察田畦的诱蝇量及影响诱蝇的因素，随时调整诱料的数量和质量，并增设避风和避强光的屏障，创造苍蝇前来觅食产卵的温度（25℃左右）及背风、温暖所需的环境条件。

调整基料、诱料的湿度：在阳光较强的情况下，基料、诱料的表面容易失去水分而干燥，甚至成膜，直接影响苍蝇的觅食、产卵和孵化。为了确保产量和孵化率，在铺畦后的1～3天里，一定要注意检查培养基料、诱料的湿度，保持基料含水60％～65％，诱料含水70％，不足时要随时淋水调节湿度，并注意注入水的水温差要小，以免突然降低温度影响蝇卵的孵化和蝇蛆的生长发育，雨天来临之前要用塑料薄膜盖好，雨后及时撤去，保持培养基料的最佳温度、湿度和氧气。经过3～4天的精心培育与管理，蝇卵将培育成蛆虫。

4. 蝇蛆的收获

蝇蛆收获时，首先碰到的是料蛆分离问题，具体方法是：蝇蛆培育在4～5天时，利用光线较强的阳光照射，使培育基料表面增温，逐渐干燥，蝇蛆在光照强、温度高、湿度逐渐减少的恶劣环境条件下，自动地由表面向田畦并趋向田畦培养基料底部方向蠕动，待基料干到一定程度时,用扫帚轻轻地扫 1～3 次,扫去田畦表层较干的培养基料,逐步使蝇蛆落到最底层而裸露出来,当约计蛆虫达到 80％～90％时,收集到筛内,用筛子筛去混在蛆内的残渣、碎屑等物,集积于桶内便可作饲料(活饵投喂时应用 3％～5％的食盐水消毒,若留作干喂时,用 5％左右的石灰水杀死风干)投喂。

诀窍九:蜕壳保护

在培育仔幼蟹时,大眼幼体需经一次蜕皮后才能变态成Ⅰ期幼蟹,从Ⅰ期幼蟹培育成Ⅴ～Ⅵ期幼蟹则要经过4～5次蜕壳才能完成。蜕壳(皮)不仅是幼蟹发育变态的一个标志。也是其个体生长的一个必要的步骤,这是因为河蟹是甲壳类动物,身体有甲壳包裹,只有随着幼体的蜕皮或仔幼蟹的蜕壳,才能发生形态的改变和体形的增大。

一、蟹苗的蜕皮和幼蟹的蜕壳

河蟹的蜕壳是伴随着它的一生,没有蜕壳就没有河蟹的生长。由于Ⅰ期幼蟹之前的河蟹各生长期身体都比较软,还没有形成厚厚的壳,而过了Ⅰ期幼蟹后,它的体表上就出现了厚厚的坚硬的壳,因此我们一般把Ⅰ期幼蟹前的蜕壳称为蜕皮,而Ⅰ期幼蟹后的蜕壳则称为蜕壳。

大眼幼体在蜕皮之前会有一些征兆出现,当发现后期的大眼幼体只能作爬行,丧失了游泳能力时,这是即将蜕皮变态成Ⅰ期幼蟹的征兆,这种蜕皮过程必须在放大镜下才能看得清楚。大眼幼体在蜕去旧皮之前,柔软的新皮早已在老的皮层下面形成了。蜕皮时,先是体液浓度的增加,新体的皮层与旧体的皮层分离,在头胸甲的后缘与腹部交界处发生裂缝,新的躯体就从裂缝处蜕出来。在蜕皮时,通过身体各部肌肉的收缩,腹部先蜕出,接着头胸部及其附肢蜕出。刚蜕皮的幼蟹,由于身体柔软,组织大量吸收水分,体形显著增大,但活动能力很弱,常仰卧水底,有时长达一昼夜,待嫩壳变硬后,才能运动。

幼蟹的蜕壳比较容易看到，每蜕一次壳，身体就长大一些。在幼蟹蜕壳之前，身体表面就显出一些征兆，主要在腕节和长节之间出现一些皱纹。幼蟹蜕壳时，通常潜伏在水草丛中不久在头胸甲与腹部交界处产生裂缝，并在口部两侧的侧线处也出现裂缝，头胸甲逐渐向上耸起，裂缝越来越大，束缚在旧壳里的新体逐渐显露于壳外，接着腹部蜕出，最后额部和螯足才蜕出。幼蟹在蜕去外壳的同时，它的内部器官，如胃、鳃、后肠以及三角膜也要蜕去几丁质的旧皮，就连胃内的齿板与栉状骨也要更新。另外，蟹体上的刚毛也随着旧壳一起蜕去，新的刚毛将由新体长出。

二、河蟹蜕壳的分类

总的来说河蟹的蜕壳可分为两类。

1.生长蜕壳

一是正常蜕壳：河蟹的一生，从蚤状幼体、大眼幼体、幼蟹到成蟹，要经历许多次蜕皮。幼体每蜕一次皮就变态一次，也就分为一期。从大眼幼体蜕皮变为第一期仔蟹始，以后每蜕皮一次壳它的体长，体重均作一次飞跃式的增加，从每只大眼体 6～7 毫克的体重逐渐增至 250 克的大蟹，至少需要蜕壳数十次，因此，河蟹蜕皮是贯穿整个生命的重要生理过程，是河蟹生长、发育的重要标志，每次蜕皮都是河蟹的生死大关。幼蟹蜕壳一次，体长、体宽的变化也较大，例如，一只体宽 2.8 厘米、体长 2.5 厘米的幼蟹，蜕一次壳，体宽可增大到 3.5 厘米，体长可增大到 3.4 厘米。

二是应激蜕壳：这是一种非正常蜕壳，也是临时性的蜕壳，主要原因是河蟹受到气候、环境的变化而产生的一种应激性反应，另外用药、换水等都会刺激蜕壳。

2.生殖蜕壳

这是河蟹为了完成生殖活动而进行的一次蜕壳，发生在每年的 9～10 月中旬，黄壳蟹蜕变成青壳蟹就是生殖蜕壳，这也是河蟹一生中最后一次蜕壳。

三、蜕壳保护的重要性

河蟹只有蜕壳才能长大,蜕壳是河蟹生长的重要标志,它们也只有在适宜的蜕壳环境中才能正常顺利蜕壳。在蜕壳时它们要求浅水、弱光、安静、水质清新的环境和营养全面的优质适口饵料。当然,蜕壳并不限于在水中进行,仔蟹、蟹种和成蟹蜕壳有时也离开原来的栖息隐藏场所,选择比较安静而可以隐藏的地方,例如通常潜伏在盛长水草的浅水里进行。如果不能满足上述生态要求,河蟹就不易蜕壳或造成蜕壳不遂而死亡。

幼蟹正在蜕壳时,常常静伏不动,如果受到惊吓或者蟹壳受伤,那么蜕壳的时间就会大大延长,如果蜕壳发生障碍,就会引起死亡。河蟹蜕壳后,皱折在旧壳里的新体舒张开来,机体组织需要吸水膨胀,体形随之增大,此时其身体柔软无力,肢体软弱无力,活动能力较弱,螯足绒毛粉红,俗称软壳蟹,需要在原地休息40分钟左右,才能爬动,钻入隐蔽处或洞穴中,1～2天后,随着新壳的逐渐硬化,才开始正常的活动。由于河蟹蜕壳后的新体身体柔软,活动能力很弱,无摄食与防御能力,因此这个时候极易受同类或其他敌害生物的侵袭。所以说,每一次蜕壳,对河蟹来说都是一次生死难关。特别是每一次蜕壳后的40分钟,河蟹完全丧失抵御敌害和回避不良环境的能力。在人工养殖时,促进河蟹同步蜕壳和保护软壳蟹是提高河蟹成活率的技术关键之一,也是减少疾病发生的重要举措。

四、影响河蟹蜕壳的因素

影响河蟹蜕壳的因素很多,包括水温、饵料、生长阶段等。在长江口区的自然温度条件下,出膜的第一期蚤状幼体要发育到大眼幼体,需30～40天,而在人工育苗条件下,在水温23℃左右、饵料丰富的情况下,第一期溞状幼体经过 20～30 天即可变成大眼幼体。大眼幼体放养以后,在 20℃的水温条件下,3～5 天即可蜕皮一次变为第一期仔蟹,以后每间隔 5～7 天,可相继蜕皮发育成第二期、第三期仔蟹。随着身体的增大,蜕壳间隔的时间也会逐渐延长。

如果饵料供应不足、水温下降、生态环境恶化也会影响河蟹的蜕壳次数。因此,即使同一单位、同样条件繁殖同一批蟹苗,放养条件不同,到收获时往往会有很大的个体差异。

五、蜕壳不遂的原因及处理

我们在养殖过程中,常常会发现有些河蟹会出现蜕壳难、蜕下的壳很软,甚至在蜕壳过程中就会死亡。

1. 河蟹蜕壳不遂

河蟹行动迟钝,往往十足腾空,在蟹的头胸部、腹部出现裂痕,无力蜕壳或仅退出部分蟹壳,最后全身变成黑色最终死亡。在池水四周或水草上常可以发现这些死蟹。

2. 河蟹发生蜕壳不遂的原因

一是河蟹体内 β－蜕皮激素分泌过少,表现在旧壳仅脱出一半就会死亡或脱出旧壳后身体反而缩小;

二是河蟹的喂食方面出现问题,要么是长期投喂饵料不足导致河蟹处于饥饿状态;要么是投喂的饲料质量差,饲料营养不均衡,长期缺乏钙、磷等微量元素、甲壳素、蜕壳素或原料质量低劣或变质,造成河蟹生理性蜕壳障碍,从而导致河蟹摄食后不足以用来完成蜕壳行为;

三是由于河蟹的放养密度过大、过密,造成河蟹相互间的残杀、互相干扰而延长蜕壳时间或脱不出而死亡;

四是在蜕壳时发生水温突变,主要是发生早春的第一次蜕壳时,这时的低温会阻碍蜕壳的顺利进行;

　　五是在养殖过程中乱用抗生素、滥用消毒药等,从而影响了蜕壳或产生不正常现象;

　　六是光照太强或水的透明度太大,水清到底,也会影响河蟹的蜕壳正常进行;

　　七是蟹池长期不换水,残饵过多,水质浓,有机质含量高,纤毛虫等寄生虫大量滋生,寄生在河蟹的甲壳表面,影响了河蟹的蜕壳;

　　八是病菌侵染蟹的鳃、肝脏等器官,造成内脏病变,无力蜕壳而死亡。

　　3. 处理措施

　　(1)生长季节定期泼洒硬壳宝,增加水体钙、磷等微量元素,平时每 15 天使用 1 次。

　　(2)蜕壳期间严禁加换水,不用刺激性强的药物,保持环境稳定。

　　(3)改善营养,补充矿物质,平时在饲料中添加适量河蟹复合营养促进剂及蜕壳素及贝壳粉、骨粉、鱼粉等含矿物质较多的物质,增加动物性饲料的比例(占总投饲量的 1/2 以上),促进营养均衡是防治此病的根本方法。

　　(4)定期泼洒 15～20 毫克/升的生石灰和 1～2 毫克/升的过磷酸钙,生石灰要兑水溶化后再泼洒。

　　(5)在养蟹池中栽植适量水草,便于河蟹攀缘和蜕壳时隐蔽。

　　(6)投饵区和蜕壳区要严格分开,严禁在蜕壳区投放饲料,以保持蜕壳区的安静。

　　(7)在蟹蜕壳前 2～3 天全池泼洒硬壳宝,补充钙、磷等矿物质,同时在饵料中添加虾蟹蜕壳素,促进蟹蜕壳同步,以免互相残杀

六、软壳蟹的原因及处理

1. 软壳蟹的特点

软壳蟹的甲壳薄,明显柔软,不能硬化,与肌肉分离,易剥离,体色发暗,由于河蟹的壳软,一方面没有能力捕食其他的食物,另一方面对其他敌害甚至同类的攻击没有抵御能力,从而造成大量的损失。

2. 软壳蟹形成的原病

(1)投饵不足或营养长期不足,河蟹长期处于饥饿状态。

(2)池塘水质老化,有机质过多,或放养密度过大,从而引起河蟹的软壳病。

(3)河蟹缺少钙及维生素,导致蜕壳后不能正常硬化。

(4)受纤毛虫寄生的河蟹有时亦可发生软壳蟹。

3. 处理措施

(1)适当加大换水量,改善养殖水质。

(2)供应足够的优质饲料,平时在饲料中添加足量的磷酸二氢钙。

(3)施用复合芽孢杆菌 250 毫升/亩米,促进有益藻类的生长,并调节水体的酸碱度。

(4)发现软壳蟹,可捡起放在桶中暂养 1～2 小时,待其吸水涨足能自由爬行时再放入原池。

(5)全池泼洒硬壳宝 1～2 次,补充钙及其他矿物质的含量。

(6)在饲料中拌服蟹用多维,连服 5～7 天,以完善河蟹营养,促进钙的沉积。

七、确定河蟹蜕壳的方法

要想对蜕壳蟹进行有效的保护,就必须掌握河蟹蜕壳的时间和规律,本书就介绍几种实用的确定河蟹蜕壳的方法,供养殖户参考。

1.看空壳

在河蟹养殖期间,要加强对池塘的巡视,主要是多看看池塘蜕壳区、浅水的水草边和浅滩处是否有蜕壳后的空蟹壳,如果发现有空壳出现,就表明河蟹已开始蜕壳了。

2.检查河蟹吃食情况

河蟹总是在蜕壳前几天吃食迅猛,目的是为后面的蜕壳提供足够的能量,但是到了即将蜕壳的前一两天,河蟹基本上不吃食。如果在正常投饵后,发现近两天饵料的剩余量大大增加,在对河蟹检查后并没有发现蟹病发生,也没有出现明显的水质恶化,那就表明河蟹即将蜕壳。

3.检查河蟹体色

蜕壳前的河蟹壳很坚硬,体色深,呈黄褐色或黑褐色,步足硬,腹甲黄褐色的水锈也多。而蜕壳后,河蟹体色变得鲜亮清淡,腹甲白色,无水锈,步足柔软。

4.看河蟹规格大小

定期用地笼对河蟹进行捕捞检查,如果在生长检查时,捕出的群体中,大部分的河蟹规格差不多,比较整齐,如果发现了体大、体色淡的河蟹,则表明河蟹已开始蜕壳了。这是因为河蟹蜕壳后壳长比蜕壳前增大 20%,而体重比蜕壳前增长了近一倍。

八、河蟹的蜕壳保护

河蟹在蜕壳的进程中和刚蜕壳不久,尚无御敌能力,是生命中的危险时刻,养殖过程中一定要注意这一点,设法保护软壳蟹的安全。

一是为便于加强对蜕壳蟹的管理,应通过投饵、换水等措施,促进河蟹群体统一蜕壳。

二是为河蟹蜕壳提供良好的环境,给予其适宜的水温、隐蔽场所和充足的溶氧,池水不可灌得太多,因为水位深,蟹体承受压力大,就会增加河蟹蜕壳的困难,所以在建池时留出一定面积的浅水区,或适当留一定的坡比,供河蟹蜕壳。

三是放养密度合理,放养大小一致,以免因密度过大而造成相互残杀。

四是投饵区和蜕壳区必须严格分化,严禁在蜕壳区投放饵料,蜕壳区如水生植物少,应增投水生植物,并保持安静。

五是每次蜕壳来临前,不仅要投含有钙质和蜕壳素的配合饲料,力求同步蜕壳,而且必须增加动物性饵料的数量,使动物性饵料比例占投饵总量的 1/2 以上,保持饵料的喜食和充足,以避免因饲料不足而残食软壳蟹。

六是河蟹蜕壳时喜欢在安静的地方或者隐蔽的地方,因而在大批量河蟹蜕壳时,需有足够的水草,可以临时提供一些水花生、水浮莲等作为蜕壳场所,保持水位稳定,一般不需换水,减少投饵,减少人为干扰,并保持安静,应尽量少让人进入池内,也少用捞海打苗检查,更不能让鹅、鸭等家禽进入培育池,以免使它们蜕壳受惊,引起死亡。

七是在清晨巡塘时,发现软壳蟹,可捡起放入水桶中暂养 1~2 小时,水桶内可放入适量的离子钙或蜕壳素,用水化开,待河蟹吸水涨足,能自由爬动后,才放回原池。是有条件的话,可以收取刚蜕壳的河蟹另池专养。

八是河蟹在蜕壳后蟹壳较软,需要稳定的环境,此时不能施肥、换水,饵料的投喂量也要减少,以观察为准。待蟹壳变硬,体能恢复后出来大量活动,沿池边寻食时,可以大量投饵,强化河蟹的营养,促进生长。

诀窍十:病害防控

第一节 病害原因

由于河蟹患病初期不易发现,一旦发现,病情就已经不轻,用药治疗作用较小,疾病不能及时治愈,大批死亡而使养殖者陷入困境。所以防治河蟹疾病要采取"预防为主、防重于治、全面预防、积极治疗"等措施,控制蟹病的发生和蔓延。

为了很好掌握发病规律和防止蟹病的发生,首先必须了解发病的病因。河蟹发病原因比较复杂,既有外因也有内因。查找根源时,不应只考虑某一个因素,应该把外界因素和内在因素联系起来加以考虑,才能正确找出发病的原因。

一、环境因素

影响鱼类健康的环境因素主要有水温、水质等。

1. 水温

在正常情况下,河蟹体温随外界环境尤其是水体的水温变化而发生改变。当水温发生急剧变化时,机体由于适应能力不强而发生病理变化乃至死亡。例如蟹苗在入池时要求温差低于3℃,否则会因温差过大而生病,甚至大批死亡。

2. 水质

河蟹为维护正常的生理活动,要求有适合生活的良好水环境。水质的好坏直接关系到河蟹的生长,影响水质变化的因素有水体的酸碱度(pH)、溶氧(D·O)、有机耗氧量(BOD)、透明度、氨氮含量及微生物等理化指标。在这些适宜的范围内，河蟹生长发育良好，一旦水质环境不良，就可能导致河蟹生病或死亡。

3. 化学物质

池水化学成分的变化往往与人们的生产活动、周围环境、水源、生物活动（鱼虾蟹类、浮游生物、微生物等）、底质等有关。如鱼池长期不清塘，池底堆积大量没有分解的剩余饵料、水生动物粪便等，这些有机物在分解过程中，会大量消耗水中的溶解氧，同时还会放出硫化氢、沼气、碳酸气等有害气体，毒害河蟹。有些地方，土壤中重金属盐（铅、锌、汞等）含量较高，在这些地方修建鱼池，容易引起弯体病。工厂、矿山和城市排出的工业废水和生活污水日益增多。含有一些重金属毒物（铝、锌、汞）、硫化氢、氯化物等物质的废水如进入蟹池，重则引起河蟹的大量死亡。

4. 农药

河蟹对某些农药如敌百虫、菊酯类杀虫剂、化肥、液化石油气等化学物品非常敏感，只要池塘内有这些化学物品，河蟹就会全军覆灭，因此养殖水体应符合国家颁布的渔业水质标准和无公害食品淡水水质标准。养殖区里有稻田的，要注意在防治水稻疾病时，不能轻易将田水放入养殖水域中，如果是稻田混养的，在选择药物时要注意药物的安全性。

二、病原体侵袭

导致河蟹生病的病原体有真菌、细菌、病毒、原生动物等，这些病原体是影响河蟹健康的罪魁祸首。另外，还有些直接吞食或直接危害河蟹的敌害生物，如池塘内的青蛙会吞食软壳蟹，池塘里如果有乌鳢生存，对河蟹的危害极大。

三、自身因素

河蟹自身因素的好坏是抵御外来病原菌的重要因素，一尾自体健康的蟹能有效地预防部分鱼病的发生,软壳蟹对疾病的抵抗能力就要弱得多。

四、人为因素

1. 操作不慎

在饲养过程中,经常要给养蟹池换水、运输时,有时会因操作不当或动作粗糙,导致碰伤河蟹,造成附肢缺损或自切损伤,这样很容易使病菌从伤口侵入,使河蟹感染患病。

2. 外部带入病原体

从自然界中捞取活饵、采集水草和投喂时,由于消毒、清洁工作不彻底,可能带入病原体。另外病蟹用过的工具未经消毒又用于无病蟹也能重复感染或交叉感染。

3. 饲喂不当

大规模养蟹基本上是靠人工投喂饲养,如果投喂不当,投食不清洁或变质的饲料,或饥或饱及长期投喂干饵料,饵料品种单一,饲料营养成分不足,缺乏动物性饵料和合理的蛋白质、维生素、微量元素等,这样河蟹就会缺乏营养,造成体质衰弱,就容易感染患病。当然投饵过多,投喂的饵料变质、腐败,易引起水质腐败,促进细菌繁衍,导致河蟹生病。

4. 环境调控不力

河蟹对水体的理化性质有一定的适应范围。如果单位水体内载蟹量太多,易导致生存的生态环境很恶劣,加上不及时换水,蟹和鱼的排泄物、分泌物过多,二氧化碳、氨氮增多,微生物滋生,蓝绿藻类浮游植物生长过多,都可使水质恶化,溶氧量降低,使蟹发病。

5. 放养密度不当和混养比例不合理

合理的放养密度和混养比例能够增加蟹产量,但放养密度过大,会造成缺氧,并降低饵料利用率,引起河蟹的生长速度不一致,大小悬殊,同时由于蟹缺乏正常的活动空间,加之代谢物增多,会使其正常摄食生长受到影响,抵抗力下降,发病率增高。另外不同规格的蟹同池饲养,在饵料不足的情况下,易发生以大欺小和相互咬伤现象,造成较高的发病率。当然鱼、蟹类在混养时应注意比例和规格,如比例不当,不利于河蟹的生长。

6.饲养池及进排水系统设计不合理

饲养池特别是其底部设计不合理时,不利于池中的残饵、污物的彻底排除,易引起水质恶化使蟹发病。进排水系统不独立,一池蟹发病往往也传播到另一池蟹发病。这种情况特别是在大面积精养时或水流池养殖时更要注意预防。

7.消毒不够

蟹体、池水、食场、食物、工具等消毒不够,会使蟹的发病率大大增加。

第二节　河蟹疾病的预防治措施

河蟹疾病防治应本着"防重于治、防治相结合"的原则,贯彻"全面预防、积极治疗"的方针。目前常用的预防措施和方法有以下几点。

一、严格抓好苗种购买放养关

可由市水产技术推广站或联合当地有信誉的养殖大户,统一从湖库中组织高质量的河蟹亲本,送到有合作关系且信誉度较高的苗种生产厂家,专门培育优质大眼幼体,指导养殖户购买适宜苗种,严格进行种质鉴定和病情检测,放养的蟹种做到肢体健全,活动能力强,不带病原菌和寄生虫,鼓励养殖户坚持自育自养蟹种培育健康苗种提高蟹种抗病能力。

二、做好蟹种的消毒工作

生产实践证明,即使是体质健壮的蟹种,或多或少都带有各种病源菌,尤其是从外地运来的蟹种。放养未经消毒处理的蟹种,容易把病原体带进池塘,一旦条件合适,便大量繁殖而引发疾病。因此,在放养前将蟹种浸洗消毒,是切断传播途径、控制或减少疾病蔓延的重要技术措施。药浴的浓度和时间,根据不同的养殖种类、个体大小和水温灵活掌握。

食盐:这是苗种消毒最常用的方法,配制浓度为 3‰～5‰,洗浴 10～15 分钟,可以预防烂鳃病、指环虫病等。

漂白粉:浓度为 15 毫克/升,浸洗 15 分钟,可预防细菌性疾病。

高聚碘:浓度为 50 毫克/升,洗浴 10～15 分钟,可预防寄生虫性疾病。

高锰酸钾:在水温 5～8℃时,浓度为 20 克/米^3,浸洗 3～5 分钟,用来杀灭河蟹体表上的寄生虫和细菌。

三、做好饵料的消毒工作

在河蟹养殖过程中,投喂不清洁或腐烂的饲料,有可能将致病菌带入池塘中,因此对饲料进行消毒,可以提高河蟹的抗病能力。青饲料如南瓜、马铃薯等要洗净切碎后方可投喂;配合饲料以一个月喂完为宜,不能有异味;小鱼小虾要新鲜投喂,时间过久,要用高锰酸钾消毒后方可投饲。

四、做好食场的消毒工作

食场是河蟹的进食之处,由于食场内常有残存饵料,一些没有被及时吃完的饵料会溶失于水体中,时间长了或高温季节腐败后可成为病原菌繁殖的培养基,就为病原菌的大量繁殖提供了有利场所,很容易引起河蟹细菌感染,导致疾病发生。同时食场是河蟹群体最密集的地方,也是疾病传播的地方,因此对于养殖固定投饵的场所,也就是食场,要进行定期消毒,是有效的防治措施之一,通常有药物悬挂法和泼洒法两种。

1.药物悬挂法

可用于食场消毒的悬挂药物主要有漂白粉、强氯精等,悬挂的容器有塑料袋、布袋、竹篓,装药后,以药物能在5小时左右溶解完为宜,悬挂周围的药液达到一定浓度就可以了。

在疾病高发季节,要定期进行挂袋预防,一般每隔15~20天为1个疗程,可预防细菌性疾病和烂鳃病。药袋最好挂在食台周围,每个食台挂3~6个袋。漂白粉挂袋每袋50克,每天换1次,连续挂3天。同时每天坚持巡塘查饵,经常清理回收未吃完的残食残渣。

2.泼洒法

从4~9月开始,每隔1~2周在河蟹吃食后用漂白粉消毒食场1次,用量一般为250克,将溶化的漂白粉泼洒在食场周围。也可用生石灰在食场周围泼洒消毒,每次用量为10千克/亩,既防止水质老化恶化又促进河蟹蜕壳生长,同时要加强水源管理,杜绝劣质水在养蟹中的应用。

五、消毒工具

在发病的蟹池中用过的工具,如桶、木瓢、斗箱、各种网具等必须消毒,其方法是小型工具放在较高浓度的生石灰或漂白粉溶液或10克/米^{3}的硫酸铜水溶液中浸泡10分钟,大型工具可放在太阳下晒干后使用。

六、对水草进行消毒

从湖泊、河流中捞回来的水草可能带有外来病菌和敌害,如乌鳢、克氏原螯虾、黄鳝等，一旦带入蟹池中将给河蟹的生长发育带来严重后果，因此水草入池时需用 8～10 毫克/升的 $KMnO_4$ 消毒后方可入池。

七、定期对水体进行消毒

河蟹的生活环境，除了底质就是水质，水质的好坏直接影响到它们的生长和发育，从而影响到产量和经济效益，优良的水源条件应是充足、清洁、不带病原生物以及无人为污染有毒物质，水的物理、化学指标应适合于河蟹生长的需求。如果水质不好，直接会导致河蟹产生各种疾病。

河蟹养殖用水一定要杜绝和防止引用工厂废水，使用符合要求的水源。随着水温的不断升高，河蟹的摄食量大增，生长发育旺盛，而此时也正是病原体的生长繁殖旺盛季节，为了及时杀灭病菌，应定期对池塘水体进行消毒杀菌，每半月用 1 克/米³ 的漂白粉或 15 千克/亩的生石灰全池遍洒一次。

另外，用水系统应使每个养殖池有独立的进水和排水管道，以避免水流把病原体带入。养殖场的设计应考虑建立蓄水池，这样，可将养殖用水先引入蓄水池，使其自行净化、曝气、沉淀或进行消毒处理后再灌入养殖池，就能有效地防止病原随水源带入。

八、加强饲养管理

河蟹生病，可以说大多数是由于饲养管理不当而引起的。所以加强饲养管理，改善水质环境，做好"四定"的投饲技术是防病的重要措施之一。

定质：在投饵时，要保证饲料新鲜清洁、适口、不霉变，不喂腐烂变质的饲料，尤其以全价配合饵料为佳，要求营养均衡，配比合理，组方科学，防止饵料质量差、品质次，切忌投喂单一性饵料。

定量：根据不同季节、气候变化、河蟹食欲反应和水质情况适量投饵。

定时:投饲要有一定时间。

定点:设置固定饵料台,可以观察河蟹吃食,及时查看河蟹的摄食能力及有无病症,同时也方便对食场进行定期消毒,对吃不完的饵料要及时捞出,以免败坏水质。

九、利用生物净化手段,改良生态环境

在蟹种放养前积极培植水草,在浅水区种植空心草、水花生,在深水区移植苦草、聚草或移养水浮萍,水浮萍覆盖率占池塘总面积的 50% 左右,既模拟了河蟹自然生长环境,提供河蟹栖息、蜕壳、隐蔽场所,又能吸收水中不利于河蟹生长的氨、氮、硫化氢等,起到改善水质、抑止病原菌大量滋生、减少发病机会的作用。

在精养蟹池内推行鱼蟹混养、鱼蟹轮养、鱼虾蟹综合养殖技术,适度套养滤食性鱼类如花白鲢和异育银鲫以摄食水中的藻类细菌、清除残饵和排泄物,有效的保持良好的水质。

十、科学活用各种微生物

1. 光合细菌

目前在水产养殖上普遍应用的有红假单胞菌,将其施放在养殖水体后可迅速消除氨氮、硫化氢和有机酸等有害物质,改善水体,稳定水质,平衡其水体酸碱度。但光合细菌对于进入养殖水体的大分子有机物如残饵、排泄物及浮游生物的残体等无法分解利用。水肥时施用光合细菌可促进有机污染物的转化,避免有害物质积累,改善水体环境和培育天然饵料,保证水体溶氧;水瘦时应首先施肥再使用光合细菌,这样有利于保持光合细菌在水体中的活力和繁殖优势,降低使用成本。

由于光合细菌的活菌形态微细、比重小,若采用直接泼洒养殖水体的方法,其活菌不易沉降到池塘底部,无法起到良好的改善底

环境的效果,因此建议全池泼洒光合细菌时,尽量将其与沸石粉合剂应用,这样既能将活菌迅速沉降到底部,同时沸石也可起到吸附氨的效果。另外使用光合细菌的适宜水温为 $15\sim40℃$,最适水温为 $28\sim36℃$,因而宜掌握在水温 20℃ 以上时使用,切记阴雨天勿用。

2. 芽孢杆菌

施入养殖水体后,能及时降解水体有机物如排泄物、残饵、浮游生物残体及有机碎屑等,避免有机废物在池中的累积。同时有效减少池塘内的有机物耗氧,间接增加水体溶解氧,保持良好的水质,从而起到净化水质的作用。

当养殖水体溶解氧高时,其繁殖速度加快,因此在泼洒该菌时,最好开动增氧机,以使其在水体快速繁殖并迅速形成种群优势,对维持稳定水色,营造良好的底质环境有重要作用。

3. 硝化细菌

硝化细菌在水体中是降解氨和亚硝酸盐的主要细菌之一,从而达到净化水质的作用。硝化细菌使用很简单,只需用池塘水溶解泼洒就可以了。

4. EM 菌

EM 菌中的有益微生物经固氮、光合等一系列分解、合成作用,使水中的有机物质形成各种营养元素,供自身及饵料生物的生长繁殖,同时增加水中的溶解氧,降低氨、硫化氢等有毒物质的含量,提高水质质量。

5. 酵母菌

酵母菌能有效分解溶于池水中的糖类,迅速降低水中生物耗氧量,在池内繁殖出来的酵母菌又可作为鱼虾蟹的饲料蛋白利用。

6. 放线菌

放线菌对于养殖水体中的氨氮降解及增加溶氧和稳定 pH 有均有较好效果。放线菌与光合细菌配合使用效果极佳,可以有效地促进有益微生物繁殖，调节水体中微生物的平衡，可以去除水体和水底中的悬浮物质，亦可以有效地改善水底污染物的沉降性能、防止污泥解絮，起到改良水质和底质的作用。

7.蛭弧菌

泼洒在养殖水体后，可迅速裂解嗜水气单胞菌，减少水体致病微生物数量，能防止或减少鱼、虾、蟹病害的发展和蔓延，同时对于氨氮等有一定有去除作用。也可改善水产动物体内外环境，促进生长，增强免疫力。

十一、维持优质藻相

藻相平衡是指在河蟹养殖池中各种优质藻类品种比较齐全，所占比例合理，在水体中呈良性循环，因此水体中各种有益微生物种群合理，这种水营养丰富、活力强，非常有利于河蟹生活生长，而且在这种藻相里生长的河蟹，自身对疾病的抵抗力非常强。

藻相如何？如何观察？如何控制？这些都是一个经验活，我们除了能熟练、科学地掌握观察水色、看水养蟹的技能外，还要能迅速地判断出池塘里的藻相是否处于优质状态。这里介绍一种简便实用的方法，就是结合观察增氧机打起的水花颜色来判断。

（1）如果增氧机打起的水花是浅绿色的，水很清爽，说明水体藻类活力很强，水体状况很好，注意做好底质的预防处理就能维持优质藻相了。

（2）如果增氧机打起的水花较浊，土黄绿色，水面有泡沫、悬浮物，说明水体开始老化，应该进行追肥、保水，激活藻类的生长，保持良好水色，同时须进行底质的改良、氧化等处理。

（3）如果养殖中后期，增氧机打起的水花是晶莹透亮的，没有一点颜色，说明水体老化程度很大，水体藻类活力很差，活藻少，死藻多，水体溶氧很低，很容易引起疾病暴发，这时的处理方法是及时补加新水，施肥培藻，同时进行底质净化。

第三节　河蟹药物的选用

一、河蟹药物的选用原则

河蟹药物选择正确与否直接关系到疾病的防治效果和养殖效益，所以我们在选用药物时，讲究几条基本原则。

1.有效性

为使生病的河蟹尽快好转和恢复健康，减少生产上和经济上的损失，在用药时应尽量选择高效、速效和长效的药物，用药后的有效率应达到70%以上。例如对河蟹的甲壳溃烂病，用抗菌素、磺胺类药、含氯消毒剂等都有疗效，但应首选含氯消毒剂，可同时直接杀灭体表和养殖水体中的细菌，且杀菌快、效果好。如果是细菌性肠炎，则应选择喹诺酮类药、氟哌酸，制成药物饵料进行投喂。

2.安全性

药物的安全性主要表现在以下三个方面。

(1)药物在杀灭或抑制病原体的有效浓度范围内对河蟹本身的毒性损害程度要小，因此有的药物疗效虽然很好，只因毒性太大在选药时不得不放弃，而改用疗效居次、毒性作用较小的药物。

(2)对水环境的污染及其对水体微生态结构的破坏程度要小，甚至对水域环境不能有污染。尤其是那些能在水生动物体内引起"富集作用"的药物，如含汞的消毒剂和杀虫剂，含丙体六六六的杀虫剂(林丹)坚决不用。这些药物的富集作用，直接影响到人们的食欲，并对人体也会有某种程度的危害。

(3)对人体健康的影响程度也要小，在河蟹被食用前应有一个停药期，并要尽量控制使用药物，特别是对确认有致癌作用的药物，如孔雀石绿、呋喃丹、敌敌畏、六六六等，应坚决禁止使用。

严禁使用高毒、高残留或具有三致毒性(致癌、致畸、致突变)

的蟹药,以不危害人类健康和破坏水域生态环境为基础,选用"三效"(高效、速效、长效)"三小"(毒性小、副作用小、用量小)的蟹药。大力推广健康养殖技术,改善养殖水体生态环境,提倡科学合理的混养和密养,建议使用生态综合防治技术和使用生物制剂、中草药对病虫害进行防治。

3.廉价性

选用蟹药时,应多做比较,尽量选用成本低的蟹药。许多蟹药,其有效成分大同小异,或者药效相当,但相互间价格相差很远,对此,要注意选用药物。

4.方便性

由于给河蟹用药极不方便,可根据养殖品种以及水域情况,确定到底是使用泼洒法、涂抹法、口服法、注射法,还是浸泡法给药。应选择疗效好、安全、使用方便的蟹药。

二、辨别蟹药

辨别蟹药的真假优劣可按下面三个方面判断:

一是"五无"型的药。即无商标标识、无产地即无厂名厂址、无生产日期、无保存日期、无合格许可证。这种连基本的外包装都不合格,请想想看,这样的蟹药会合格吗?会有效吗?是最典型的假药。

二是冒充型的药。这种冒充表现在两个方面,一种情况是商标冒充,主要是一些见利忘义的蟹药厂家发现市场俏销或正在宣传的渔用药物时即打出同样包装、同样品牌的产品或冠以"改良型产品";另一种情况就是一些生产厂家利用一些药物的可溶性特点将一些粉剂药物改装成水剂药物,然后冠以新药来投放市场。这种冒充型的假药具有一定的欺骗性,普通的养殖户一般难以识别,需要专业人员进行及时指导帮助才行。

三是夸效型。具体表现就是一些蟹药生产企业不顾事实,肆意夸大诊疗范围和效果,有时我们可见到部分蟹药包装袋上的广告是天花乱坠,包治百病,实际上疗效不明显或根本无效,见到这种能治所有鱼病的蟹药可以摒弃不用。

三、选购药物的技巧

选购蟹药首先要在正规的药店购买,注意药品的有效期。其次是特别要注意药品的规格和剂型。同一种药物往往有不同的剂型和规格,其药效成分往往不相同。如漂白粉的有效氯含量为$28\%\sim32\%$,而漂粉精为$60\%\sim70\%$,两者相差1倍以上。再如2.5%粉剂敌百虫和90%晶体敌百虫是两种不同的剂型,两者的有效成分相差36倍。不同规格药物的价格也有很大差别。因此,了解同一类蟹药的不同商品规格,便于选购物美价廉的药品,并根据商品规格的不同药效成分换算出正确的施药量。

再次就是合理用药,对症下药。目前常用于防治鱼类细菌、病毒性疾病和改善水域环境的全池泼洒蟹药有氧化钙(生石灰)、漂白粉、二氯异氰尿酸钠、三氯异氰尿酸、二氧化氯、二溴海因、四烷基季铵盐络合碘等;常用杀灭和控制寄生虫性原虫病的蟹药有氯化钠(食盐)、硫酸铜、硫酸亚铁、高锰酸钾、敌百虫等,这些蟹药常用于浸浴机体、挂篓和全池泼洒;常用内服药有土霉素、红霉素、诺氟沙星、磺胺嘧啶和磺胺甲噁唑等。中草药有大蒜、大蒜素粉、大黄、黄芩、黄柏、五倍子、空心莲和苦参等,可以用中草药浸液全池泼洒和拌饵内服。

四、用药技巧

目前,市面上用于治疗鱼病的蟹药可谓应有尽有,这些都会给河蟹养殖户带来更多的选择。为避免鱼病用药不奏效,应注意以下问题:

1.有效期

即这一批生产的蟹药最长使用时间能到何时？

2.存放条件

即蟹药在保存时需要注意什么要点？一般来说，许多药品需要避光、低温、干燥保存。

3.主治对象

即本蟹药的最适用病症是哪一种？这样方便养殖户按需选购，但是现在许多商品蟹药都标榜能治百病，这时可向有使用经验的人请教，不可盲目相信。

4.避免多种蟹药混用

一旦混用的药物多了，难免会造成一些蟹药间发生化学反应，可能会产生化学反应和毒副作用，因此我们在使用时一定要注意药物间的配伍禁忌。

5.用药的水质条件

大部分蟹药都会受水温、pH、硬度和溶解氧影响。因此在用药前最好先了解水体的条件，尽可能减少水质对用药的影响。

6.准确计算用药量和坚持疗程

一是要准确测量和估算水体的量，二是要准确称量药物的用量，以做到合理安全用药。还有一点就是一定要坚持用药，最少要坚持一个疗程，千万不要今天用这种药，明天又改用下一种，后天一看又改用其他的药了。这样做，不但不会及时救鱼，反而会使病鱼加重对药物的应激反应而死亡。

最后要注意的就是尽量避免长期使用同一种药物及无病乱用药，以免产生抗药性。要适当使用同样效果、但不是同一种药物。

五、准确计算用药量

鱼病防治上内服药的剂量通常按鱼体重计算，外用药则按水的体积计算。

1.内服药的计算

首先应比较准确地推算出鱼群的总重量,然后折算出给药量的多少,再根据鱼的种类、环境条件、鱼的吃食情况确定出鱼的吃饵量,再将药物混入饲料中制成药饵进行投喂。

2.外用药的计算

先算出水的体积。水体的面积乘以水深就得出体积,再按施药的浓度算出药量,如施药的浓度为 1 毫克/升,则 1 立方水体应该用药 1 克。

如某口蟹池发生了疾病,需用 0.5 毫克/升浓度的晶体敌百虫来治疗。该蟹池长 100 米,宽 40 米,平均水深 1.2 米,那么使用药物的量就应这样推算:蟹池水体的体积是 100 米×40 米×1.2 米=4 800 米³,然后再按规定的浓度算出药量为 4 800×0.5=2 400(克)。那么这口蟹塘就需用晶体敌百虫 2 400 克。

第四节　河蟹病害的预防治

在整个养殖过程中,蟹病防治应遵循"预防为主、防治结合"的原则,坚持以生态防治为主,药物防治为辅。积极采取清塘消毒、种草投螺、自育蟹种、苗种检疫和消毒、使用生物活菌调控水质和改善底质等技术措施,达到不生病或少生病,不用药或少用药的目的。

发现河蟹患病时,河蟹如果生病,必须注意不能马上消毒,这样操作,只会加重蟹的病情。在生病时一定要先解毒,降解水体、蟹体毒性,增强蟹的抗应激能力,并优化、稳定水质,平衡 pH,第二天才进行底质改良、去污或进行消毒等。

在防治上应注意一要对症;二要按量;三要有耐心,一般用药后 3～5 天才能见效;四是外用和内服必须双管齐下,相互结合,在治疗的同时必须内服补充保肝促长灵、虾蟹多维、健长灵等恢复、增强体力的产品;五是先杀虫后灭菌消毒。

一、黑鳃病的预防治

病原病因:是由细菌引起。成蟹养殖后期,水质恶化,是诱发该病的主要原因。

症状特征:初期病蟹部分鳃丝变暗褐色,随着病情的发展,全部变为黑色。病蟹行动迟缓,呼吸困难,出现叹气状。

流行特点:主要流行季节为夏、秋季。

危害情况:

(1)主要危害成蟹,常发生于成蟹养殖后期。

(2)发病率10%～20%,死亡率较高。

预防措施:

(1)保持水质清洁,夏季要经常加注新水。

(2)发病季节每半月用芳草蟹平、芳草灭菌净水威或芳草灭菌净水液全池泼洒一次。

治疗方法:外用芳草蟹平全池泼洒,同时内服烂鳃灵散＋三黄粉＋芳草多维,连用3～5天。

二、烂鳃病的预防治

病原病因:该病由细菌感染引起,水质恶化、底质腐败、长期投喂劣质饵料是诱发该病的主要原因。

症状特征:发病初期河蟹鳃丝腐烂多黏液,部分呈暗灰色或黑色,病重时鳃丝全部变为黑色。病蟹行动迟缓,鳃已失去呼吸功能,导致死亡。

流行特点:

(1)主要发生高温季节。

(2)水质浑浊、透明度低的恶化池塘容易发病。

危害情况:轻者影响河蟹的生长,严重的则直接导致河蟹的死亡。

预防措施：

（1）放养前，彻底清塘，清除塘底过多的淤泥清除。

（2）保持良好的养殖环境，可将生物肥水宝配合养水护水宝全池泼洒。

（3）夏季要经常加注新水，保持水质清新；若水源不足，可将降解底净和粒粒氧全池干洒。

治疗方法：

（1）用肠鳃宁杀灭水体中的病原体，每天 1 次，连用 2 次；

（2）将病蟹置于 2～3 毫克/升的恩诺沙星粉溶液中浸洗 2～3 次，每次 10～20 分钟。

三、水肿病的预防治

病原病因：河蟹腹部受伤被病原菌寄生而引起。

症状特征：病蟹肛门红肿、腹部、腹脐以及背壳下方肿大呈透明状，病蟹匍匐池边，活动迟钝或不动，拒食，最终在池边浅水处死亡。

流行特点：

（1）夏、秋季为其主要流行季节。

（2）主要流行温度是 24～28℃。

危害情况：

（1）主要危害幼、成蟹。

（2）发病率虽不高，但受感染的蟹死亡率可达 60% 以上。

预防措施：

（1）在养殖过程中，尤其是在河蟹蜕壳时，尽量减少对它们的惊扰，以免受伤。

（2）夏季经常向蟹池添加新水，投放生石灰（每亩每次用 10 千克），连续 3 次。

(3)多投喂鲜活饲料和新鲜植物性饵料。

(4)在拉网时、天气突变时,可用应激消提高蟹抗应激能力。

(5)经常添加新水,可将养水护水宝与双效利生素配合使用,改善水环境。

治疗方法:

(1)用菌必清或芳草蟹平全池泼洒,同时内服鱼病康散或芳草菌灵。

(2)饲料中添加含钙丰富的物质(如麦粉,贝壳粉),增加动物性饲料的比例(可捣碎甲壳动物的新鲜尸体,投入蟹池),一般3～5天后收到良好的效果。

(3)发病时全池泼洒海因宝或菌氯清,每天1次,连用2天。

四、颤抖病的预防治

别名:抖抖病

病原病因:该病可能由病毒和细菌引起,不洁、较肥、污染较大的水质以及河蟹种质混杂或近亲繁殖,放养密度过,规格不整齐,河蟹营养摄取不均衡等,易发此病。

症状特征:在发病初期,病蟹食欲减弱,摄食减少或基本不摄食,行动缓慢,活动能力差,白天贴泥栖息或打洞穴居,晚上在水边慢慢爬行或挺立草头;病症严重的河蟹在晚上用步足腾空支撑整个身躯趴在岸边或挺立在水草头上直至黎明,甚至白天也不肯下水,口吐泡沫,见了动静反应迟钝;步足无力,大部分河蟹步足爪尖呈红色,极易从底节处脱落,而且步足肌肉较软,弹性强,蟹农称之为"弹簧爪";检查蟹体,可见蟹体基本洁净,身体枯黄,鳃丝颜色呈棕黄色,少部分伴随黑鳃、烂鳃等病灶,前肠一般有食,死蟹食量较少,大部分死蟹躯壳较硬,唯有前侧齿处呈粘连状、较软,在头胸甲与腹部连接处出现裂痕,无力蜕壳或蜕出部分蟹壳而死亡,少部分河蟹刚蜕壳后,甲壳尚未钙化时就死亡,一般并发纤毛虫、烂鳃、黑鳃、肠炎、肝坏死及腹水病。

流行特点：

（1）该病流行季节长，通常在 5～10 月上旬，8～10 月是发病高峰季节。

（2）流行水温为 25～35℃。

（3）沿长江地区，特别是江苏、浙江等省流行严重。

危害情况：

（1）对河蟹危害极大，发病较快，病蟹死亡率高、对药物敏感性高。

（2）主要危害 2 龄幼蟹和成蟹，当年养成的蟹一般发病率较低。

（3）发病蟹体重为 3～120 克，100 克以上的蟹发病最高。

（4）一般发病率可达 30％以上，死亡率达 80％～100％。

（5）从发病到死亡往往只需 3～4 天。

预防措施：应坚持预防为主、防重于治、防治结合的原则，做到以生态防病为主，药物治疗为辅。

（1）苗种预防　切断传染源。蟹农在购买苗种时，选择健壮的蟹种进行养殖，提高蟹种的免疫力，既不要在病害重灾区购买大眼幼体、扣蟹，也不要在作坊式的小型生产厂家购苗；养殖户要尽量购买适合本地养殖的蟹种，最好自培自育一龄扣蟹，放养的蟹种应选择肢体健壮、活动能力强、不带病原体及寄生虫的蟹种；同一水体中最好一次性放足同一规格同一来源的蟹种，杜绝多品种、多规格、多渠道的蟹种混养，以减少相互感染的概率；蟹种入池时要严格消毒，可用 3％～5％的食盐水溶液消毒 5 分钟或浓度为 15 毫克/升的福尔马林溶液浸洗 15 分钟。

（2）将养蟹的池塘进行技术改造　使进排水实现两套渠道，互不混杂，确保水质清新无污染；每年成蟹捕捞结束后，清除淤泥，并用生石灰彻底清塘消毒，用量为 100 千克/亩，化水后趁热全池泼洒，以杀灭野杂鱼、细菌、病毒、寄生虫及其卵茧，并充分曝晒池底，促进池底的有机物矿化分解，改良池塘底质，也可提供钙离子，促进河蟹顺利蜕壳，快速生长。

（3）池塘需移植较多的水生植物　如轮叶黑藻、苦草、菹草、柞草、水花生、水葫芦、紫背浮萍等，并采取措施防止水草老化、腐烂。

（4）积极推行生态养蟹措施　推广稻田养蟹、茭白养蟹、莲田养蟹、种草养蟹的技术，营造适应河蟹生长的生态因子，利用生物间相互作用预防蟹病；在精养池塘内推行鱼蟹混养、鱼蟹轮养、鱼虾蟹综合养殖技术，合理放养密度，适当降低河蟹产量，以减轻池塘的生物负载力，减少河蟹自身对其生存环境的影响和破坏；适度套养滤食性鱼类如花白鲢和异育银鲫，以清除残饵，净化水质。

（5）在精养池中投放一定量的光合细菌　使其在池塘中充分生长并形成优势种群。光合细菌可以促进分解、矿化有机废物，降低水体中 H_2S、NH_3 等有害物质的浓度，澄清水质，保持水体清新鲜嫩；光合细菌还能有效地促进有益微生物的生长发育，利用生物间的拮抗作用来抑制病原微生物的生长发育而达到预防蟹病的效果。

（6）饲料生产厂家在生产优质、高效、全价的配合饲料时，不但要合理营养配比，而且要科学组方营养元素，并根据河蟹不同生长阶段、各种水体的养殖模式、水域的环境而采取不同的微量元素添加方法，满足河蟹生长过程中对各种营养元素和各种微量元素的需求，确保在饲料上能起到增强体质、提高抗病免疫能力的作用；在投饲时要注意保证饲料新鲜适口，不投腐败变质饲料，并及时清除残饵，减少饲料溶失对水体的污染；合理投喂，正确掌握"四定"和"四看"的投饲技术，充分满足河蟹各生长阶段的营养需求，增强机体免疫力。

治疗方法：

（1）定期用芳草蟹平或菌必清全池泼洒消毒。定期内服活性蒜宝(1%)保肝促长灵(0.5%)、多维(1%)混合拌料投喂,每天1～2次,连喂3～5天。

(2)外用芳草蟹平全池泼洒,连用3天,同时内服芳草菌威和三黄粉,连用5～7天。病症消失后再用一个疗程,以巩固疗效。

(3)菌必清全池泼洒,隔天再用一次,同时内服芳草菌威和三黄粉,连用5～7天。病症消失后再用一个疗程,以巩固疗效。

(4)用高聚碘或海因宝杀灭水体中的病原体,每天1次,连用2次;

(5)将生物肥水宝配合养水护水宝全池泼洒;

(6)在饲料中添加三林合剂＋维生素C钠粉＋诱食灵,连用5～7天;病蟹不吃食,可把三林合剂＋维生素C化水全池泼洒。

五、肠炎病的预防治

病原病因:河蟹摄食过多或摄入不新鲜的饲料或感染上致病细菌而引起。

症状特征:病蟹刚开始时食欲旺盛,肠道特粗,隔几天后病蟹摄食减少或拒食,肠道发炎、发红且无粪便,有时肝、肾、鳃亦会发生病变,有时则表现出胃溃疡且口吐黄水。打开腹盖,轻压肛门,有时有黄色黏液流出。

流行特点:

(1)所有的河蟹均可感染。

(2)在所有的养殖区域都有发病可能。

危害情况:

(1)影响河蟹的摄食,从而影响河蟹的生长。

(2)导致河蟹的死亡。

预防措施:

(1)投喂新鲜饵料,可将百菌消或病菌消等拌饵投喂,提高蟹抗病能力,减少发病率

（2）要根据河蟹的习性来投喂,饵料要多样性、新鲜且易于消化,投饵要科学性,要全池均匀投喂。

（3）将水体消毒净或海因宝或肠鳃宁全池泼洒,杀灭病原菌,改善养殖环境。

（4）在饲料中经常添加复合维生素(维生素 C＋维生素 E＋维生素 K)、免疫多糖、葡萄糖等,增强河蟹的抗病能力。

（5）定期用生物制剂改良底质和水质,合理、灵活地开启增氧机,保持池水"肥、活、爽"。

治疗方法:

（1）在饵料中拌服肠炎消或恩诺沙星,3～5 天为一疗程。

（2）在饲料中定期拌服适量大蒜素或复方恩诺沙星粉或中药菌毒杀星,5～7 天为一疗程。

（3）池塘底质、水质恶化时全池泼洒池底改良活化素 20 千克/(亩・米)＋复合芽孢杆菌 250 毫升/(亩・米)。

（4）内服虾蟹宝 0.5%、鱼虾 5 号 0.1%、营养素 0.8%、维生素 C 脂 0.2%、肝胆双保素 0.2%、盐酸环丙沙星 0.05%、诱食剂 0.2%,连用 3～5 天。

（5）外用泼洒二溴海因 0.2 毫克/升或聚维酮碘 250 毫升/(亩・米)。

六、肝脏坏死症的预防治

病原病因:养殖池塘水瘦、饵料腐败、施肥过多原因、氨氮超标、亚硝酸盐超标、硫化氢超标以及有害蓝藻类引起。加上嗜水气单胞菌、迟钝爱德华氏菌、弧菌侵染所致。

症状特征:病蟹甲壳有一点黑,不清爽,甲壳肝区、鳃区有微微黄色;腹脐颜色与健康蟹无异,腹脐基部有的呈黄色;肛门无粪便,腹脐部肠道有的有排泄物、有的没有。腹部内都有积水现象,积水多少根据病变由轻到重而逐渐增多,积水颜色也随着由浅向深色变化。肝脏有的呈灰白色如臭豆腐样;有的呈黄色如坏鸡蛋黄样;有的呈深黄色,分解成豆渣样。病蟹一般伴有烂鳃病。肝病中期,掀开背壳,肝脏呈黄白色,鳃丝水肿呈灰黑色且有缺损。肝病后期,肝脏呈乳白色,鳃丝腐烂缺损。

流行特点:

(1)各河蟹养殖区都有发病。

(2)高温季节更易发生。

危害情况:

(1)肝脏病变一直是引起河蟹死亡的一个重要原因。

(2)即使河蟹不死亡,但生长也缓慢,这就是我们所称的懒蟹。

(3)对所有的蟹都有危害

预防措施:

(1)水质恶化或池底污泥偏多时,应将强力污水净+降解底净+粒粒氧配合使用,改善水质,改良池塘底质。

(2)合理投肥,培养水草、促进螺蛳生长和抑制青苔等有害藻类。

(3)多品种搭配新鲜饲料。

治疗方法:

(1)在饲料中拌服十味肝胆清或肝康5～7天,杀灭体内致病菌,同时添加水产高效维C或电解维他,维护营养均衡,以改善内脏生理功能,促进内脏修复。

(2)1米水深每亩池塘先用水体解毒剂1.5千克,第二天用黑金素1千克,第三天用生物益水素500克;同时内服药饵,每千克饲料添加维生素C 10克、连根解毒散20克、生物糖原10克、大蒜素3克,连喂5～7天。

(3)在饲料中拌服复方恩诺沙星粉或中药三黄粉5～7天,杀灭体内致病细菌。

(4)在饲料中拌服蟹用多维5～7天,维护营养均衡,促进肝脏修复。

（5）在池塘中泼洒菌毒清或颗粒型溴氯海因（或颗粒型二溴海因）1次，杀灭水环境中的细菌。

七、水霉病的预防治

病原病因：属河蟹的霉菌病，是由水霉菌的侵入而发病。因运输或病害发生使蟹受伤，水霉孢子侵入造成。它的发生与水温低、水质不清新、蟹体受伤有关。

症状特征：河蟹受伤后，伤口周围生有霉状物，蟹卵表面或病蟹体表和附肢上，尤其是伤口上出现灰白色棉絮状病灶，伤口部位组织溃疡，病蟹行动迟缓，食欲减退身体瘦弱，蜕壳困难而死亡。

流行特点：

（1）从蟹卵、幼体到成蟹均会被该病感染。

（2）任何养蟹地区均可发生。

危害情况：

（1）发病率较高，影响河蟹生长和存活。

（2）蟹卵与幼体发病易造成大量死亡。

预防措施：

（1）在捕捞、运输、放养过程中应谨慎操作，勿使河蟹受伤。

（2）在河蟹蜕壳前，增投一些动物性饲料，促使其蜕壳。

（3）育苗期间，要保护水质的清晰，注意保温。

（4）在拉网、放苗或天气激变时将应激消全池泼洒。

（5）放苗前，将蟹苗放在高聚碘溶液中浸浴10～20分钟。

治疗方法：

（1）用3%食盐溶液浸洗5～10分钟。

（2）全池泼洒水霉净，1袋/（亩·米），连用3天。

（3）患病后，将水霉灵拌饵内服或用30～40℃温水浸泡1小时，全池泼洒。

八、步足溃疡病的预防治

别名:烂肢病

病原病因:由捕捞、运输、放养过程中受伤或生长过程中被敌害或同类致伤,感染病菌所致。

症状特征:步足出现橘红色或棕黑色斑块,表壳组织溃疡下凹,并向壳内组织发展形成洞穴状,严重时步足的指节和其他节烂掉,头胸部、背腹面出现棕红色小孔,鳃丝发黑,活动迟缓,摄食量减少甚至拒食,因无法蜕壳而死亡。

流行特点:

(1)在河蟹的生长期间都能发生。

(2)蜕壳过程中受到敌害侵害时容易发生。

危害情况:轻者影响河蟹的活动,重则导致河蟹的死亡。

预防措施:

(1)运输、放养操作要轻,减少机械损伤,以免被细菌感染,放养前用5%～10分钟。

(2)做好清塘工作,用水体消毒净或菌氮清全池泼洒,做好预防工作

治疗方法:

(1)用1毫克/升的土霉素或呋喃西林全池泼洒。

(2)每千克饲料加3～6克土霉素和磺胺类药制成药饵投喂,7～10天为一疗程。

(3)一旦发病,可用海因宝或灭菌特全池泼洒,杀灭水体中病原菌。

(4)拌饵内服恩诺沙星＋应激消或水产高效维生素C,促进伤口愈合,增强体质,提高抗病、抗逆能力。

九、甲壳溃疡病的预防治

别名:腐壳病、褐斑病、甲壳病、壳锈病

病原病因:该病的病原是一群能分解几丁质的细菌如弧菌、假单胞菌、气单胞菌、螺菌、黄杆菌等。因机械损伤以及营养不良和环境中存在某些重金属的化学成物质造成河蟹上表皮破损,使分解几丁质能力的细菌侵入外表和内表皮而导致该病发生。

症状特征:病蟹步足尖端破损,成黑色溃疡并腐烂,然后步足各节及背、胸板出现白色斑点,斑点中部凹下,形成微红色并逐渐变成黑褐色溃疡斑点,这种黑褐色斑点在腹部较为常见,溃疡处有时呈铁锈色或被火烧状。随着病情发展,溃疡斑点扩大,互相连接成形状不规则的大斑,中心部溃疡较深,甲壳被侵袭成洞,可见肌肉或皮膜造成蜕壳未遂而导致河蟹死亡。

流行特点:发病率与死亡率一般随水温的升高而增加。

危害情况:

(1)溃疡病蟹还可能被其他细菌或真菌感染。

(2)导致河蟹死亡。

预防措施:

(1)夏季经常加注新水,保持水质清新,可将降解底净＋粒粒氧全池泼洒,改善水环境。

(2)在河蟹的捕捞、运输与饲养过程中,操作要细心,防止受伤

(3)用生石灰清塘,在夏季用 15～20 毫克/升的生石灰全池泼洒,半月一次。

(4)饲料营养要全面,水质避免受重金属离子污染。

(5)每月全池泼洒 1 次漂白粉,用量为 500 克/(亩·米)。

(6)彻底清塘,使池塘保持 10～20 厘米的软泥。

治疗方法:

(1)发病池用 2 毫克/升漂白粉全池泼洒,同时在饲料中添加

金霉素 1～2 克/千克饲料,连续 3～5 天为一个疗程。

(2)重病蟹要立即除掉,防止疾病蔓延。

(3)发病池塘全池泼洒含量为 8% 二氧化氯,用量为 100～125 克/(亩·米)。

(4)内服虾蟹多维宝 200 克＋板蓝根大黄散 100 克拌饵 40 千克,连喂 7 天。

(5)发病池用菌毒清Ⅱ全池泼洒,每天 1 次,连用 2 天,以防继发感染;

十、纤毛虫病的预防治

病原病因:病原是纤毛动物门、缘毛目、固着亚目的许多种类,其中对蟹形成病害的主要有聚缩虫,此外还有钟虫、单缩虫、累枝虫,腹管虫和间隙虫也是其病原之一。放养密度大,池水过肥,长期不换水,水质不清新,水中有机含量过高及携带纤毛虫蟹种都是导致该病发生的原因。

症状特征:纤毛虫在河蟹幼体上寄生时,常分布在头胸部、腹部等处,抱卵蟹的卵粒上纤毛虫也可寄生。在体表可看见大量绒毛状物,手摸有滑腻感。幼体被寄生的病蟹全身披黄绿色或棕色,行动迟缓。蟹幼体正常活动受到影响,摄食量减少,呼吸受阻,蜕皮困难,引起幼体的大量死亡。成体病蟹鳃部、头胸部、腹部和 4 对步足附生大量纤毛虫,导致死亡。患病河蟹反应迟钝,常滞留在池边或水草上。

流行特点:

(1)流行水温在 18～20℃时极易发生。

(2)我国河蟹养殖区都有此病发现。

(3)危害河蟹幼体及成蟹,幼蟹尤易患此病。

危害情况:

(1)对幼苗池的河蟹幼体危害较大,一旦纤毛虫随水流进入育苗池，即会很快在池中繁殖，造成幼体的大量死亡。

（2）病蟹一般黎明前后死亡。

（3）成蟹受此病感染，即使不死亡，也会影响其商品价值。

（4）因其发病周期长，累积死亡量大。

预防措施：

（1）保持合适的放养密度。

（2）经常更换新水或加注新水，也可使用降解底净或氧化净水宝，保持水质清洁，并投喂营养丰富的饲料，促进蜕壳。

（3）在蟹种入池前，用5％的食盐水浸洗河蟹5分钟。

治疗方法：

（1）排除旧水，加注新水，每次更换1/3水量，每亩每次泼洒生石灰15千克，连续3次，使池水透明度在40厘米以上。

（2）用0.5％～1.25％福尔马林浸洗病蟹1～2小时。

（3）用5～10毫克/升的福尔马林全池泼洒1～2次。

（4）虾蟹平500克/（亩·米）或芳草纤灭50克/（亩·米），连用3天；3天后全池泼洒一次芳草菌敌200克/（亩·米）。

（5）内服虾蟹蜕壳平500～750克/100千克饲料，以促进蜕壳。

（6）在水温23～25℃时用5％的新洁尔灭原液稀释为0.67％的药液浸浴，30～40分钟可以杀死大部分幼体身上的纤毛虫。

（7）发病时用纤毛虫净、纤虫灭或甲壳净全池泼洒，杀灭寄生虫。

（8）疾病控制后，应泼洒菌毒清或颗粒型二溴海因（或颗粒型溴氯海因），以防伤口被细菌侵袭，造成二次感染。

十一、青苔的预防治

病原病因：主要由于水位浅、水质瘦、光照直射塘底而导致青苔大量滋生导致。

　　症状特征:青苔是一种丝状绿藻总称,常见于仔幼蟹培育池中后期即Ⅳ~Ⅵ期。新萌发的青苔长成一缕缕绿色的细丝、矗立在水中,衰老的青苔成一团团乱丝,漂浮在水面上。青苔在池塘中生长速度很快,使池水急剧变瘦,对幼蟹活动和摄食都有不利影响;同时,培育池中青苔大量存在时,覆盖水表面,使底层幼蟹因缺氧窒息而死;青苔茂盛时,往往有许多幼蟹钻入里面而被缠住步足,不能活动而活活饿死。在生产实践中,若青苔较多,用捞海捞出时,可见里面有许多幼蟹被困死,即使有被缠住的幼蟹侥幸逃脱,也是缺胳膊少腿,使以后的正常活动与摄食受到了严重影响。

　　流行特点:

　　(1)水温 14~22℃最流行。

　　危害情况:

　　(1)青苔大量繁殖,引起水质消瘦,使水草无法正常生长;

　　(2)青苔多会缠绕蟹种,尤其是正在蜕壳的河蟹,轻者会导致幼蟹断肢,严重者会导致幼蟹窒息死亡。

　　(3)青苔飘浮水面,遮盖阳光,水草的光合作用受阻,造成河蟹塘缺氧。

　　预防措施:

　　(1)及时加深水位,同时及时追肥,调节好水色,降低光照直射塘底。

　　(2)定期追肥,使用生物高效肥水素,池塘保持一定的肥度,透明度保持在 30~40 厘米,以减弱青苔生长旺期必需的光照。

　　治疗方法:

　　(1)每立方米水体用生石膏粉 80 克,分三次均匀泼洒全池,每次间隔 3~4 天。如果幼蟹培育池中已出现较多的青苔时,用药量再增加 20 克,施药后加注新水 5~10 厘米,可提高防治能力。

　　(2)用 $CuSO_4$ 杀死青苔,但浓度必须很低,通常浓度在 0.02~0.05 毫克/升,当达到 0.3 毫克/升时,幼蟹在 24 小时内虽然未死,但活动加强,急躁不安,当浓度达到 0.7 毫克/升时,幼蟹在 36 小时内全部死亡。

(3)可分段用草木灰覆盖杀死青苔。

(4)在表面青苔密集的地方用漂白粉干撒,用量为每亩 0.65 千克,晚上用颗粒氧,如果发现死亡青苔全部清除,然后每亩泼洒 0.3 千克高锰酸钾。

十二、鼠害的预防治

病原病因:老鼠危害。在生产上,鼠害已成活河蟹成蟹阶段的主要敌害生物。

症状特征:池塘养蟹面积小,河蟹密度高,腥味重,极易引来老鼠,造成鼠害。老鼠常在河蟹夜间活动期间出来寻食,对河蟹进行突然袭击,也有在河蟹刚蜕壳或蜕壳后数天内抵抗能力低时被老鼠残食。此外老鼠也可在穴居的洞中攻击河蟹。

流行特点:一年四季均发生。

危害情况:直接咬噬吞食河蟹,导致河蟹的死亡,造成严重后果。

预防措施:养蟹池中央的蟹岛应浸没水中,养蟹池防逃墙内外四周的杂草必须清除干净,以防止老鼠潜伏和栖居。

治疗方法:

(1)用磷化锌等鼠药放在池四周及防逃墙外侧定期灭鼠。

(2)平时巡塘时注意挖开鼠洞。

(3)在仔幼蟹培育池边及防逃墙外侧安放鼠笼、鼠夹、电猫等捕鼠工具捕杀。

(4)在出池前几天,昼夜值班,重点防好鼠患及蛙害。

十三、蛙害的预防治

病原病因:青蛙吞食幼蟹。

症状特征:青蛙对蟹苗和仔幼蟹危害很大,据报道,有人曾解剖一只体长 3.5 厘米的小青蛙,胃内竟有 10 只小幼蟹,最多的一只青蛙中竟吞食幼蟹 221 只。

流行特点:在青蛙的活动旺期。

危害情况:导致幼蟹死亡,给养殖生产造成严重后果。

预防措施:

(1)在放养蟹苗前,供水沟渠中彻底清除蛙卵和蝌蚪。

(2)培育池四周设置防蛙网,防止青蛙跳入池中。

治疗方法:如果青蛙已经入池,则需及时捕杀。

十四、水蜈蚣的预防治

病原病因:亦称水夹子,是龙虱的幼体,它们对幼蟹造成伤害。

症状特征:对幼蟹苗和第一期幼蟹危害极大,直接会吞食幼蟹。

流行特点:在 4～8 月流行。

危害情况:直接导致幼蟹死亡。

预防措施:在放养蟹苗前,将池底及四周彻底清洗消毒,过滤进水,杜绝水蜈蚣来源。

治疗方法:如果池中已发现水蜈蚣,可在夜间用灯光诱捕,用特制的小捞网捕杀。

十五、蟹奴的预防治

病原病因:蟹奴寄生于蟹体腹部引起,蟹奴体呈扁平圆形,乳白色或半透明。

症状特征:蟹奴幼虫钻进河蟹腹部刚毛的基部,生长出根状物,遍布蟹体外部,并蔓延到躯干及附肢的肌肉、神经和生殖器官,以吸收河蟹的体液作为营养物质,使河蟹生长缓慢。被蟹奴大量寄生的河蟹,其肉味恶臭,不能食用,被称为"臭虫蟹"。

流行特点：

(1)在全国河蟹养殖区均有感染。

(2)从 7 月开始发病率逐月上升,9 月达到高峰,10 月份后逐渐下降。

(3)如果将已经感染蟹奴的河蟹移至淡水(或海水)中饲养,蟹奴只形成内体和外体,不能繁殖幼体继续感染。

危害情况：

(1)含盐量较高的咸淡水池塘中尤以在滩涂养殖的河蟹发病率特别高。

(2)在同一水体中,雌蟹的感染率大于雄蟹。

(3)一般不会引起河蟹大批死亡,但影响河蟹的生长,使河蟹失去生殖能力,严重感染的蟹肉有特殊味道,失去食用价值。

(4)蟹奴寄生时,河蟹的性腺遭到不同程度的破坏,雌雄难辨。

预防措施：

(1)用漂白粉、敌百虫、福尔马林等在投放幼蟹前严格清塘,杀灭蟹奴幼虫。

(2)在蟹池中混养一定数量的鲤鱼,利用鲤鱼吞食蟹奴幼虫。

(3)有发病预兆的池塘,立即更换池水,加注新水。

治疗方法：

(1)经常检查蟹体,把已感染蟹奴的病蟹单独取出,抑制蟹奴病的发展与扩散。

(2)用 0.7 毫克/升硫酸铜和硫酸亚铁(5∶2)合剂泼洒全池消毒。

(3)用 10％的食盐水浸洗 5 分钟,可以杀死蟹奴。

(4)发病时用纤毛虫净或纤虫灭浸洗病蟹 10～20 分钟。

(5)将甲壳净或纤虫灭全池泼洒,杀灭寄生的蟹奴。

十六、上岸不下水的预防治

病原病因：

(1)由水质不良引起。在养殖过程中，剩余饲料、动植物尸体、死亡藻类、高密度蟹的生理排泄物等有机物质在水中不断积累，会产生大量的氨氮、亚硝酸盐、硫化氢等有害物质，抑制蟹的呼吸，从而引起蟹的不适，不愿下水。

(2)由营养不均衡，缺乏必需的维生素、微量元素引起。

(3)由细菌、病毒感染而引起的，如杆菌类、弧菌类、假单胞菌类等病菌。

症状特征：病蟹爬在岸边、水草或树根上，反应迟钝，行动缓慢，呼吸困难且摄食减少，螯足无力，体表与附肢有滑腻感，长时间不下水。

流行特点：在河蟹的生长周期都有发生。

危害情况：轻者影响河蟹的生长，重则导致河蟹死亡。

预防措施：

(1)加强投饵管理，合理放养，保持良好的水质，经常适量换水或定期使用降解底净＋粒粒氧、养水宝等改善调节水质。

(2)应投喂全价配合饲料，在是日常管理中拌饵投喂电解维他或百菌消或水产高效维生素C等，补充蟹机体所必需的维生素、微量元素等营养物质。

(3)进水前测定进水口的水质指标，水质指标波动幅度太大一定要调整后再进水。

治疗方法：

(1)发病时用海因宝或水体消毒净全池泼洒2次；

(2)如有少量寄生虫，先用甲壳净、纤毛虫净等全池泼洒，隔日再用全池泼洒海因宝或水体消毒净，可明显减少该病发生。

十七、性早熟的预防治

病原病因：

（1）种源遗传原因，育苗场为了追求利润，在购置亲蟹中为了省本，买 50～70 克小老蟹做亲本。

（2）池水过浅，水草少而导致生长积温过高，河蟹性腺提前发育。

（3）养殖过程中营养过剩，主要是前期动物蛋白饲料摄入过多，体内营养过剩。

（4）水质不良，表现在盐度偏高，水质过肥，有害因子超标等。

（5）育苗采用高温、高药、高密度、严重损害蟹苗健康，培育过程中有效积温增加，导致种质退化。

（6）生产中滥用促生长素和蜕壳素之类的药物造成的。

（7）其他原因如河蟹生长期水温高、土壤和水中的盐分含量高、水质过肥效、pH 高等均可导致性早熟。

症状特征：幼蟹尚未长大，性腺已趋成熟，不再生长，规格一般在 10～40 克，雄蟹蟹足绒毛变黑变粗，雌蟹腹脐长圆，边缘长出黑色刚毛，第二年不再蜕壳生长。如继续养殖会因蜕壳困难而大量死亡。商品价值极低，俗称"小绿蟹"。

流行特点：在河蟹的生长周期里都能流行。

危害情况：死亡率很高，可达 100%。

预防措施：

（1）进行种质改良，培育优良品种，在繁殖时要选用野生湖泊、水库中的天然雌雄蟹做亲本。

（2）池塘中栽种挺水植物和浮水植物，面积占整个池塘的 1/3～1/2，如芦苇、苦草及水花生，有利于控制水温，保持水质清爽，以降低养殖积温。

（3）适当增加蟹苗放养密度，降低蜕壳速度，等蟹苗变成仔蟹时候,再根据仔幼蟹的实际情况适当增减其数量,调整其密度。

（4）调整饵料结构:在培育扣蟹的整个喂养过程中,蟹种的饵料结构要坚持"两头精中间粗"的原则。

（5）降低池塘水温:蟹塘应尽量选在有丰富水资源的地方,便于在高温季节补充水,提高水深;每天上午9时至下午4时,不停地向塘中注水,使之形成微流水,利用流水降低水的温度;栽植水生植物蔽荫,降低水温。适当加深养殖池的水位,以水深适当控制水温升高,蟹沟的水深要保持在70厘米以上,尽量使塘水的温度保持在20～24℃,以延长蟹种的生长期,降低性早熟蟹种的比例。

治疗方法:

（1）在蟹种培育阶段,饲料投喂坚持以植物性饲料为主、动物性饲料为辅的原则,同时配合使用蜕壳素。

（2）使用光合细菌来改善水质。

十八、中毒的预防治

病因:池塘水质恶化,产生氨氮、硫化氢等大量有毒气体毒害幼蟹;清塘药物残渣、过高浓度用药、进水水源受农田农药或化肥、工业废水污染、重金属超标中毒;投喂被有毒物质污染的饵料;水体中生物(如湖靛、甲藻、小三毛金藻)所产生的生物性毒素及其代谢产物等都可引起河蟹中毒。

症状:河蟹活动失常,背甲后缘与腹部交接处胀裂出现假性蜕壳,鳃丝粘连呈水肿状,或河蟹的腹脐张开下垂,肢体僵硬,步足撑起或与头胸甲离异而死亡。死亡肢体僵硬、拱起,腹脐离开,胸板下垂,鳃及肝脏明显变色。

危害情况:

（1）全国各地均有发生。

（2）死亡率较高。

预防措施：

（1）在河蟹苗种放养前，彻底清除池塘中过多的淤泥，保留15～20厘米厚的塘泥。

（2）采取相应措施进行生物净化，消除养殖隐患。

（3）清塘消毒后，一定要等药残完全消失后才能放养河蟹苗种，最好使用生化药物进行解毒或降解毒性后进水。

（4）严格控制已受农药（化肥）或其他工业废水污染过的水进入池内。

（5）投喂营养全面，新鲜的饵料。

（6）池中栽植水花生、聚草、凤眼莲等有净化水质作用的水生植物，同时在进水沟渠也要种上有净化能力的水生植物。

治疗方法：一旦发现河蟹有中毒症状时，首先进行解毒，可用各地市售的解毒剂进行全池泼洒来解毒，然后再适当换水，同时拌料内服大蒜素和解毒药品，每天2次，连喂3天。

参 考 文 献

［1］占家智,羊茜.河蟹高效养殖技术［M］.北京:化学工业出版社,2012.

［2］占家智,羊茜.施肥养鱼技术［M］.北京:中国农业出版社,2002.

［3］占家智,羊茜.水产活饵料培育新技术［M］.北京:金盾出版社,2002.

［4］占家智,凌武海.鱼病防治 150 问［M］.北京:金盾出版社,2011.

［5］凌熙和.淡水健康养殖技术手册［M］.北京:中国农业出版社,2001.

［6］赵明森.河蟹养殖新技术［M］.南京:江苏科学技术出版社,1996.

［7］石文雷,陆茂英.鱼虾蟹高效益饲料配方［M］.北京:中国农业出版社,2007.

池塘的水草分布有序

池塘养殖河蟹，水草是关键

池塘中间种植苦草种子

慈姑养蟹

从下风处观察水色

大眼幼体很娇嫩也很容易死亡

捕蟹的长地笼

插栽水草

查看幼蟹的生长情况

肠炎

池边的水草

池塘的排水管

稲田培育扣蟹

抖抖病

独立的进排水渠道

防逃设施的重要性

防逃网

肥水膏

分布的水草

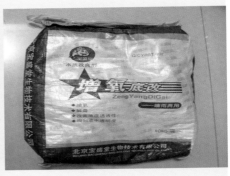

改底药品

肝胆综合征

刚蜕出的壳

河蟹

河蟹、龙虾的混养

河蟹呼吸出来的泡沫

河蟹喜欢的伊乐藻

河蟹纤毛虫

黑鳃病

及时捞走蟹池里的青苔

甲壳溃疡

检查病蟹

检查第一道防逃设施的效果

检查水草和河蟹的生长情况

检查水质的试剂

检查幼蟹的培育

将处理好的苦草根部对齐，准备栽植

将塘底曝晒

茭白混养河蟹

进水时需要过滤

净化水质的药品

抗应激药品

颗粒饲料

可供河蟹摄食的杂鱼

可以混养的黄颡鱼

扣蟹

烂鳃病

劣质河蟹

另一种微孔增氧管的布设

蚯蚓也是它爱吃的

手工栽水草

水草的养护

水草过密时需要捞走过多的水草

水草是河蟹蜕壳的好地方

水花生是好的水草资源

水花生在冬季可为幼蟹
提供躲藏的地方

死泥皮是不宜养蟹的

太多的青苔对河蟹养殖是有害的

提供充足的氧气

铁壳蟹

投放的螺蛳

投喂饵料

投喂河蟹的冰鲜鱼

蜕壳不遂

蜕壳不遂而死亡的河蟹

微孔增氧管的布设

为蟹池泼洒石灰水消毒

蟹池的青苔要除去

蟹池冻洒

蟹池里的螺蛳

蟹池里的水草

蟹池里的水草合理分布

蟹池清淤

蟹鱼混养时网捕成鱼

蟹种培育池

养护好的水草

养殖户可以自己培育光合细菌

因病而死亡的河蟹

幼蟹培育池

玉米既可以做饲料原
料，也可以直接投喂

栽草

在池塘中间种上水草种子
并用围网隔开护草

这样的底质是不能养蟹的，需要改底

这样的泥皮水需要改良

正在微孔增氧

正在微孔增氧的情形

正在栽草

正在栽草

正在增氧的效果

中间的水草刚刚露出水面

中间养护水草，周边沟养蟹

专用的蟹苗培育土池

菹草

藕池养蟹

青苔对蟹苗鱼是有害的